民國園藝史料匯編 4

第2輯

《民國園藝史料匯編》編委會 編

江蘇人民出版社

第四册

蔬菜園藝

陸費執等 編

中華書局
民國二十八年初版
一九四九年五版

農業叢書
蔬菜園藝
陸費執
顧華孫 編
中華書局印行

蔬菜園藝目次

蔬菜園藝

第一編　總論

第一章　緒論

蔬菜爲人類食品之一，直接或間接以供給人類副食品之植物。蔬菜之特色在其生育期短、易於栽培、品質軟嫩、風味適口，此所以宜爲人類副食品之一也。溯自世界人類日趨文明，口腹之慾，亦必日求奇異；故於蔬菜之種植不能全任其天然生長，必加種種人工以求改良其品質，於是蔬菜之栽培法亦日新而月異。又有所謂軟化栽培、促成栽培，皆爲近代蔬菜栽培改良之善法。夫植物之生育本有季候，而植物之發育亦有特性，自有促成及軟化之法，以人工使人類所需求之蔬菜，雖在冬寒百物不生之候亦能照常生長；或用人工以改善其風味。此足見社會之嗜好日新，而蔬菜栽培不得不隨之而改良，亦爲自然之趨勢耳。栽培蔬菜普通宜於近郭之地；距大都會近獲利愈大。蓋蔬菜性質軟嫩，又多數屬於草本植物，若離市過遠，運輸往來易於損傷；而栽培時多用有機肥料，此項肥料又須仰賴於都會，故栽培蔬菜必須在都市附近者以此。近世園藝家有言，栽培蔬菜與其擇距都會六、七里輕稅之地，不如納重稅金擇在一里以內之地爲宜，此足見蔬菜栽培以附郭爲宜。離城愈近則菜園愈多而經營亦愈集約，離城漸遠則菜園漸少，卽有之，其經營亦漸粗放，其故亦大可知矣。然此不過就普通多數之情形言之。若夫近世交通便利，舟車往來，瞬息千里，加之農產製造之業日漸發達，蔬菜之中如宜於乾者可以製爲乾菜，宜於鮮者可以裝之罐頭，則特產之土儀與異方之珍品，以此運諸遠方，尤足以收物罕爲奇之利，是運輸卽屬困難亦無妨也。

栽培蔬菜爲集約之業，比之普通農作物大不相同。蓋普通農作物對於天然之情況甚難加以十分改善；緣普通農作物價値較賤，如施以重大之勞費，往往致得不償失；而蔬菜園藝稍爲粗放，成績便劣；且蔬菜價値較昂，卽令加以勞費，出入猶足相抵。蔬菜既爲集約之業，故栽培之地積不在乎大小，而在乎管理之精細，雖在同一之地積，經營精密者收益恆豐，粗放者收益恆少；是以蔬菜園藝當以人工與肥料爲前提，二者有缺，則生產立受影響。由是而言，處理蔬菜終以附近都會、人工利便、肥料充足之處爲宜。又蔬菜園藝亦不宜貪多務得，取過大之地積。蓋地積小則經營易於集約，地積大，管理不免乎粗疏，生產易流於劣，是又與普通農作物所不同之點。

第二章 定名及分類

凡生產人類副食物作爲蔬菜用者，無論爲草本木本，皆屬於蔬菜範圍。其作業卽爲蔬菜園藝(Olericulture)。惟蔬菜種類甚多，自不得不有方法以分別之。惟分別方法，各有不同，茲錄數則於下：

一、中國古法：

1. 農政全書 分爲蓏部、蔬部兩類：

甲、蓏部 黃瓜、王瓜、絲瓜、西瓜、茄、瓠、芋、香芋、蓮、菱、芡、烏芋、慈姑、菰、山藥、甘藷、蘿菔、胡蘿菔。

乙、蔬部 葵、蜀葵、龍葵、落葵、蔓菁、烏松、夏松、蒜、葱、韭、薤、薑、芥、蒝荽、蕓薹、菠菜、莧、茼蒿、甜菜、芹、蘧、苜蓿、紫蘇、蓼、蘭香、蘘荷、菌。

2. 廣羣芳譜 一概名之爲蔬，而分爲下列各類：

甲、辛葷 葷、韭、椒、葱、茴香、蒜、薤、蒝荽。

乙、園蔬 苜蓿、萵菁、同蒿、蔞蒿、白菜、芥菜、莧、葵、生菜、苦菜、菾菜、蕹菜、蕓薹菜、蔊菜。

丙、野蔬 巢菜、薇、蕨、薺、藜。

丁、水蔬　蓴、芹、紫菜、龍鬚菜、鹿角菜。

戊、食根　山藥、芋、甘藷、蘿蔔、萵苣。

己、食實　菜瓜、稍瓜、黃瓜、南瓜、絲瓜、冬瓜、壺盧、瓠子、茄、緬茄。

庚、菌屬　土菌、木耳、地耳。

辛、奇蔬　十八種。

壬、雜蔬　四十三種。

3. 授時通考　分爲四組，無定名；不過無形中含有葉用、根用附水生、果用、辛香四類。茲錄之如下：

甲、蔓菁、韭、同蒿、蔞蒿、牡蒿、蘩、蘆蒿、白菜、芥、芥藍、菠薐、莧菜、馬齒莧、冬葵、龍葵、蔠葵、蒲葵、天葵、苦菜、蕹菜、莙薘、蔊菜、薇、巢菜、蕨、迷蕨、木蕨、藜、蔏藋、灰藋、薺菜。

乙、山藥、芋、香芋、土芋、甘露子、甘藷、蘿蔔、水蘿蔔、胡蘿蔔、萵苣、生薑、蓴、芹、紫芹、蘆。

丙、菜瓜、稍瓜、黃瓜、南瓜、冬瓜、絲瓜、葫蘆、瓠子、茄、菌、木耳、地耳、石耳。

丁、生薑、椒、川椒、崖椒、蔓椒、地椒、胡椒、番椒、茴香、八角茴香、蒔蘿、韭、山韭、水韭、葱、蒜、水晶葱、薤韭、山薤、野薤、蒝荽、野蒝荽、苜蓿。

二、以植物學自然系統分類者：

(一)隱花植物通常僅菰、蕨二種。

(二)顯花植物可細分如下：

1. 澤瀉科　慈姑。
2. 禾本科　筍、玉蜀黍。
3. 天南星科　芋。
4. 百合科　石刁柏、葱、蒜、韭、百合、黃花菜。
5. 薯蕷科　山藥。
6. 蘘荷科　蘘荷、薑。
7. 藜科　菠菜、甜菜、藜。
8. 蓼科　食用大黃。
9. 睡蓮科　藕，
10. 十字花科　甘藍、雲薹、蕪菁、芥菜、花椰菜、球莖甘藍、抱子甘藍、萊菔、薺。
11. 豆科　黃豆、蠶豆、刀豆、豇豆、豌豆、藊豆。

12. 錦葵科　秋葵。
13. 五加科　土當歸。
14. 繖形科　胡蘿蔔、防風、塘蒿、芹。
15. 旋花科　甘藷、蕹菜。
16. 脣形科　紫蘇、薄荷。
17. 茄科　茄、番茄、馬鈴薯、秦椒。
18. 敗醬科　野苣。
19. 葫蘆科　黃瓜、王瓜、冬瓜、南瓜、絲瓜、苦瓜、瓠、扁蒲。
20. 菊科　牛蒡、菊芋、波蘿門參、萵苣、同蒿、蒲公英。

三、以用途分類者：

1. 需根　萊菔、蕪菁、胡蘿蔔、牛蒡、甘藷、菾菜、山藥。
2. 需莖　慈姑、芋、馬鈴薯、菊芋、藕、薑、葱、蒜、水芹、球莖甘藍、球莖萵苣。
3. 需葉　萵苣、蒲公英、白菜、甘藍、抱子甘藍、菠菜、同蒿、食用大黃、蕨、芥、芫荽、薄荷、紫蘇、薺、韭、茴香、豌豆苗、苜蓿、藜、蕓薹。

4. 需花 花椰菜、黃花菜。

5. 需果 瓜類、豆類、茄、番茄、椒。

6. 需芽 石刁柏、筍。

7. 菌類 香菰、木耳。

四、以生長期分類者：

1. 耐寒而生長期甚短者 葉用萵苣、菠菜、芥菜、萊菔、球莖甘藍、豌豆。

2. 耐寒而須移植且生長期較長者 球莖萵苣、甘藍、花椰菜、抱子甘藍、洋芹。

3. 耐寒而亦可過暑期者 菾菜、胡蘿蔔、波羅門參、木立甘藍、蒲公英、葱、蒜、馬鈴薯、韭、石刁柏、菊芋。

4. 不耐寒者 菜豆、大豆、蠶豆、刀豆、玉蜀黍、秋葵、瓜類、茄、番茄、秦椒、甘藷。

第二編　通論

第三章　菜園

第一節　菜園之種類及其經營要素

蔬菜栽培目的約有兩種：即自用與營業是也。前者多爲小面積之栽培，所栽培之種類甚多，當時可以鮮品供家用。以營業爲目的者，又可別爲小圃制，爲栽培多種供本地需要者；大圃制爲栽培少數種類供遠處需用者；栽培特別種類專供罐頭用者等三類。在小城市附近，以栽培蔬菜爲營業者，皆爲小圃制，其情形與自用者無大區別；不過面積較大而已。在大城市附近，其地價必昂；故其栽培必須集約。其集約之程度，因地價而定；而城市之位置、大小、遠近，人口之多少，及其人民之性質、赴市道路之優劣、地土之狀況，皆與之有間接關係。通常行二熟制乃至四熟制，施肥極多，有時且須加人工灌溉。此業之利，則因距城近，包裝及轉運費輕，隨時可以運售，無生產品腐敗之患；人工、材料、肥料等，亦易得而價廉。至於大圃制，則多在距城遠處，其法稍爲粗放，栽培種類甚少，有僅一種者，有在南部栽培一或數種早生蔬菜，乘北部天氣尚寒不能栽培之時，而供給其需要者。

轉運方法之難易實爲最要問題。通常與普通作物行混作或輪作，則人工土地等自易於分配，大宗運售自易管理；在大城市中罐頭公司之附近，可以疏放方法栽培少數種類，專供各該工廠之需要。其出售法，多爲與各工廠預定合同，所有收穫物，以預定價目，歸其包購。以此法所得售價較低；惟無包裝、轉運之勞，價值高下之慮；故以單位計其利甚小，而以總數計之，則仍甚厚也。

第二節　菜園之位置及其設計

菜園之位置，於蔬菜之生活頗有影響，大約向東傾斜地得陽光較早，於蔬菜之生育頗迅速；然日薄西山，則溫度驟降，因而晚霜之害亦所難免；向西傾斜地午前得陽光略少，午後得陽光較多，因而晚霜之患亦少；向北傾斜地常受風寒，因而作物之生育亦必遲緩；向南傾斜地，比較溫暖，蔬菜生育最爲迅速；但亦或有晚霜之患。惟蔬菜性質亦彼此不同：有喜清涼之氣候者，有喜強烈之光線者，有喜生於陰地者，有喜生於卑濕者。例如在寒冷之地早春之際，而欲植物生育迅速，則宜就向南傾斜或向西南傾斜之地及輕鬆之土壤，俾之多受陽光及空氣流通以遂其生活；如在溫暖之地而種性喜清涼之植物；或欲植物之收穫稍遲，則必選晚熟之種，擇向北傾斜之地及粘重之土，俾之少受陽光，而生育遂可略遲矣。

園地能稍稍傾斜，固爲有利；然使傾斜太過，其害亦復不少。蓋傾斜過度，不便於經營管理，雖經小雨，易致肥料流失，沖去表土，土地因之日瘠，大抵在一公丈之地面，其傾斜之度，絕不能過於三公寸。若得傾斜適度，則能令植物多得陽光，組織完美；如在需花之菜，成熟必速；香辛植物氣味必佳。此外如地勢之高低，亦不能不爲注意。蓋過高之地，易遭暴風，過低易受霜害。若得排水佳良之平坦地，其利亦不亞於傾斜地。蓋平坦地於灌溉管理，俱極便利之故。如其地排水不良，而又欲種植性喜乾燥之作物，則又寧舍平坦地而取稍爲傾斜之地也。

位置既定當即計劃本年應栽培種類，及每種占若干面積，繪成一簡圖，按圖循次進行，則不致臨時匆促。惟此種設計，當依地積之大小、位置及與附近土地之關係而定，茲述數則如下，以見一斑：

一、寬六十公尺，長三十五公尺，面積約三市畝，以橫行計　石刁柏及多年生蔬菜一行，約占一·八公尺；胡蘿蔔、甜菜、波羅門參同種三行，行間四十公分；萵苣、萊菔、葱、洋芹共四行，行間四十公分；早熟豆類，以後接甘藍共四行，行間九十公分；早熟甘藍、花椰菜、球莖甘藍、馬鈴薯，以後接豆類、萊菔共六行，行間七十五公分；豆類、菠菜共三行，行間九十公分；秋葵，以後接菠菜一行，一·二公尺；茄、番茄、椒、蠶豆，以後接芥菜共三行，行間九十公分；黃瓜、甜瓜、番瓜共一行，一·八公尺；西瓜及晚熟番瓜共一行，二·四公尺；甘藷，以後接豇豆二行，行間一·八公尺；其餘地全豆類，行間一公尺上下不等。

二、同面積又式　石刁柏、玉葱共一行，一・二公尺；早熟馬鈴薯，以後接萊菔共三行，行間九十公分；早熟豆一行，九十公分；萊菔、萵苣，以後接菠菜一行，九十公分；葱兩行，行間四十五公分；胡蘿蔔一行，四十五公分；蒜菜一行，四十五公分；萊菔、結球萵苣共一行，四十五公分；豆類一行，九十公分；早熟甘藍及花椰菜一行，九十公分；甘藍、豆類，以後接菠菜一行，九十公分；甜玉蜀黍兩行，行間九十公分；番茄一行，一・二公尺；黃瓜、西瓜、甜瓜、番瓜共五行，行間一公尺半；甘藷兩行，行間一・二公尺；茄椒共一行，一公尺；晚熟甘藍、白菜共五行，行間約一公尺。

三、寬三公尺，長六公尺，以橫行計　蒜菜、萊菔，以後接菠菜共四行，行間二十公分；菠菜四行，行間二十公分；胡蘿蔔一行，二十公分；葱兩行，行間二十公分；豆類一行，四十公分；又一行，三十公分；胡蘿蔔一行，四十公分；豆類一行，四十公分；又一行，三十公分；又一行，四十公分；番茄一行，六十公分；茄及椒兩行，行間五十公分。

第三節　土地

以物理學的狀態，可別土質爲輕土重土二種。如砂土、礫土、砂質壤土、礫質壤土屬於輕土，粘土及粘質壤土則屬於重土。輕土之組織輕鬆，保水力弱，空氣易於流通，溫度較高；重土之組織緻密，水分通過較劣，溫度上升較遲，肥料分解甚緩，作物之發育亦慢。

菜園所要之土壤，貴肥沃而可溶性養分豐富，故以粘重土爲良；惟化學的性質可由肥料之施與以改良之，而物理學的性質，改良則非易易，是仍以適當之輕土爲有利，就中以砂質壤土爲最良。表土之選擇固是如此，而心土之狀態於生產力之影響亦甚大；若排水不良者，除少數蔬菜外，皆不能栽培之。最適宜之園地爲表土深而不甚粘，而心土稍爲粘重亦無妨；若表土爲粘重土，可於秋末冬初深耕鋤起，粉碎土粒，暴露於空氣中以促其風化作用，以收改良之效果。在土質之外，菜園之選擇應注意者，爲地之方向，大概以南向稍傾斜地爲佳；惟不宜過於傾斜，以免養分易於流失；且表土較淺，水分供給必不充足。傾斜地之利益，爲排水良好、空氣流通、霜害較稀，而病蟲害亦少；若在平坦地則於方向上無甚選擇。茲列各種土質適於栽培蔬菜種類如下：

一、粘土　冬瓜、蠶豆、黃豆、甘藍、韮、蘘荷、筍。

二、粘質壤土　芋、百合、蕪菁、甜菜、菠菜、花椰菜、王瓜、茄、番椒、豌豆、葱。

三、壤土　馬鈴薯、牛蒡、萊菔、番茄。

四、砂質壤土　胡蘿蔔、甜瓜、石刁柏。

五、砂土　甘藷、萊菔、西瓜。

六、水田 藕、慈姑、水芹、芋。

七、各種土質 菊芋、同蒿、野蜀葵、土當歸、南瓜、苦瓜、款冬。

第四節 關於蔬菜品質優劣之要素

凡不新鮮之蔬菜，其品質必較劣。多數蔬菜失去其所含水分之一部分後，即呈萎縮之狀，雖其成分物質未曾少變，而其味必不及鮮時，如萊菔、夏季白菜等，皆以速行出售為要。蔬菜成熟程度，亦與品質大有影響。多數蔬菜，以其完熟前數日為其品質最佳期；如萊菔過熟者，其中多空洞或多纖維；瓜類則子大而硬，肉老而粗；豆莢多硬絲；皆為其例。氣候亦為一要素。蓋蔬菜因種類不同，而所要溫度亦各差異；如溫暖地產之芋薯，不易生產於寒地；低溫地方之甘藍、球葱不易結球於暖地；葉菜類之生長期間短，特要潤澤之氣候；根菜類非至秋、冬之季，不能完全發達；夏季若溫度甚低或雨量過多時，則西瓜、番茄不能得良好之結果。蔬菜所含成分，以水分為最多，常有至百分之九十以上者；故水分亦與品質有直接關係。耐寒而生育期間短，以根或莖而栽培者，需用水量極大且蒸發速，故須於短期內以多量之水供給之；常有在收穫期前數日，因水分偶缺而致生產物歸於無用者。如水分缺乏之時，再加以高溫，則植物可立致枯死；即以果實或子實而栽培者，亦常因水分不充足，莖葉不發達，而影響於果實之品質亦甚大。病蟲害直接影響於生產量，固盡人而知，卽品質上亦有同等之結果。凡受病蟲害之植物，其果實、莖、葉等發育必較遜，常有一果因微顯有病斑或蛀孔而其價値大減；或有在受害處所採集之生產品，因不能久貯而減價以出售者；故防治病蟲害，亦爲增加品質之一道。品種與品質亦有顯著之關係，因其形狀、大小、色澤、季節等而異其品質。品種之佳象：以生產量、成熟、外觀、貯藏性而定；故必須有一標準以定其品質。各地所有品種，不能相同，則須以其地經驗所得，認爲良品種者而用之。

第五節　種子

種子爲作物之本源，種子之優劣影響於生產者甚大。優良種子必具下列各條：（一）淸潔、純正、無混雜物者；（二）發芽率高者；（三）生活力保存良久者；（四）具有品種之特徵者；（五）母株生育狀況良好者；（六）熟度充足而重者；（七）貯藏方法優良者；（八）無病蟲害及其他害者。生活力保存之長短，非一時所能試出，經一般學者研究之結果，普通蔬菜之生活力保存期約如下列：

石刁柏	五年	乾豆類	三年	萘菜	六年	白菜	五年
胡蘿蔔	四年	花椰菜	五年	水芹	八年	玉蜀黍	二年

黃瓜	十年	茄	六年	蒜	三年	萵苣	五年
甜瓜	五年	芥	四年	黃蜀葵	五年	葱	二年
蒝荽	三年	美國防風	二年	青豆	三年	秦椒	四年
南瓜	五年	萊菔	五年	食用大黃	三年	婆羅門參	三年
菠菜	五年	番茄	四年	蕪菁	五年	西瓜	五年
蒲公英	二年	薄荷	三年				

種子一合之重量、一合之粒數、一公分之粒數、一錢之粒數，據孫雲蔚（見農林新報第十年第廿六期）在南京總理陵園實驗之結果，列表如下：

種類名	品種名	一合之重量 公分	一合之重量 市兩	一合之粒數	一公分之粒數	一錢之粒數
西瓜	三白	三三·三	一·〇七	三四三	一〇·三〇	三二
	花皮	四一·〇	一·三一	四二〇	一〇·二四	三二
	徐家青	四二·八	一·三六	四一四	九·六八	三〇
	烏皮黃	四三·〇	一·三八	三九四	九·一九	二九
	馬鈴（嘉興）	四六·五	一·四九	四八八	一〇·五〇	三三
	雷驚	四一·〇	一·三一	四二〇	一〇·二四	三二

南瓜	砂糖	四五・〇	一・四四	九二〇	二〇・四四	六四
	德州	四二・二	一・三五	三二二	七・六三	二四
	烏皮枕形	四二・七	一・三七	四六八	一一・〇〇	三四
	鳳陽	五四・四	一・七四	四二四	七・八〇	二四
	大和	四六・〇	一・四七	九一〇	一九・七〇	六二
	栗南瓜	三二・五	一・〇四	一三五	四・一五	一三
	Early bush scarlet	四一・三	一・三二	三四九	八・四四	二六
胡瓜		五一・〇	一・六三	一八二二	三五・七〇	一一二
甜瓜	金香瓜	四六・六	一・四九	三六九〇	七九・二〇	二四七
	Musk melon	三二・五	一・〇四	一三四〇	四一・二〇	一二九
冬瓜		二二・八	〇・七三	三二〇	一四・〇三	四四
扁蒲		三二・〇	一・一二	三八〇	一一・八九	三七
絲瓜		四九・二	一・五七	四九六	一〇・〇八	三一
生瓜		四〇・〇	一・二八	三六〇	九・〇〇	二八
大瓢		三七・四	一・一九	三九〇	一〇・四〇	三三
苦瓜		四五・二	一・四八	二九五	六・四〇	二〇

攪絲瓜		二一・〇	〇・六七	一七六	八・四〇	二六
番茄		三四・〇	一・〇九	九二七〇	二七二・六〇	八五二
茄		五九・五	一・九〇	一一一九五	一八八・一〇	五八八
番椒	鷹爪椒	三四・〇	一・〇九	八〇〇〇	二三五・三〇	七三六
	本地大椒	四六・〇	一・四七	六〇五〇	一三一・五〇	四一一
菜豆	Climbing tender and true	七四・〇	二・三七	二〇九	二・八〇	九
	白三度	七二・〇	二・三〇	二一五	三・〇〇	九
	赤三度	七一・四	二・二八	二四九	三・五〇	一一
	黑三度	七五・二	二・四一	二七六	三・七〇	一二
	新種紅三	七四・四	二・三八	四二六	五・七〇	一八
	廣產菜豆	七二・〇	三・三〇	二九一	四・〇〇	一三
	衣笠菜豆	七五・八	二・三四	四三九	五・八〇	一八
	青莢尺五寸	六六・〇	二・一一	二九九	四・五〇	一四
豌豆	南京種	七七・五	二・四三	四八六	六・三〇	一九
	莢豌豆	七八・八	二・五二	五三七	六・七〇	二一
蠶豆	早生蠶豆	六五・五	二・一〇	一〇〇	一・五〇	五

大豆	黒大豆	五七・二	一・八三	二八二	四・九〇	一五
豇豆	南京種	六八・一	二・一八	五四五	八	二五
豌豆	赤花豌豆	六九・八	二・二三	三三七	四・九〇	一五
刀豆	白花刀豆	五四・二	一・七三	三三	〇・九〇	一・九
落花生	大粒種	五八・〇	一・八六	八七	一・五〇	四・六
洋豌豆	矮性種	七五・七	二・四二	二二九	三・〇〇	九・五
赤小豆		七六・五	二・四五	一六七五	二一・九〇	六九
綠小豆		七六・九	二・四六	一六四六	二一・一〇	六七
玉蜀黍	南京黃粒種	七四・四	二・三八	三五七	四・八〇	・五
	Golden bantam	六二・〇	一・九八	三一五	五・七〇	一八
	Country gentleman	六〇・七	一・九四	六〇〇	九・八〇	三一
萊菔	方領萊菔	七一・〇	二・二八	四五五七	六四	二〇〇
	十日萊菔	六二・四	一・九九	四八〇五	七七	二四一
蕪菁		七七・五	二・四八	五三九四〇	六九六	二二七五
胡蘿蔔		一七・二	〇・五五	八八七四	五一〇	一五九四
甜菜		一八・〇	〇・五八	一〇八〇	六〇	一八八

牛蒡		三四・六	一・一一	三〇八〇	八九	二七八
婆羅門參		一五・三	〇・四九	一五一五	九九	三〇九
美國防風		一九・〇	〇・六一	四二五〇	二二四	七〇六
球莖甘藍		七〇・〇	二・二四	二〇七二〇	二九六	九二五
葱頭		五五・〇	一・七六	一九三九〇	二九八	九三一
石刁柏		七五・〇	二・四〇	三六〇〇	四八	一五〇
萵苣筍		三六・〇	一・一五	三四四一六	九五六	二九八八
葱	一本深葱	四三・〇	一・四〇	一七〇八二	三九〇	一二一九
韭		五〇・三	一・六一	一四一八四	二八二	八八一
韭葱		四六・五	一・四九	一九五三〇	四二〇	一三一〇
塘蒿		四八・五	一・五五	七一六〇〇	六〇〇	五〇〇〇
旱芹		三七・五	一・二〇	二五一二五	六七〇	二〇九四
薐葵		三一・八	一・〇二	二一六二	六八	二一三
結球萵苣		三三・五	一・〇七	三〇二八四	九〇四	二八二五
苦苣		二一・〇	〇・六七	二七五五二	一三一二	四一〇〇
甘藍	Succession	六六・〇	二・一一	二七九八四	四二四	一三二五

抱子甘藍		七一・〇	二・二七	二三〇〇四	三二四	一〇一二
結球白菜	曹州白菜	七〇・〇	二・二四	二一一四〇	三〇二	九四四
蘇州青菜		六七・五	二・一六	二七〇七五	四一〇	一二八一
瓢兒菜		六九・〇	二・二一	三七六七四	五四六	一七〇五
烏塌菜		六九・〇	二・二一	三七九五〇	五五〇	一七一九
紫菜苔		六九・五	二・二二	三一九七〇	四六〇	一四四〇
雪裏蕻		七一・〇	二・二七	四三五九四	六一四	一九一九
芥菜		六八・五	二・一九	四五八九四	六七〇	二〇九四
萘菜		二七・〇	〇・八六	四七二五	一七五	五七四
莧菜		七六・二	二・四四	一二〇三九六	一五八〇	四九三七
菠菜	中國種	三三・三	一・〇七	四〇九六	一二三	三八四
	西洋種	四三・五	一・三九	五三五〇	一二三	三八四
同蒿		二一・五	〇・六九	一六〇八二	七四八	二三三二・七五
蕹菜		五九・五	一・九〇	一二二五・七	二〇・六	六四三・八〇
花椰菜		七二・〇	二・三〇	二六三五二	三六六	一一四四
木立花椰菜		六九・五	二・二二	二三三五二	三三六	一〇五〇

金針菜		四三・四	一・三九	二三四四	五四	一六九
冬瓜	西形冬瓜	二九・三	〇・九四	九六七	三三	一〇三

凡採種用之母株，其發育旺盛者，所產之種子必爲良好；否則，種子之外形瘠小、胚胎幼弱、發芽率低、生活保存期短。至於種子之熟度，在未完熟者，因其胚部早已形成，若留意管理，亦能發芽而生新植物；惟其體質究屬徵弱，其結果必不能圓滿也。

第六節　肥料

蔬菜種類甚多，其吸收肥料，又各因其品種而異；不過所需要者總以氮、磷、鉀三者爲主。茲爲分別說明如次：

第一目　氮素肥料

氮素肥料施於植物爲效甚速；而施於用葉、用花及用根蔬菜類，欲其發育迅速、柔軟多汁，收效尤鉅。吾國向來對於作物所用肥料，以人糞尿、油粕、廐肥爲多，此等肥料所含氮素甚富，更爲擇要說明之。

一、人糞尿　人糞尿含氮素頗富，以之施於蔬菜爲效頗速；但用人糞尿總以用曾經醱酵者爲佳；因新鮮人糞尿多含酸性，有害於蔬菜之生長。新鮮糞尿含有尿素與鹽，如用淨糞尿，必損作物之根；且尿之爲物，土壤不能吸收，必須加水混和，使之醱酵腐熟，俟尿酸變成碳酸銨，然後植物方能吸收。人糞尿欲其醱酵，須堆積之，普通不過數日間便可漸變青色。此時微菌漸次繁殖而起分解作用。通常貯積鮮人糞尿，多用木桶或瓦缸埋入地中；更求簡便可掘地成坑，其深淺廣狹視存糞之多寡而定。掘畢，可將糞傾入，上加以蓋，以防陽光雨雪之侵入。又管理周密者，尚宜加入雜草、藁灰之屬，以防氨之發散。其醱酵時期，大約夏間在一星期便可腐熟，冬間經時略久。

二、油粕　油粕爲大豆、脂麻、棉籽等之糟粕，富於氮素，爲速效肥料。此項肥料雖價值略昂；然施用之分量，可不必甚多；且此物穢氣甚少，便於搬運，仍爲合算。

油粕一項，用爲肥料，力量最爲濃厚，大凡油粕其功效不疾不徐，於基肥、補肥均可用之。然其奏效不似人糞尿之迅速；故卽用爲基肥亦稱簡便。尤有進者，凡油粕中俱含有小量之油分，並多含蛋白質，若將油粕先用作家畜飼料，俟其排糞乃取爲肥料，如是一舉兩得，比之直接逕以油粕爲肥料收效益宏也。

油粕性質多屬乾燥，用時須打成小片堆積之，略灌以水，其上加以遮蓋，約過半日，再取而搗之成末，乃可施用。如油粕已碎含有水分，不能卽用，須曬乾之。亦有直接施用，俾防其發熱，或發生毒氣致粕中之氨發散者；亦有用牲畜拖碌碡碾碎，然後施用者。

三、廄肥、堆肥　通常農人對於蔬菜所用之肥料，以廄肥及堆肥爲大宗。此項肥料不特爲肥料之基礎；而其中之馬糞尤有釀熱之功，爲溫床所不可少者。

廄肥所含肥料三要素之量，甚屬平均，實爲肥料中之最完全者。惟廄肥之來源，爲家畜之排洩物；故欲多得廄肥，不能不多養牲畜。大抵家畜一年平均之排洩物，牛、馬一頭，可得四五千公斤，羊約三百公斤，一物雖微而產糞甚多，積日不足，積歲有餘；故牧養牲畜者，若不知留心收糞，則年中無形損失亦正不少。惟畜牧之業，祗大農能行之，尋常園藝家仍只得購用耳。牛糞性冷，中含水分頗多；且其性質密緻，故醱酵遲而收效亦緩，宜施用於砂質之輕鬆土壤。豬糞亦性冷，惟其中所含養分頗多；然醱酵亦遲，普通菜園恆鮮用之，多施於旱田。無論何物，皆可潑入豬圈，如穢水、塵埃及小牲畜之糞與蓐草傾入圈內，藉豬終日之踐踏，能造成旱田上好之肥料。馬糞與豬、牛等糞相反，屬於熱性肥料，質甚輕鬆，水分頗少，醱酵最易，養料極多，農家適用至廣；而又爲園藝上構造溫床不可缺之物。羊糞所含養料亦富，醱酵亦速，惜其糞少，不易收集，故利用者亦不多。然不論何種牲畜之排泄物，均須經堆積腐熟之後，乃可取用。

堆肥者，無論何種物質，苟含有養分者，皆爲堆肥之材料，如尋常之草稈、敗葉以至毛髮、塵埃皆爲之。至其製造之法，則在於堆積。其法搜集各種含有養分之雜物，堆而積之，更澆入穢水之類，俾得濕潤，約經月餘翻攪一次，更復堆積之，如是始能十分腐熟也。至於堆積時之管理，可與廐肥作同一之處置。

廐肥之製造及管理如失於注意，則其效必減。在外國農家對於廐肥尙有特造之堆積所，以防雨淋日炙、走失肥力。其一切經營及管理之法略如下述：(一)堆積所當擇風雨陽光俱不甚劇烈之處爲之。(二)堆積所宜蓋小屋爲貯藏之用，地上宜用三合土爲之，則肥液不致滲入土中，而地內之水亦不致侵入肥料內。(三)堆積所宜有適宜之傾斜度，低處設有溜槽以引肥液之流出者。(四)堆積物當有適宜之高度，尋常約在一·五公尺左右；若堆積過高則醱酵過於急遽，堆積過低則醱酵遲緩；且又多佔地積。(五)欲廐肥腐敗迅速，宜輕堆之，少澆水分，如是則要酸微菌容易繁殖〔廐肥之能醱酵，由於兩種微菌作用：一爲要酸微菌 (Aerobic bacteria)，此種菌之繁殖，需要氧氣，能發大熱；二爲不要酸微菌 (Anaerobic bacteria) 此種動作甚遲，發熱不大。〕如不需用，勿令其迅速醱酵，則堆時十分緊壓之，多澆水分，俾空氣不流通，如是則不要酸微菌可以繁殖矣。(六)廐肥堆積宜平置，故每堆一層，卽須踏緊，使上面無凹凸，並周圍整齊爲佳。(七)有時堆中發熱過甚，宜用棍從上面刺穿多數之穴，灌以水分，並壓緊之，否則發熱過度，氮氣飛散，肥力盡失，或且有焚如之患。(八)

在寒冷之地，廐肥不易醱酵，則宜將廐肥房地掘深，蓋以草稾以防熱氣消散；並少加水分，不加緊壓。（九）堆積廐肥每過數星期，可全行翻倒一過；但來回翻倒，氨易於走失；故亦不宜多行。（十）廐肥之四周，可用土圍之；並在堆中混入少量泥土，以防止氨之消散；然若摻土過多，則醱酵未免較難耳。

第二目　磷酸肥料

屬於磷酸肥料者，有有機體與無機體兩種。屬於有機體者，如骨粉、粰糠、魚粕等是；屬於無機體者，如磷酸一石灰、磷酸二石灰、磷酸三石灰等是。茲將其功用分別略述之：

一、取各種動物之骨，製之成粉，然後作爲肥料，卽爲骨肥。所謂動物之骨，無論魚骨、鳥骨、獸骨皆可。其中所含磷酸甚多，在蔬菜園藝用之收效甚宏；但動物骨本甚堅硬，若非製之成粉，未易爲用。惟製法有精粗，斯功效有大小。

二、粰糠所含，以磷酸、氮質爲多；但其性質亦屬粗硬，不易分解；故使用時最好設法先使之腐敗，然後取用爲佳。其法如下：（一）混入堆肥中，俾之腐爛。（二）將粰糠置入桶內，注以尿水，俾之濕潤；乃用土覆蓋約厚一公寸，並壓緊澆水，使氨不致消失。如是數日，則粰糠與土相混，乃行取用。（三）將粰糠先餵家畜，以收取廐肥。

三、魚粕亦富於磷、氮兩質，此種肥料近海之民多用之；然徵之吾國農界，南北各省用之者不數數覯，故不深論。

四、過磷酸石灰爲化學肥料。歐、美多用之。以骨粉或磷灰礦石加入硫酸，使其中所含之磷酸石灰變爲可溶性，乃人造肥料中最濃厚之磷酸肥料也。吾國農界向以廐肥、人糞爲肥料之中堅，即磷酸亦向少研究，矧最新之過磷酸石灰乎？惟此品功效甚鉅，園藝中對於貴重之品種，固無妨斟酌用之也。此外因所含石灰之多少，尙有磷酸一石灰、磷酸二石灰、磷酸三石灰、磷酸四石灰之名。至其製法屬於工業製造，不贅。

第三目　鉀質肥料

木灰、草灰均爲鉀質肥料，其功效能充實作物之莖、葉，增加作物抵抗病蟲等害之力；故鉀肥又名莖肥。且鉀質並能調和土壤中之酸性，及減殺腐敗病及其他病菌之繁殖，雖其爲用不如氮、磷二質之多；然亦爲植物所不可缺少肥料之一也。

第四章 苗床

第一節 冷床

冷床之構造，因地方之不同而略有精粗之別。應避向北寒冷之處，而選日光容易直射之地。牀之廣闊須一公尺至二公尺，長則適宜爲之。床地必先鋤至粉碎，踏緊底土使含蓄之水分充足；然後於精碎之土上撒布腐熟堆肥約一公寸左右，又施入糞尿，其上更以肥沃之篩土爲表土，終乃播種。欲保存適宜之濕氣，則當撒布約厚六、七公分之細砂，如無細砂用乾燥馬糞代之亦可，因其善能保存濕氣，且可用作發芽後之肥料。若欲防表土燥結，可蓋以藁、籾殻等，至發芽而止；但易爲蚯蚓及其他蟲類之巢穴，常宜注意搜檢。

第一圖 冷床

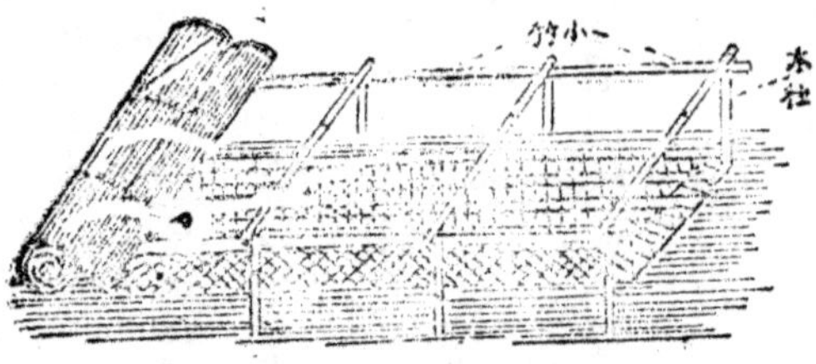

床地之形既成（第一圖），乃於床之兩側約距二十公分處，各植以竹，南高三公寸，北高五公寸，上横以竹，結合南北兩側，又以五、六根縱列，並立結合，覆以蘆箔等用防寒氣及霜，日中溫暖之時，則除去之，使得充分受熱，至午後三、四時仍爲被覆以保存其溫熱；若在寒冷之日，即霜已消盡，亦

勿去此被覆。如有乾燥之虞，則須常常灌注沃水。至苗已稍長，即可用稀人尿；總之肥料成分，決不可使缺乏，倘移植後有生育不良者，尤非施肥不可。或沿屋壁之南面堆高一公寸餘之土，略成冷床之形，或作爲溝床（第二圖），掘地約深二公寸，自北向南由漸而低，南北二側各築小堤，以板等支撐之，防土壤之崩壞，堤上橫以竹等物，上覆簾箔等保護之。

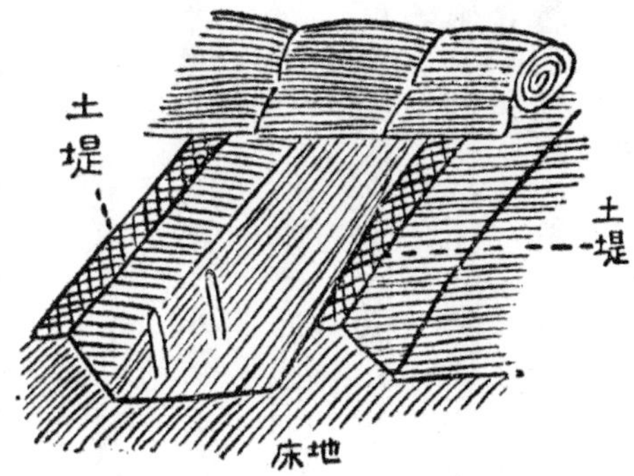

第二圖 溝床

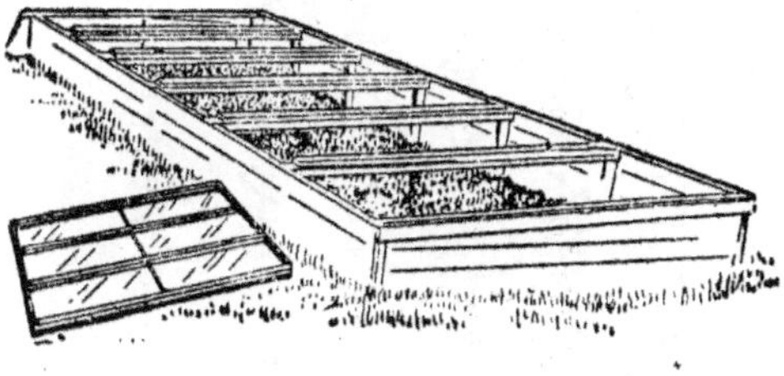
第三圖 西式冷床

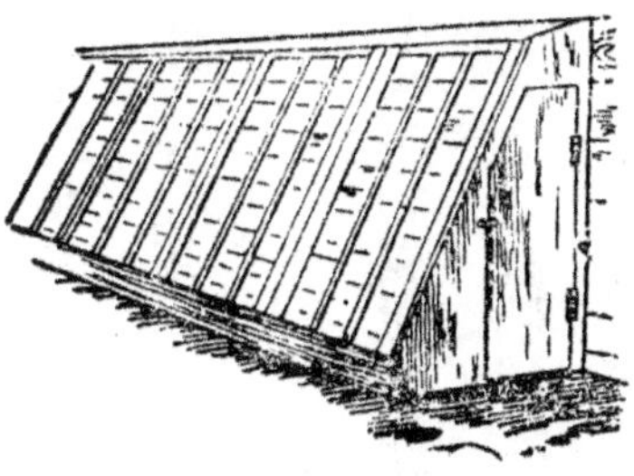
第四圖 倚牆冷床

歐、美各地所用冷床，大都構造複雜。在地面先作成木框，南方高三公寸北方高五公寸，長四公尺乃至七公尺，寬一公尺至一·五公尺，上面架玻璃格子以便啓閉（第三圖）。又有利用房屋牆

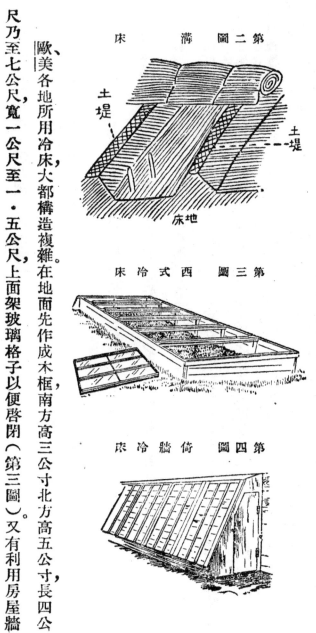

壁之南面，裝置冷床(第四圖)，亦稱便利。

第二節 溫床

溫床較冷床尤為進步，以釀熱力加外氣之溫度使發芽生育。凡播種於小地積者，可無誤發芽期之患。管理又可周到；且外氣之溫度雖不適於種子之發芽，然可使該芽生育。至使用之時期，宜在冬季以至早春，則無影響於他項農事而利益最大。

凡可設溫床之位置，供給之水宜充足，土地宜乾燥溫暖，西北兩面宜有建築物或樹木、邱陵等遮隔寒風，其向南一面地勢取傾斜。若無遮隔西北風之保護物，則應築二公尺高之板牆。溫床之構造有種種，普通者大約宜廣二公尺長三公尺內外，掘深二公寸周圍一公尺內外，打入木樁而横以竹，後脚高三公寸至五公寸，前脚較低，只一公寸即足。作成框形，外圍纏以稻藁或麥稈等物，略成四壁之形。內部填充發熱物厚約三公寸內外，上覆細土一公寸。

上等者劃地長適宜，廣一·五公尺，四方打木樁而横以竹，周圍以藁束纏縛，掘地深約三公寸，其最下層則填充厚二公寸之籾殼，其上層則堆積完全腐熟之堆肥、廐肥，或上年使用之敷藁等而已腐爛者，厚約三、四公寸，終更灌以熱水，十分踏緊，其最上層再置新藁一公寸餘，再以乾人糞為粉末與篩過之堆肥及肥土混合，而置於其又上層，厚約二公寸。作物於二月間播種，如逢嚴寒，則用火鉢增加溫度。蓋以玻璃格子，再用薦蓆等物兩三條重疊遮蔽以保護之。外圍更蔽以土。若栽培單株作物，可取一大洋油箱或任何舊木箱、木桶等，除去上下兩面之板，埋入地下二公寸，周圍覆土，底部則入砂礫二公寸以便排水，就其內部充以尚未醱酵之馬糞，厚約五公寸，馬糞上面更堆肥土二公寸。箱之上部破壞板片爲其覆蓋。但此等方法僅家庭中小規模之栽培頗稱便利，不能應用於大規模耳！

現在農家慣用之溫床，隨各處地方構造一、二已足。但多就平地區劃爲床地，周圍設立支柱而纏以藁，以少許之木葉、塵埃、馬糞等互相混合爲釀熱物，充塡其中，上覆肥土，在支柱上蓋以薦蓆、油紙、油布等物保存溫度，而無益之釀熱物則使發熱飛散；惟溫度之保存不克經久，在生育須高度之作物，必須數次移植於溫度高之床內；且管理非常困難，非有經驗者不能得良好結果，而經濟上之損失多多，更無論矣。

近來行用之框製溫床（第五圖），管理頗易，且苗類得以早成，或使蓏果類早出，或用以促成軟白等。

第五圖 框製溫床

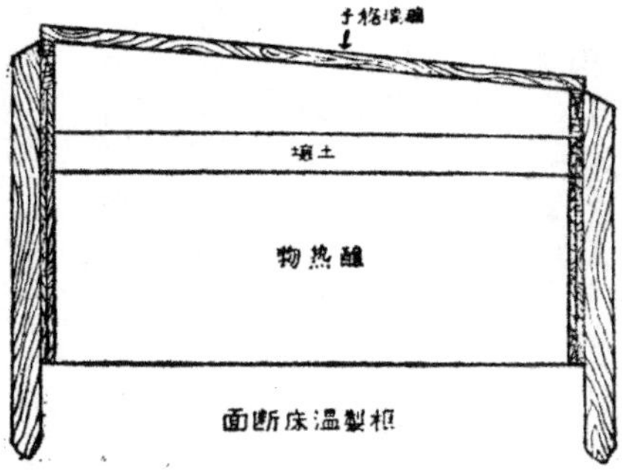

木框之形狀有單複大小或搬運自在等種種。有一種長三、四公尺廣約二公尺者最稱靈便，其高低前面約三公寸，後面五公寸，板厚二、三公分，框之四隅及中央，俱裝有長四、五公寸之脚，此脚以螺旋釘釘於框板，隨床中作物之生長而上下之。又框之接觸地面處須塗油，則可經久不壞。所用木料、松及扁柏爲宜。上面所架之玻璃格子廣一公尺，嵌玻璃六至十二片，橫架長一公尺、廣五公分、厚四公分之木，以供撐支格子之用；梁之上面沿其長徑，開有淺而小之齒狀槽，則雨水之自各格子間隙侵入者，卽可使其流向床外。此外每格子一扇各備支器一根，用以節格子之開閉。支器約長三、四公寸有四、五缺刻，其下部則具一缺口，以便嵌插於木框之後側；若抬格子，則缺刻支於格子之上棧。

溫床之木框與冷床無異，宜擇南向溫暖之位置，以防北風。低部面向正南，東西延長，乃就地掘深五公寸至八公寸左右，將框嵌入；欲防濕氣，其最下層須鋪砂礫約一公寸以便排水，中央須稍加高。以釀熱物塡入。釀熱物製法雖有種種，尋常多用新鮮之馬糞與腐熟之馬糞及闊葉樹之落葉等，各等分混和，堆積踏緊，使無厚薄，約高六、七公寸；其上更覆以混和篩過砂土之腐壤土約二、三公寸，供播種之準備。惟所發生之溫度，往往因釀熱物之性質、厚薄及氣候之寒暖等而大異；故所需之溫度，須自行加減。大抵每一床地所需之廐肥，其量以一馬一月所排者爲標準，更和落葉等使得保有攝氏二十三、四度之溫度。框之外側周圍，亦包以釀熱物或土壤，俾便排水。如在土地濕潤時，無須掘土，祇須在地上稍覆以土，周圍更覆土或釀熱物便可。但此法較前者於溫度之保存，損失殊多。或製如上述之木框以代之亦可。木框所用之板厚二、三公分，掘適宜之地周圍打木樁，嵌板而爲框形，所用玻璃格子較前者亦可稍稍粗陋。

既造成後，架玻璃格子而靜置之，數日後即發大熱，達於攝氏三十度內外，每日須適宜透達外氣，牀面低邊之內側須插入溫度表，檢其昇降方爲妥善。如此約經五、六日，溫度即降至二十度內外，乃可供播種之用。若在此溫度未降之前，遽行播種，則種子或種根，概不免有燒損之患，不可不慎。作物所需之溫度雖各有異，普通宜以十八度至二十五度爲標準。其管理得宜者，床地之溫度，大抵在五、六週間，俱得保存同一之度數。

適於溫床之土壤因作物之種類而略有異；然其前年用作床土者，苟含有病菌之胞子或害蟲之卵子，即不可用；尋常混有有機物之土壤當先篩過，且和砂土少許用之；否則，用肥沃之砂質壤土亦可。如不得適當之土壤，可將粘土、砂土混和適宜供用。其混和之比例，亦因作物而異，即如茄宜多腐壤土，胡瓜宜多腐壤土及砂土，菜豆及其他豆類宜多壤土是也。

有栽培於溫床內之作物，以各種之苗類爲主，如茄、胡瓜、番茄、甜瓜、冬瓜等之蓏果類，及菜豆、豌豆、石刁柏、土當歸、菠菜、胡蘿蔔、塘蒿、大黃、萵苣、萊菔、菾菜、韭菜、洋芹等，其類繁多，有經二、三週間即可早出者，亦有僅可發育之用者，或隨溫度之低降，須再三移植於其他之溫床內者，卽如茄、胡瓜需高溫度，甘藍、萵苣需中等溫度；以此釀熱物之性質及踏緊之厚薄與作物所需之溫度，均應預先熟知焉。

釀熱物之材料，普通除馬糞、敷藁、落葉等外，兼用糠、乾草等，初無一定，自紡績所發生之綿屑用為醱酵材料，其效亦多，價且低廉，豚糞不發熱不可用。今將慣用之發熱物舉其配合法如下：

一、馬糞三分，敷藁四分，木葉三分，使十分濕潤，厚半公尺；

二、馬糞敷藁各二分和木葉一分，使十分濕潤，厚約三公寸；

三、底面堆木葉一公寸半，上面堆馬糞、敷藁等之混合物踏緊；

四、底面敷藁二公寸，上敷馬糞、敷藁或米糠一列，更覆藁厚半公寸，上蓋篩土。

要之，單純之馬糞發熱強大，須和木葉或藁而後可用；但用木葉，冬日有結霜之患，故又須和馬糞。溫床所用之廄肥，在寒冷之日不宜卽自廄舍或小屋等運入床內，當先集所需之量，注以溫暖之水，浸潤而緊密堆積，迨數日後醱酵之進行極盛，乃可取用。甚者更須因濕潤狀態之如何，再稍給水分；且投藁稈堆積中央，誘令醱酵均勻，用時更覆以土，乃得長保有其溫度。

又如釀熱物充塡方法之如何，於發熱亦略有關係，當先將所用材料十分攪拌，使混和破碎，乃均勻撒布於全床內各部，十分壓緊，續給水分；至其發熱，則覆以玻璃格子。若欲使其發熱稍緩，可注加熱水二、三桶，至十分發熱，方均勻表面覆篩土二公寸，俟溫度適宜而後下種；或投以少量之發熱物，時時注熱水踏緊，及有一定之厚，立覆篩土，俟有下種之溫度亦可。又上覆之篩土，如果過厚，則溫度之傳導必遲；如或過薄，則苗根伸長根端，與腐熱不完全之發熱物相接，因而損害該苗，皆不合宜；故以厚一・五公寸至二公寸爲宜。

自蔬菜之性質言之，如萵苣、萊菔、洋芹等日中以二十四度之溫度最善，夜間以五度至十度之低溫最善，倘稍受寒氣被害亦不烈；但如番茄、胡瓜、茄、西瓜等日中必需二十七度至三十二度，夜間亦需十五度內外之高溫度，若更高於此，卽易罹病蟲之損害，在胡瓜、南瓜則細小而纖弱；若更低於此，則往往不生長；卽或生長亦必遲緩而且軟弱。他如茄之溫度可稍高，冬瓜亦然。要之，空氣之透達、灌水等之管理，均須十分注意焉。

第三節　苗床之管理

準備苗床須在下種之二週間前，卽須完全手續。播種之時期固視蔬菜之種類與其早中晚及地方之狀況等而異；但尋常多自二月下旬至三月上、中、下旬。若管理周到，則在二月中旬亦可播種。

一、播種及耘苗　無論冷床、溫床，既選定其位置，一切之準備俱已完結後，即可着手播種（但溫床踏緊後，須經過一星期，俟其溫度稍定，始可播種）。至播種之方法，不外撒播、條播二種，各有得失。蓋撒播法雖能節約苗床之面積，然不便於管理；條播法雖容易管理，得節約其種子，然要較大之面積，亦不能謂為盡善也。但欲養成強健之苗，則以條播為宜。播種之深淺，視種子之大小而不同。普通覆土之厚，在大粒種子約三倍於種子之直徑（第六圖）；小粒種子只要覆蔽不露即足。播下後必常與以適度之濕氣；且須用藁及礱糠等被覆，以防其乾燥。迨至發芽開始，即除去之以遂其生長。爾後視疎密情形，隨時耘除，以保其適當之距離。

第六圖　覆土深淺

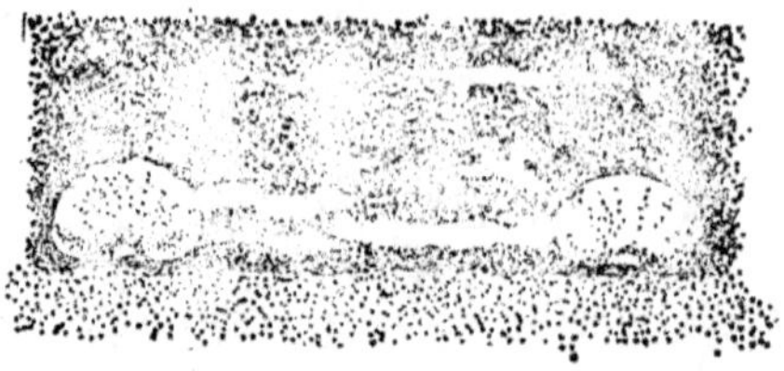

自播種以至於發芽，各種子所要之日數，各相懸殊。此發芽日數之長短，於苗床利用上，有至大之關係；故不可不預為知悉。茲紀其概略於下：

1. 冷床　播種之種類及其發芽日數（在溫暖地方）：

種類名	發芽日數	種類名	發芽日數
甘藍、	六日	抱子甘藍	五日
木立花椰菜	六日	花椰菜	七日

球莖甘藍	七日	濱菜	十二日
萵苣	六日	苦苣	五日
野苣	五日	塘蒿	十四日
旱芹菜	十二日	朝鮮薊	十五日
白菜類	五日	葱及球葱	十日
韭菜	十五日	龍鬚菜	二十五日

2. 溫床播種之種類及其發芽日數（床溫二十三度內外）.

種類名	發芽日數	種類名	發芽日數
黃瓜	十日	南瓜	八日
冬瓜	二十日	西瓜	十日
越瓜	八日	壺蘆	十日
絲瓜	十日	苦瓜	十二日
茄子	十二日	番茄	十日
青椒	十三日	甘藷	二十日

二、移植　一名假植。即幼苗生長後，互相密接，尚不適定植於本圃時，則不能不以稍大距離移植於另一苗床。其間隔之疎密，固視幼苗之大小而不一；然一般概不過十公分平方至十三、四公分平方。既經移植後，須充分灌水，使苗之幼根，早時附着於土，否則其勢力必衰弱，不易活着也。

如移植困難之瓜類，須於數日前，特用小刀切其根之周圍，則必自其切斷部發生多數細根，移植後，始容易附着於土，而不停止其生長，是謂切根法。又如塘蒿、甘藍之有長大葉者，當移植時，剪斷其葉端之四分之一乃至三分之一，然後可免萎凋而易於活着。再假植之際，切忌深植，且不可緊壓其根部。既假植後，若陽光過強時，仍須用筵蓆等爲其日覆，然仍儘量直曝於日光中，否則易陷於柔軟虛弱狀態。

三、溫床管理上之要點　溫床係用人工熱以促進幼苗之生長，故種種事項，較之冷床，應要精密管理。茲分三項以述其大略焉：

1. **溫度之保持**　由釀熱物之醱酵所生之溫度之維持，原不如火力、蒸氣力等之經久，於踏入時之緊鬆，大有關係。使未注意而稍形輕鬆者，則醱酵迅速，昇溫急激，不至一月，熱必自消；故不可不於醱酵物外，適當給與濕氣，或混加落葉及切藁等，以調節其溫熱，而防止其發散。又應於蓋窗之外，準備被藁或筵蓆等，以禁止其熱漏洩。再若溫度有下降之徵者，須於周圍掘起環溝，約深二公寸，寬三公寸內外，以醱酵物堆積之，使不直接於寒冷之空氣，乃可免之。

2. 灌水　灌水若太多，則土易自固結，或植物因之軟化徒長，或釀熱材料爲其濕潤過度，而阻害其發熱作用。在天氣險惡，上面被有被蓋物時，尤宜愼之；蓋是時寧以稍乾燥爲宜。灌水於晴日之午前行之最好；若在夕陽西下時行之，往往因其蒸發，下降其床溫，夜間難以恢復；故幼苗易受寒傷，不免有萎凋之虞。又寒冷之水，亦易奪取其床溫，如當寒氣劇烈之天氣，必用攝氏十五、六度之微溫水灌漑之乃可。至灌水用之器具，以細孔之撒水壺爲宜。施行時，須近接床面，均勻撒布，使灌下之水，如露滴之狀，切不可直接觸於幼苗葉。蓋幼苗葉上，若附有水分，一旦曝於強烈之陽光下，則不惟乏其灌漑之效；且常有發生燒傷之虞。

3. 通風　通風之目的，在除去床上之過多濕氣，及調和床內之過急溫熱。蓋一般之溫床，最初多陷於高溫多濕，幼苗有徒長之傾向，體質遂柔軟而虛弱；故當快晴之天氣，務急速除去上面之被蓋，使之曝露於外氣，調節其溫濕，乃可育成強健之幼苗。又每當早朝蓋窗之裏面，往往見有水滴者，此卽床上過濕之明證也。於日出後務宜開玻璃格子，使之風乾乃可。若外氣寒冷，不能開啓時，則須拭盡其水滴，而復密閉之，否則必被寒害而招大損。

茲以前北京中央農事試驗場之溫床管理及構造法爲例，述之如下：該場用作溫床之木框，計長一丈一尺六寸，寬四尺，前高八寸，後高一尺二寸，木板厚一寸二分；故該框內部長寬少一寸二分。在播種時，每床施馬糞七十斤；分栽時每床施馬糞七十斤，人糞乾四十斤；晚上加蓋草簾，早晨日出後二時，將草簾打開，日落前一時將草簾閉蓋，至如晴暖之日，應將玻璃障開放少許，俾空氣流通而免之易於徒長。

播種時期如王瓜、冬瓜、茄子、芸豆之類，本地農人，在溫室中種之，以備冬期出賣者，則秋後冬初隨時可種，而在溫床專為育苗之用者，大約則在早春也。茲據該場對於各種蔬菜播種之時期錄之如下：

苗床記載表

種名	播期	種量	發芽期	間苗期	灌溉次數	苗質之判定					苗成日數	病蟲害有無
						整否	剛柔	粗細	長短	葉色		
花椰菜	三月二日	八分	三月九日	三月十七日	二	整	剛	粗	短	濃	六十六日	青蟲
球莖甘藍	三月十一日	一兩五	三月十七日	三月三十日	一	同	柔	細	長	淡	四十二日	青蟲
日本番茄	三月十三日	三兩	三月十八日	——	二	同	剛	粗	短	濃	五十七日	無
江蘇辣椒	同	三兩	三月二十五日	——	一	同	柔	同	長	同	五十八日	同

早生王瓜	同	四兩	三月十七日	—	二	同	剛	同	短	同	四十九日	同
北京高樁冬瓜	三月十四日	二兩五	三月三十日	—	二	同	同	同	同	同	六十四日	同
北京六葉茄	同	三兩	三月二十三日	四月二日	二	同	同	同	同	同	七十一日	同
北京南瓜	同	同	三月二十日	—	一	同	同	同	同	同	四十四日	同
北京七葉茄	同	同	三月二十三日	同	二	同	同	同	同	同	七十一日	同
北京八葉茄	同	同	同	同	二	同	同	同	同	同	同	同
北京西葫蘆	同	同	三月二十日	—	一	同	同	同	同	同	四十四日	同
日本縮緬南瓜	三月二十日	五錢	三月二十六日	—	一	同	同	同	同	同	四十日	同
江蘇番瓜	同	同	同	—	一	同	同	同	同	同	同	同
苦胡瓜	同	同	三月二十三日	—	一	同	同	同	同	同	四十日	同
北京大花南瓜	三月二十一日	五錢	三月二十八日	—	一	同	同	同	同	同	三十九日	同
北京早生王瓜	同	九錢	同	—	一	同	同	同	同	同	五十日	同
北京中生王瓜	同	四錢	三月二十六日	—	一	同	柔	細	長	淡	同	同
北京晚生王瓜	同	同	三月二十八日	—	一	同	同	同	同	同	同	同

早生心高甘藍	三月七日	一錢	三月十一日	三月十七日	二	整	剛	粗	短	濃	六十五日	無
中國高辣椒	三月十八日	五錢	三月三十日	—	一	同	柔	細	長	同	五十四日	同
廣東長苦瓜	同	一兩	同	—	一	同	同	同	同	同	五十二日	同
北京苦瓜	同	同	同	—	一	同	同	同	同	同	同	同
六葉茄	三月二十一日	七錢	三月二十一日	四月十三日	二	同	同	同	同	同	六十五日	同
七葉茄	同	同	同	同	二	同	同	同	同	同	同	同
五葉茄	同	同	三月三十一日	同	二	同	同	同	同	同	同	同
八葉茄	同	同	同	同	二	同	同	同	同	同	同	同
九葉茄	三月二十二日	二錢	同	四月十三日	二	同	剛	粗	短	同	同	同
廣東長冬瓜	同	五錢	四月四日	—	一	同	同	同	同	同	五十八日	同
美國粉紅番茄	三月十九日	二錢	三月二十八日	—	二	同	同	同	同	淡	五十三日	同
玉萵苣	三月二十一日	二錢五	三月三十一日	四月二十一日	一	同	同	同	同	同	同	同
極早生黃金萵苣	同	同	三月二十七日	同	一	同	同	同	同	同	同	同
芹菜	同	二錢	同	同	一	同	同	同	同	同	同	同

西瓜	同	五錢	四月十一日	同	一	同	同	同	同	同	三十八日	同
刀豆	五月十三日	一錢五	五月二十三日	—	一	同	同	同	同	同	二十四日	同
甜菜（早生血色蕪菁形）	同	三錢	五月十七	五月廿九日	一	同	同	同	同	同	同	同

第五章　農具

菜園所用之農具，不外用鐵、木、竹、石之類製成之。然自近日農業之組織日趨複雜，則農具亦隨之而日多；且農具之種類由農業規模之大小精粗，與地方之習慣而有不同。然無論如何，農具之製作，要以體質堅固，取用輕巧，而且價值輕廉者，方爲上選。茲將各種農具爲菜園所常有者，擇要述之：

一、犂　犂爲耕地之器，無論旱地與菜園，皆當用之；然規模較小之菜園，人力有餘，則耕地用鋤而不用犂矣。犂之製作，形式不一，吾國舊式之犂，耕地亦多賴牛、馬之力；但此種犂入地不能甚深，以視外國之新式園地五用犂，則相差遠甚矣（第七圖）。此種犂可作點播器、條播器、除草器、中耕器及耕地器五種用處，故名。

第七圖　園地五用犂

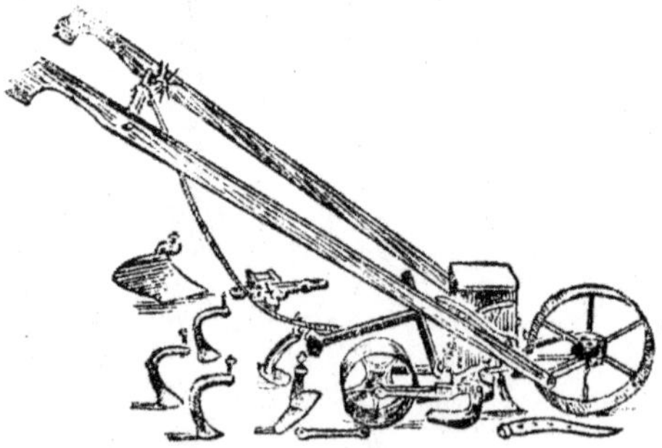

二、鍬　用以耕鋤園地，或掘根菜類，或用以開渠、除草，俱無不適宜。其形有長者、寬者、銳者，或半圓者，不一而足，全部俱用鐵製成（第八圖）。

三、鋤　以之除草兼中耕，鋤板與鋤鈎俱用鐵製。又有手鋤，其形甚小、其式甚多。蔬菜之畦狹窄，或生長繁密，於中耕時用之。

四、鐵鍬　用以翻起土壤或掘穴，菜園灌溉時，用以掘開水眼，及堵塞水眼。

五、鐵扒　用以平整畦間，破碎土塊，於平整菜畦時用之。

六、手鏟　俗名瓜鏟，以之移植幼苗，或種蓏果類用以壓蔓。

七、噴霧器撒粉器　植物受有病蟲等害，用以注射藥劑或撒布毒粉者（第九圖）。

第八圖　種種農具

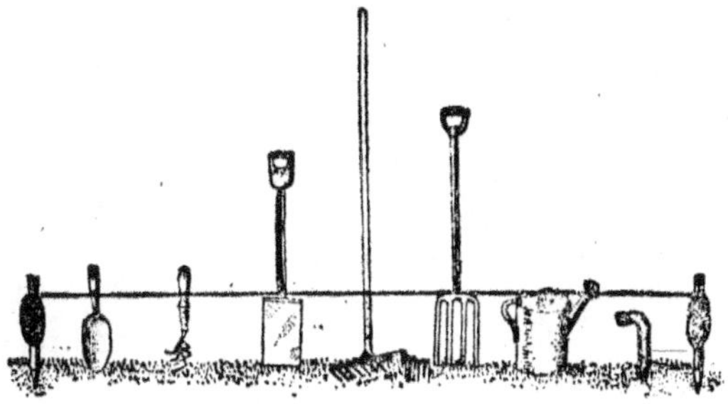

第九圖　噴霧器　撒粉器

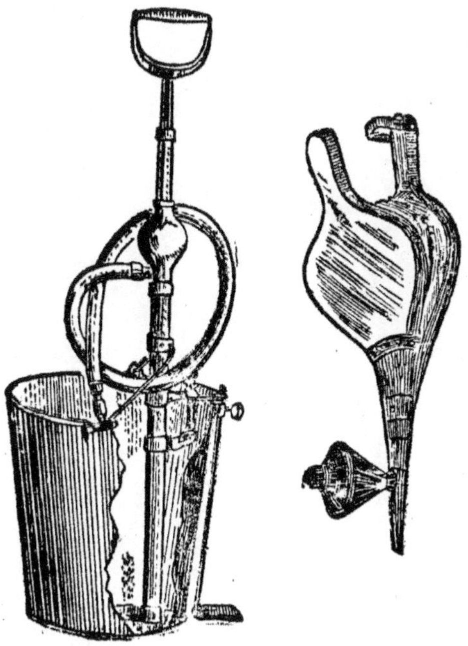

八、捲繩　爲劃地作畦不可少之品。

此外菜園用具尚多，如花盆、噴壺、籃、筐、箕、蓆、鐮、播種器、鎮壓器、篩、籮、運搬手車及大車、鐵叉等等，俱爲菜園常用之品。

第六章　栽培通則

第一節　耕耘

土壤鬆軟，然後植物之根，始得自由伸長；根部伸長自由，乃能多吸肥料；凡百植物，莫不皆然，而於蔬菜爲尤甚。蓋蔬菜成長迅速，而又性多軟弱；故土壤非十分細碎，不足供其生長之用。

耕耘之業，於種植上至爲重要。其理由甚多：土地鬆軟，然後水分空氣始得流通一也；作物之生長優劣，視肥料供給之適宜與否而定，土壤膨鬆，則根自舒展，多得肥料，成績自佳二也；作物之生成必由坼甲而萌芽，由萌芽而漸長，土地鬆細，然後坼甲易，生育強三也；栽培作物必施肥料，肥料之在土中使永遠埋固之，功效殊不易見，必藉耕耘翻鬆土壤，養分始易於分解四也；土壤之中，足以爲作物患害者，如蟲類之卵蛹，雜草之根苗，無一不爲作物之大患，若耕耘之，此等害物，概可剷除五也；若行秋耕，土壤經過冬季之曝露，可藉風化以改良土壤六也。

耕耘之要，已如上述；然而耕耘之程度，究以深耕爲利，抑以淺耕爲宜？就一般而論，自以深耕爲必要。因土壤得深耕，植物之根乃可自由散布，他如水分、空氣、濕度皆能藉以流通之故。不過亦得視土壤性質及作物種類而各有不同耳。

一、關於土質者　耕耘之深淺得隨其土質而伸縮之。大概粘土、壤土宜深，砂質土宜淺；土質上下兩層同樣者宜於深耕（上層粘質下層砂質者亦然）；反之，如雜有有害之有機酸、硫酸或下層冷濕之地則又宜於淺矣。

二、關於蔬菜之種類者　蔬菜之中有宜於深耕者，亦有宜於淺耕者，初無一定。大抵長根種類宜於深耕，淺耕種類宜於淺耕。因長根類目的在乎得根，土壤深鬆，根部始能發達，故應深耕。

耕耘之要，固如上言；然尚有應注意之事，不可不知者：第一深耕宜循序漸進，不容急遽；第二耕耘之時期；第三宜審當時土壤之情況。深耕固能改良土壤，然當逐漸行之；例如於向來淺耕之地，欲深耕之，當分年漸次加深。又如心土混有砂質或劣質者，宜施入堆肥，以期逐年改善，若驟與深耕，致未經天日之土與表土混雜，則反足以礙作物之生育，不可不注意。次則耕鋤時期：土地之耕鋤，本隨時可爲，如作物收穫後，例當耕鋤一次，始行再種；但如對於耕鋤希望於土壤有益，則於時期上不能不研究之。大抵夏月農忙時，除非因收穫後續行種植不得不爲耕鋤外，其餘則非必要。故耕耘之適期以春秋兩季；而尤以秋耕爲優。其利有種種：如土壤經耕鋤，得風化之利，並可減滅害蟲與雜草，分解土中養料等；春耕則距播種期已近，故通常對於春耕，不過耙耮一次便可種植，無深耕之必要也。若就局部言之，砂質土則宜於秋耕而不宜於春耕。砂質土鬆若行秋耕，土塊易於細碎，迨至來春過於鬆軟，空氣水分通流太甚，亦不合宜；粘質土堅，若行秋耕，因冬季寒冷，能令粘性鬆解。次則對於土壤當時之情狀，耕耘時亦不能不加審察。大抵當降雨之後，土質濕潤，普通不宜立時耕耘，在粘質之土，不得在濕潤時行耕鋤；若在濕時耕起，不特作業較難，兼之土壤乾後，易致成塊；如在砂土則又以含有相當濕度時行之爲佳，否則土壤有太碎之虞。

第二節　整地及成形

耕耘之後，種植之前，應有一重要之作業——卽整地及成形。蔬菜生長期短而性質又多嫩弱，故整地時應特別注意，當先細碎土壤，以至不見土塊爲度，舊根瓦礫亦當挑剔淨盡。

整理既畢，則作畦幅，其大小廣狹隨作物種類而不同（見後列類），大概瘦地、乾地畦幅宜低狹，肥地、濕地畦幅宜高廣，根深種類栽培於高畦，軟白之蔬品栽培於溝畦，此其大概也。

畦內施肥亦有數法，有滿畦以施肥者，有鑿眼施肥者。前者將肥料撒布畦內，用鋤稍鋤一過，俾土壤與肥料混和後，以耙平之，乃行種植；後者將眼掘出，然後按眼施入肥料，用手攪之，使土與肥料混和，然後栽植。在前者對於密植或直播之品種多行之，如菠菜、蒜頭之類，後者對於移栽種類通行之，其法簡而用肥料亦略省。

畦幅最好向南，而長行兩端東西向，因向南易受陽光。

畦幅之寬窄，從植物種類言之，如窳果從一母本而生多量之產物者，如西瓜、茄子之屬，畦宜廣，肥宜豐；否則宜狹。淺根作物用平畦（如葉莖菜類），深根作物用高畦（如根菜是）。

玆將各種蔬菜畦幅之廣狹，編列一表，以見一斑：

種類	株間	行間	畦形
花椰菜	五公寸	七公寸至一公尺	凹畦內成水平畔高一公寸
茄	五公寸	七公寸至十四公寸	壅土作梗凹畦內開溝
番茄	五公寸	七公寸至十二公寸	與茄同
苦瓜	三公寸	八公寸至十四公寸	與番茄同
秋葵	五公寸	五公寸至七公寸	仝上
青椒	五公寸	八公寸	仝上
冬瓜	五公寸	八公寸	仝上
早生黃瓜	三公寸	八公寸	仝上
西壺蘆	七公寸	八公寸	仝上

豌豆	三公寸	四公寸至七公寸	同花椰菜
南瓜	七公寸	八公寸至十七公寸	同番茄
蠶豆	三公寸	四公寸至七公寸	同花椰菜
韭菜	直播	二公寸至八公寸	凹畦畔高一公寸內開淺溝
同蒿	三公寸	八公寸	同番茄
捲葉蒝荽	三公寸	四公寸	仝上
茴香	三、四公分	一公寸	同花椰菜
芹	三公寸	三公寸至八公寸	壅土作埂埂上掘坑
石刁柏	五公寸	八公寸	同花椰菜
莧菜	一公寸	二公寸	仝上
牛蒡	二公寸	三公寸至八公寸	仝上
防風	三公寸	五公寸	仝上
薯芋	三公寸	四公寸	仝上
青芋	三公寸	七公寸	仝上

豇豆	三公寸	八公寸	同花椰菜
甜瓜	七公寸	八公寸至十六公寸	仝上
越瓜	七公寸	八公寸至十六公寸	仝上
菜豆	三公寸	七公寸	仝上
萵苣	三公寸	七公寸至一公尺	仝上
芥菜	三公寸	五公寸至八公寸	鬆土耙平
萊菔	三公寸	七公寸至一公尺	劃線施肥壅土作隴
甘藍	五公寸	七公寸至十二公寸	與花椰菜同
白菜	五公寸	七公寸至一公尺	仝上
胡蘿蔔	一公寸餘	一公寸至三公寸	仝上
蕪菁	三公寸	五公寸至八公寸	同萊菔
瓢兒菜	四公寸	五公寸	同花椰菜
雪裏蕻	三公寸	四公寸	仝上
塌菜	三公寸	四公寸	仝上

紫菜苔	三公寸	四公寸	仝上
玉葱	五公寸	五公寸至八公寸	同番茄
白蒜	一公寸	二公寸	同花椰菜
菠菜	一公寸餘	一公寸至三公寸	仝上

第三節　播種

蔬菜播種，雖各有適期；然因其作業集約，人工周到；且有促成栽培之法；故其播種期雖有限制，而實亦無限制。蓋吾人之於蔬菜，祇求品質之佳，價值之昂，雖非其時亦行種植，不論其產量之如何而以希奇為主。至播種法，作物與蔬菜亦多不同，作物多行直播，其播法則多用條播而不常用撒播與點播。蔬菜多行移植，其養苗時之播種，以撒播為多，點播次之，條播又次之。

一、播種之方法　播種法有三種：曰撒播，曰條播，曰點播。撒播為將種籽撒布畦內，使其疏密適宜之方法；條播者立畦劃綫，依綫下種；立畦作穴，依穴下種，是為點播。三法之中各有利弊，茲分別言之：(一)撒播。撒播法最為簡單，作業迅速，但頗費籽粒；秉之撒播以籽粒均勻為貴，若疏密不宜，則蔬菜之發育難免參差不齊，於外觀管理均有妨礙，故非有嫻熟之手術，則上述之弊必不能免。蔬菜在苗床播種多行撒播，其目的不僅在手續簡易，兼能於甚少之地積而得多數之幼苗。雖蔬菜栽培以移栽爲主；然亦有因其種類生長之狀態，不能不行直播，行直播而又不能不用撒播者，如蔬菜中株體甚微勢難移植，如韮菜如菠菜等類，俱以撒播爲便。韮菜雖行撒播；然先於畦中用多齒耙在土上耙出甚密之小溝，然後撒籽其上，撒畢一畦以掃帚反覆掃之，其作用有二：一、藉掃帚之掃，爲覆土之用；二、藉掃帚之掃，籽粒盡滾入小溝中，將來發芽行間齊整。(二)條播。其手續之繁簡與籽粒之省費，介乎撒播與點播之間。(三)點播。點播最能節省種子，然而手續煩瑣；但蔬菜有不得不行撒播者，亦有不得不行點播者，大概籽身細微者宜於撒播，粗大者宜於點播，如各種瓜類、各種豆類率行此法。點下之時一手持裝籽器，一手取籽一撮，點入土中，隨手加以鎮壓，或一手用手鏟掘穴，一手取籽放入，或一手持籽袋，一手取籽，逐一安放地上，隨取土一撮，壓於籽上以防其傾倒。各種瓜類播種如西瓜、冬瓜，大抵皆如此。

播種之疏密在一般情形而論，欲求空氣流通、陽光透達，俾產物得以強壯茂盛，固應以稀疏爲貴，否則稍疏無妨。大概小粒種比之大粒種宜略密，肥沃土比之磽瘠土宜略疎。他如寒地比暖地宜密，目的在得柔軟之品者宜密，已誤却播種期者宜密，用陳舊種子者宜密。

二、播種之時期　蔬菜播種各有其適期，除非有特別之目的，乃始隨意播種，否則仍以勿違其

時為佳。茲列各種蔬菜播種期及他種事項如下:

種類	覆土深度	播種期	每市畝播種量
萊菔	三至五公分	八九月	
蕪菁	二至五公分	又	
菊芋	三、四倍	三四月	四勺
胡蘿蔔	二公分上下	六至八月	五勺至八勺
婆羅門參		三月	二勺
甘藍	二、三公分	三月或九月	一勺
石刁柏		四月	二勺
甜菜	二、三公分	四月	
芥菜		十月及十一月	
菘類		八—十月	四勺
蘘荷		三、四月	
葱	二公分	三月、九月	五勺

薑		四月分根	種根四、五十斤
菠菜		九—十一月	四合
萵苣	二、三公分	三、四月又十月	二勺
水芹		九月	根一斗
胡瓜	三、四公分	三、四月	四、五勺
南瓜	二至五公分	又	四勺
苦瓜	二至五公分	三、四至五月	
冬瓜	二至五公分	三、四月	二至三勺
茄	二、三公分	四月	半勺
番茄	二公分	又	半勺
菜豆	五至七公分	四、五月	
豌豆	三至六公分	十月	一至四合
豇豆	三至六公分	四月又七月	二至四合
刀豆	三至六公分	又	二至四合

青椒	一公分餘	三月、四月	一旬

第四節　間拔

種子密播或有雜種混和其間，若任其自然，則良莠不齊，地無餘隙，其結果必至苗株微弱，形狀惡劣，則當以間拔法矯正之。惟作業應分數次行之；且預定將來距離。距離之標準，以各株之葉不相遮蔽為度。第一次於苗稍生長可以識別其良否之時行之；其後約經一、二星期再行一次或二次。間拔時所拔出之幼苗，若為葉菜類，亦可供食用。

第五節　移植及分植

將苗床預先養成之小苗，在相當時期移而定植於本圃，謂之移植。其目的在使植物生機暢茂，發育益強。但蔬菜種類有可以移植者，有不可以移植者。蓋根鬚以吸收養分為本能，在莖葉以蒸發水分為作用，各盡所能，理無偏廢，若損其一，即蒙影響。各種蔬菜中有根多者，亦有根少者，根多種類移植無妨，根少種類宜於直播。

可以移植用者，以葉、莖、果菜類為多，如花椰菜、甘藍、茄、椒，以至多數之瓜果類；以根菜類為少，如蘿蔔、芥菜俱不宜於移植。茲將移植時應注意事項略舉數則如次：

一、移植之先一日灌水入苗床，俾泥土濕透，俾移植時便於作業；且使幼苗四旁之土不易散落。

二、移植時當注意於幼苗四邊根際之土勿使散落，否則根暴露在外，水分易乾，有礙生機；故移植時遇有脫土之苗，不宜選用。

三、移植宜在清晨或傍晚，因此時氣候清和，俾幼苗得較長之休養時間；若在中午，陽光正盛，植物莖葉蒸發甚速，甫經移植，細根吸收力較弱，蒸發與吸收不相供應，未免有礙；他如有風之日亦屬不宜，陰天無風無日最爲合宜。

四、歪斜不正與苗心過長之苗植下宜較深

五、移植時用手將根際四旁稍爲鎮壓，次則四邊之土掃平，俾勿凹凸，一畦既畢，隨灌溉一次，是爲第一次水；翌日更灌溉一次，爲第二次水；再次日即行中耕，使土面疏鬆而維持水分。

六、在苗床育出之苗，移植不宜過晚，因幼苗太大，將來生長即不良，在春期者天氣暖定，便當移植。

七、在苗床期中如幼苗暴長不已，但尚未屆移植之期，而又不能抑壓，則屆定植時而幼苗已過大，當行假植一次或二次，俾稍抑其生勢而俾其休養。

八、一床之苗良莠不齊，宜先事精選，取其佳者用之，不得已乃取其次。至選擇之標準，大約優良之苗其色不必十分濃綠，莖短而強，乃爲佳品。他若畸形者、有病蟲害者、缺心者、纖弱而莖高者，均在淘汰之列。

九、起苗須用手鏟，以不傷根不脫土爲貴。欲不傷根，宜落鏟較深，普通約一公寸（就中如西瓜補苗，其土當極深大是爲特例），寬亦如之。在實行時仍應視苗之大小而伸縮之。起時用鏟在四邊，每邊用鏟力插一下，至最後一下，使鏟略斜上一鈎，而苗與土齊起矣。如是放置一邊，再起別苗，亦有每起一株僅鏟三下，使其土如三角形者。

第十圖　鉛皮筒

一〇、欲幼苗之根十分保全，毫無損傷，猶有一法：即用花盆育苗。育苗一株用盆一個，移植時將盆覆轉，用掌托之，略爲振動，則苗土齊出。其更不惜工本者，可用鉛皮製成圓筒，其底部使能自由啓閉（第十圖），植苗其中，移植時將苗與土一齊取出。如是則細根可絲毫不損；惟費用過大，只宜用於特別貴重之品。

第六節　中耕及除草

中耕次數本無一定，通常每當灌溉之後，例須施行一次，直至將屆成熟或作物生長漸大，占滿畦幅，事實上不能作業時，則雖灌溉後，亦不中耕。蓋是時植物已根深蒂固，不如幼稚時之多所畏忌；且莖葉遮布畦幅，雖有日照，土壤不致遽乾也。至於中耕之深淺，大抵生長期較長之種類生長未至旺盛時，中耕略淺，嗣後逐漸加深，至生育全盛時根已蔓延，又須淺耕，以防傷及其根；生育期短之種類，初植後中耕宜深，以後漸趨於淺。

蔬菜生活之勢力恆不如雜草之大而且速，若任之同時並生不加芟除，則蔬菜必不能與雜草競爭。但蔬菜除草凡屬移栽之種類，於中耕時，即可順便除草，不必單獨施行。直播之種類大都生長稠密，不易施行中耕；故須施行除草。例如韭菜尤爲重要。因韭菜形狀略與雜草相同，不易辨別，春夏之交，雨水至多，雜草暴長，若非勤行除草，將至一畦之中雜草叢生，韭菜反無生存之地矣。

中耕之目的，在使土壤膨鬆，空氣流暢，俾促進蔬菜根部之蔓延，助肥料之易於分解，兼之防止水分之消散，與抑制雜草之叢生，此中耕之利益也。至如蔬菜之除草，其目的與一般普通作物亦正相同。蓋雜草能消耗地中之水分，掠奪土壤之養料，抑其生長迅速，能阻礙陽光，閉塞空氣，招惹病蟲諸害，低減地中溫度，其害未可勝言。故其生也，殆與蔬菜勢難兩立，故昔人謂之去惡當如農夫之去草，足見野草爲害作物之甚。

第七節　摘心摘葉縛葉

利用植物體內汁液循環之理，加以人工摘去其心芽或側芽，或摘一次或摘數次，藉以遏無用枝條之伸長，俾有用養料得專供於主要部分，而助主要部分之發達，以收結果豐多品質優美之方法，是謂摘心。無論葉菜、莖菜及蔓性菜類皆可適用。蔬菜一經摘心則必促生多數之側芽。葉菜中如芥藍需要之部在乎嫩莖，故必利用摘心以促生側芽。此外如蔓性之蓏果類，其於摘心一事尤爲重要。如西瓜、甜瓜、西壺蘆、黃瓜、冬瓜等等，無不善用其摘心，或行一次或行數次以促蓏果之長成；卽於豆科植物亦可行之，如豇豆生產之多少，亦視乎摘心之勤惰。蓋豇豆每生側條則帶花，是以摘心愈勤，則側條之發生亦愈密；故豇豆之於摘心，亦得視爲管理上一重要之作業。

蔬菜之莖葉有時生長若過於繁茂，卽有礙將來之收成，故爲刪繁就簡冀以促果實及早成熟之一種方法，是謂摘葉。如番茄每多施行此法。蓋番茄繁花密葉，生長甚盛，每每阻礙日光之透射；故酌行摘除其葉，俾陽光得照及果實，庶可促其收成；他如豆類或因栽培過於肥沃之地，或施肥過量，往往多生新芽，莖蔓徒茂，結果反致稀小，欲矯其弊，亦宜酌行摘葉。此外與摘葉事異而理同須相輔而行者爲摘花、摘果，如實果類中往往開花甚多，但栽培蓏果之目的，不在乎其果之多而在乎其果之大，故應摘花以減少其果數。又以塊莖、球莖爲目的之種類，亦以摘花、摘果爲必要。

縛葉法大抵行於以莖或花蕾爲目的之種類爲多。蓋葉部散漫，則心部之發育難期美滿，風吹日炙，主要部分必不能保其柔嫩，故當用人工以護持之。其法縛束其葉或裹其花，俱無不可；例如甘藍主要之部在心部之結球，白菜主要之部分在中心之嫩葉，如欲助其生育完美，則當用草藁結束其葉。又如花椰菜主要之部在花蕾，欲其花蕾之潔白無瑕，品質高尚，則當用物包裹其花，皆此例也。

第八節　連作輪作間作

在一地種某作物，年復一年而不變者，謂之連作或連栽。依某種一定之次序，栽培數種之作物，數年之後又栽培同種之作物者，謂之輪作，亦稱輪栽。同時在一地栽培數種作物，相間而植，收穫分先後者，謂之間作。蔬菜宜連作或輪作當依經濟上之得失，栽培之目的，種類之性質，土壤之性狀等而定。輪作之利甚多，茲分述於下：

一、節省養料　大抵植物之性，其自土壤中所吸收之養料各各不同，有嗜氮肥者，亦有嗜磷肥者，行輪栽法，則能調劑土中養料，使無偏枯之弊。蓋凡同一之植物，常消費同一之養分，若連年在同地栽培同種之作物，某種養料因該植物之吸取，必至日漸缺乏，某種養料因該植物不需要，而漸至無用，若藉輪栽此弊卽可避免。

二、減少除草工作　行輪栽能使土壤潔淨，可省除草之勞；例如莖葉作物，綠葉繁茂，遮滿畦內，雜草難以叢生，故曾種莖葉菜類之地，改種其他品種，可以節省除草之工。

三、預防病蟲害　某種病蟲害往往祇限於遺害某種之植物，若行連栽則此等病蟲患害之傳染，可以永遠不絕，如改種別種植物，則此種患害便不能爲害，或卽爲害而亦甚輕。

四、便於作業　一園之內，輪作種種之植物，則一年之中如中耕、收穫各異其時，於是於調劑人工、勞力之道甚爲利便。

輪栽之利益固然如此，至於連栽亦並非絕無利益之可言。如：

一、關於植物性質上，有時以連栽爲利者；如欲輪作而無適當代替品時，卽仍宜連栽。

二、關於植物品質上，有時亦以連栽爲利者，蔬菜種類中於某種品物，使其連栽，雖其收量較減而品質則能增美，形狀亦能均一，是又以連栽較之輪栽爲相宜矣。況蔬菜栽培恆以品質之高尚，社會之嗜好爲前提，產量多少尚在其次，若使出產少品質良而價値高，其利亦正相等也。

蔬菜之宜輪栽，不外兩種理由：一則因植物本性之忌連栽，一則以永久同栽一種作物，於土壤養料不能調劑。植物之忌連栽者，大抵以屬於豆科、茄科、菊科及壺盧科等之種類；至如十字花科、百合科及繖形科等之植物，則無關緊要。此外如深根作物比之淺根作物，受連栽之害較多；生育期長及夏期之蔬菜亦然。蓋根深作物與生育期長之作物，大率銷耗地中之養料較多；故宜用輪栽之法以彌其缺乏。夏期作物與生育期長之作物，則病蟲等害易於發生，且亦易於繁殖，故思患預防，亦宜輪栽。

植物之病害，其傳染往往能及於同種之作物，不僅能及於同種之作物，抑且能及於同科之作物；例如種植葱頭，曾有赤銹病發生，則以後再種以葱頭，均易受病，諸如此類，不一而足，亦可以輪作避免之。

間作可謂是一種變相之輪作。輪作行之於不同園地，且不同時；間作行之於同一園地並且同時，是其異點。例如有一種蔬菜行間株間需要二公尺，在幼苗時所占地積太廣殊不經濟，即可在其行間或株間栽植另一種較小而且收穫期較早之蔬菜，待第二種既收後，讓出地面，恰合第一種發展生長之用；待第一種將收穫時，又可在後者之跡地，栽植第三種蔬菜幼苗，第一種收穫後，在其跡地，或再可栽植第四種；如此陳陳相因，輪流栽植，對於勞力、經濟皆甚合算。有時三、四種同時栽植，如

第十一圖 1.甘藍 2.萵苣 3.萊菔

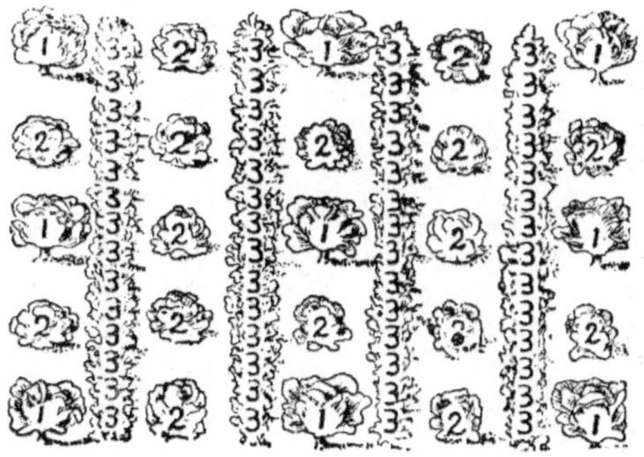

以甘藍爲主要蔬菜其行間株間種萵苣，再在其行間種小紅萊菔，則可先收萊菔，次萵苣，最後乃收甘藍（第十一圖）。

同科同屬植物不可連作，如甘藍之後不宜花椰菜，胡瓜跡地不種其他瓜類，種牛蒡之地不以胡蘿蔔爲後作，宿根之石刁柏亦不宜久留於圃地；惟亦不能過拘於成法，有時因就市場之需要，收量雖減，品質則優，連作反足獲厚利；故栽培之次序，頗難預定。今自經驗觀之，萊菔雖可連年栽培，然遇蟲害時則當改種胡蘿蔔；牛蒡可連作二、三年；胡瓜連作二年後，莖葉則不甚茂盛，惟結實仍豐；南瓜與胡瓜相同；茄可連作四、五年；菜豆、葱、甘藍宜常行輪作；豌豆連作不得過三年；甘薯連年栽培，收量稍減而品質則加優，故可連作五、六年。茲列輪作式數種如下：

一、第一年蠶豆、青椒、芥菜，第二年胡瓜、蕪菁、大麥，第三年芋。

二、第一年牛蒡、大麥，第二年胡瓜、蕪菁、大麥，第三年菜豆、雪裏蕻、大麥。

三、一年輪作萵苣、菜豆、蕪菁，菠菜、玉蜀黍、萊菔，葱、胡瓜、菠菜。

四、豇豆或根菜類（美國防風、甜菜、胡蘿蔔），葉菜類（甘藍、白菜、萵苣）或果菜類，如番茄、青椒、瓜類。

五、第一年豌豆、葱、芥，第二年甜瓜、蕪菁、大麥，第三年黃瓜、萊菔、大麥，第四年芋、大麥，第五年茄。

六、第一年茄、麥，第二年椒、葱，第三年黃瓜、萊菔、大麥，第四年菜豆、雪裏蕻、大麥，第五年南瓜、萊服、大麥。

七、一年之中可分三段落　第一段落爲春季早熟種類：如早豆、火焰菜、甘藍、胡蘿蔔、萵苣、豌豆、早熟馬鈴薯、水蘿蔔、菠菜、萊菔等；第二段落爲夏季長期種類：如菜豆、胡瓜、茄、葱、青椒、馬鈴薯、壺蘆、番茄等；第三段落爲秋季晚熟種類：如晚豆、晚熟甘藍、胡蘿蔔、花椰菜、洋芹、甘玉蜀黍、萵苣、菠菜、萊菔等。

蔬菜中有極宜於連作者：如萊菔、水蘿蔔、胡蘿蔔、葱頭等；有可以連作或輪作者：如甘藍、萵苣、菠菜等；有切不可連作者：如瓜類、茄、馬鈴薯、豆類等。

第七章 促成栽培

純假人工利用各種濕熱，使意所欲得之蔬菜，不在其生育時期內而可生長之一種方法，是謂促成栽培。所用之溫度或藉日光熱、化學熱，或藉火力、蒸氣力，甚至有藉溫泉熱、電氣熱者，異想天開，愈出愈奇；然普通所行者仍不外藉火力、日光熱、化學熱三種。茲就各處習慣上所用者，分別述之：

一、我國促成栽培以北方爲盛，冬期所用之油菜、芹菜、豌豆、黃瓜、茄子等大都利用此法以栽培之。大抵葉莖菜類可用溫床種植，小農多行之。窳果類生長繁盛，佔地頗多，非用溫室不可。北平新年用以送禮之黃瓜，價高時一對有值一元以上者，於此可見一斑。其所用溫床構造，與普通所用者大略相同；不過前所述之溫床在於育苗，此則利用以栽培蔬菜而已。溫床之西北必厚搭風幛，床上蓋蒲蓆，天冷時有蓋至兩張者。溫室俗名花洞或洞子，其牆壁普通用土築之，或用土坯壘之，外塗以石灰之類。室宜南向，惟有東、西、北三面築牆，南面缺如；室之北面牆僅及肩，東西二牆，皆南高而北低，長約六公尺，牆之頂端作傾斜形，南面豎以支柱，高約三公尺，每隔三公尺餘（十尺）豎一支柱，以南北方向置梁於支柱上，梁之北端架於北面之牆上；但支柱要稍進室內約二公寸，於南面一端適宜之處，作一出入之門，餘悉以紙糊之。又須於支柱之間，用竹桿或蜀黍稈（即高粱稈）隔一公寸餘而豎一根，此桿須以紙周圍密纏之，俾紙易於黏著，不爲風所鼓蕩。自地面起至室之簷下，皆以紙糊之，再於簷下作一窗，使空氣流通，高約半公尺，橫因所豎蜀黍稈之距離而定。此窗用紙製之，可以捲伸，俗謂捲窗。溫室東西之長無限，就各人之意思及需要面積之大小而定，普通以四、五間（每間約三公尺）爲常。南面夜間以簾遮蔽之以防寒氣之侵入，陰雨時亦然，日中則除去之，使陽光透射，俾室內植物得行同化作用助其生長。

自室南面所設紙牆之處，向室寬二公尺半之處，卽南北之長，復設紙製之牆壁，東西長十二公尺亦設紙牆壁，如過大，則一火爐之溫熱供給不充分。但一端利用土壁時，可省一端紙壁之建造。此層爲南北寬二公尺半東十二公尺之紙室（俗謂洞子以與整個區別，下仿此）。洞子北紙壁之外及他方面以外之處（在溫室內），緣紙壁之下，掘深約一公尺許以爲人之通路。於洞子北面紙壁設一門戶，可以起閉自由，爲人出入之所。戶外設適宜之階級，可以出入便利。於洞子東或西之一端設置火爐，以供給洞子內之溫度，他端一煙囪，以爲排煙之所。火爐裝置突出洞子之外，以便添加煤炭。煙囪直立於洞子內，自室頂通出，略有增加溫度於洞子內之效。

煙囪之裝置多以直徑約一公寸半之花盆，將底部穿直徑二寸許之孔，每一對相合疊之使達室頂，其間隙用石灰塗之。或用磚疊成烟囱亦可。

第十二圖　北平溫室

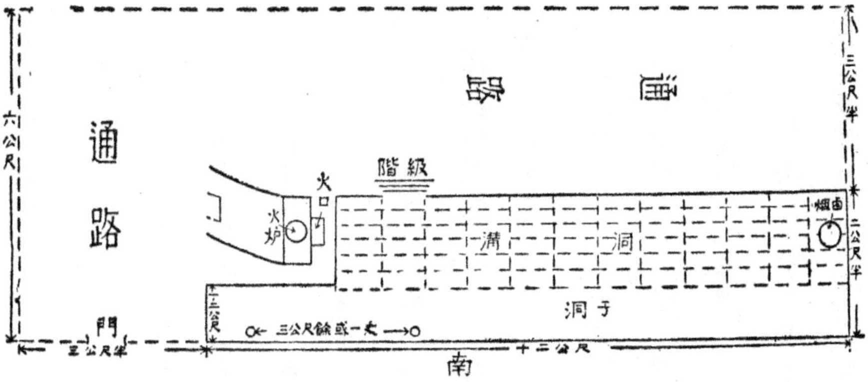

簾之構造，橫長四、五公尺以葦和蒲草爲之，或用蜀黍稈和粟草（卽穀草）或麥稈爲之亦可，總以將簾豎立於室之南面，使空氣流通，不致室內之溫度放散於外爲主；以兼能倚立不曲堅固耐久者爲良。簾厚半公寸，長度無限，以四公尺至七公尺二人運搬稱爲合宜，向無定例也。

溫室平面佈置（第十二圖）大概說明之：正面爲門；內及後半掘下深七八公寸，作往來之通路，或管理者之住所，或爲貯藏珍貴之花卉及常綠觀賞植物之用；作切刀形之部分，卽由紙所作成之洞子；火爐之構造與通常所用者無異，其內壁（俗謂爐膛）高四公寸，直徑適宜定之，因所燃者有硬煤、煤球、煙煤之分，其直徑之大小自不能無異。此火爐之全體較洞子之基地低二公寸，其與洞子相鄰之處，必作適宜之間隙（多宜三角形），使火所發之熱度，得達洞子之底部，由此溝洞斜通於他端之煙囱；惟近於火爐之處卽以磚蓋之；但此溝洞盡限於洞子北偏一公尺半之部分；南偏一・二公尺卽爲土地，可供栽培之用。有在煙囪附近之部位或北偏適宜之處，留少許之土地，以供促成香椿之用。於南偏土地之上，每隔三、四公寸高之磚柱，橫架板其上，板上置花盆，盆中栽植黃瓜，此爲主要之生產物。每兩支柱之間可容口徑三、四公寸之花盆九枚。在火爐上與洞子接近之處爲外界與溝洞相通之口孔，是爲火口，有增減洞子內溫度之功用。設洞子內溫度過低時，可將火口用磚掩蔽之，否則反是。

二、日本近年已有模仿西洋溫室栽培者；然亦不甚普通。其普通的促成栽培法，有三種：(一)油障子溫床，乃用木板作框，高約二公寸餘，框之中央長徑橫架以竹或圓木，兩邊撑以支柱，苗長則可向上抽出，俾與苗俱高。圓木之左右兩邊，架以簾障，寒冷時及夜間，更覆以蓆。其餘一切經營與普通溫度略同。(二)片覆床，廣二公尺，長無定，沿長徑每距二公尺打木樁一根，北高一・七公尺南高一公尺，四邊插入寬二公寸之板，然後堆入釀熱物，分數次踏實，約至一・七公尺高左右爲度。用藁圍繞床之四周，並用竹橫貫之，俾更堅固。後置蘆蓆兩重，以防寒。上面亦用蘆蓆，晴暖捲開，俾接陽光；午後及天寒則閉之，以防寒凍。製作畢，床內更鋪肥土二公寸，約經七、八日，便可播種矣。如爲種植胡瓜、甜瓜、菜豆、豌豆之屬，在冬季播種，應移植數次，俾小苗強壯，如是繼續栽培，至來春天氣漸暖爲止。同時又可取爲普通苗床之用。(三)兩覆床，床寬二・七公尺，長不定，其形狀如屋，作人字形，長邊每相離二公尺，打入一樁，露出地面者一·八公尺，溫床之中央每距二公尺打一樁，露出地面者則一·二公尺，就此橫架竹爲棟，其上兩邊分覆薦蓆，四周插入二公寸寬之板，俾成框形；然後堆入釀熱物。其餘一切手續均與片覆床同。

三、西洋促成栽培有普通溫床、火力溫床及溫室三種：

1. 普通溫床已詳前。

2. 火力溫床外形與普通溫床相同；不過在床下引用火力以供熱而已，大概與中國舊式溫室相仿（第十三圖）。

第十三圖　火力溫床

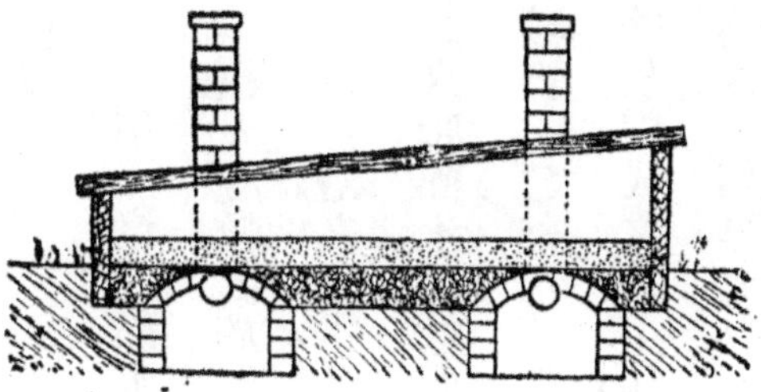

第十四圖　溫室

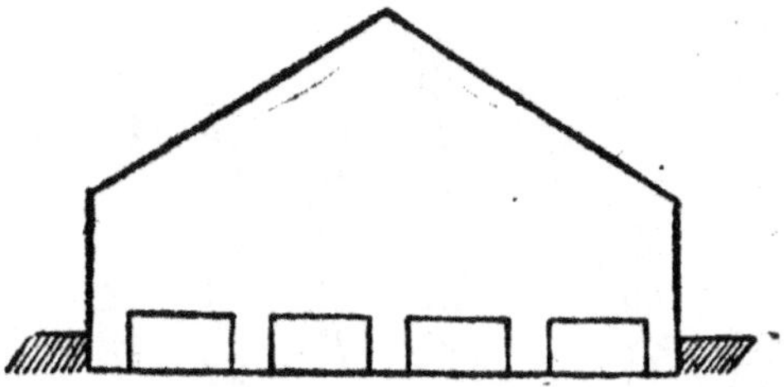

3. 溫室構造與栽培花卉所用溫室相同（第十四圖）；惟稍爲簡陋以期成本較輕耳。在乾燥地方可掘入地下半公尺，則可減少牆之高度；築臺高一公尺寬一公尺便道寬八公寸。室內作臺兩行，中央便道一條；或臺四行便道三條。屋之中央高三公尺，兩邊高二公尺。若爲單面室，則北高南低以期多受日光。

熱力用蒸汽或熱水皆可，以鐵管通入室之四周及上下。以效用言則前者勝於後者，其理由爲：（一）蒸汽溫度較高於熱水；（二）上面管所發出之熱度蒸汽較多；（三）蒸汽熱度較爲持久；（四）蒸汽管內無停滯之患；（五）管若稍有變動，無妨於蒸汽之流動；（六）管之彎曲處蒸汽易於通過；（七）在初起火時，熱水固較蒸汽易於放出；若在距離長之管，則仍以蒸汽易於達到；（八）鐵管之阻力無妨於蒸汽；（九）熱水管傾斜度大，不易裝置。

適於促成之蔬菜類，以黃瓜、茄子爲主。他如菜豆、番茄、鵲豆（蛾眉豆）、甜瓜、冬瓜、款冬、胡蘿蔔、豌豆、萵苣、草莓等，亦得相當以栽培之。但無論何種，宜選其生長期短之早熟種，乃能得優良之成績。

溫床植土之配合量，亦因作物之種類而稍有差異，茲就各作物記其大概於左：

黃瓜	眞土六份	堆肥二份（腐熟篩過者）	細砂二份
茄子	眞土六份	堆肥二份半	細砂一份半
菜豆	眞土五份	堆肥二份	細砂三份
甜瓜	眞土五份	堆肥三份	細砂二份

此等植土之調製，宜在光線不透、溫度不變、通風不良之處行之。其地表以用粘土或三和土作

成者爲佳。調製時先將眞土與細砂混合，堆積於地表，約厚二公寸，乃盛以堆肥，撒布少許油粕，平均灌水及稀薄人糞尿；復用眞土及細砂，堆積於上面，如此互相層積，約達二公尺之高；被以眞土，用足緊踏後，密蓋被藁而如屋頂狀，以防日光及雨露之透入。此後若失之乾燥，卽灌之以水，每經三月之久，翻動一次，換其上下表裏之位置，使全體同樣腐熟，俟充分腐熟後，則用篩以分離其夾雜物，貯藏於堆肥舍，卽可隨時以供使用。至床內使用之厚薄，播種用及移植用者，固與苗床無異，而定植用者，則須較厚，通常以二公寸內外爲適度。促成栽培之作業，因作物而不同。玆將溫床內栽培法列表於下：

種類	適溫（攝氏）度	釀熟材料之厚（公寸）	播種期	移植回數	生育期間（日）	摘要
黃瓜	二〇—二四	二・五—四	九月中旬 十月下旬 一月上旬	三—四	七五—八〇	在框內須架棚以誘引之
茄子	二〇—二五	三—五	九月上旬 十一月上旬	三—四		
菜豆	一八—二〇	二・五—四	九月下旬 十月中旬 十二月中旬 翌年二月下旬	二	六〇—七〇	
番茄	一八—二四	三—四	十一月中旬	一	六〇	土五分腐植五分架棚框內以行整枝
甜瓜	二五—三〇	五—七	二月上旬	一	一〇〇—一二〇	

冬瓜	二五—二八	四—六	十二月下旬	一	九〇	
南瓜	二五—二八	四—六	二月下旬以後	一	八〇—九〇	溝泥三分之二腐植三分之一
豌豆	一二—一五	二·五—三	九月下旬以後	直播	六〇	
胡蘿蔔	二〇—二五	三—五	十一月下旬	直播	八〇—九〇	
萵苣	一八	三—五	自九月後隨時	二	九〇	
馬鈴薯	一八—二〇	三—五	隨時	直播	四〇—六〇	
石刁柏	二二—二五	五	—	密植根株	一〇—一五	根株之上或以細土
草莓	一八—二三	三—四	十二月定植其苗	—	九〇	
款冬	二二—二五	五	密植其根	—	三〇—四〇	
紫蘇	二四—二五	五	隨時密播其種子	—	七—一〇	
土當歸	二二—二五	五	十月下旬以後定植其根	—	一〇—一五	

第八章 軟化栽培

用人工促成蔬菜之方法是爲促成栽培;用人工以變化蔬菜之性質使其柔軟而潔白之方法是爲軟化栽培。凡作物之生長以陽光爲要,陽光透射則強健而青綠,陽光不到,則荏弱而黃白,軟化栽培卽本此理,置植物於陽光晦暗之處,務使其莖葉柔軟以變化其性質。

蔬菜並非各種皆能軟化,必審查其性質是否具有軟化之價值者,乃可取而軟化之。普通用作軟化之種類,爲蘘荷、苦苣、生薑、野蜀葵、土當歸、石刁柏、大葱、韭菜、洋芹。

軟化方法有窖內軟化、露地軟化兩種。窖內軟化卽取心目中所欲軟化之蔬菜,植於土窖中,俾之少受陽光,而莖葉自然爲柔軟潔白之方法。露地軟化卽隨便擇適宜之園地,掘長形之溝,堆入肥料,徑行播種或移植幼苗,迨莖葉發生乃隨其生長培以沃土或掩以落葉,溝上仍用稻草、蓆等遮蓋以減少陽光,並防溫熱之散失之法。如北方各地軟化大葱及韭菜,每當秋後生育正盛,乃隨其程度培壅數次,務使其根部藉土之掩護不見陽光,而莖肉乃益嫩白。白菜亦當其正盛之際,用草綑其葉端,俾之從心部充分發育,亦爲軟化法也。

軟化室之地點取平坦高燥地爲之。忌離水線近;因軟化室之掘深平常須及三公尺,若離水線近，則往往掘至出水。位置以面南或西南之傾斜地；室之昇降口亦須面南以期避去北風。地點經已選定則可從事建設。其法：先掘穴寬約一公尺，長約一・三公尺，深約三公尺，從掘下八公寸時，則漸增其口徑，卽愈掘須愈寬，以至於深三公尺時而寬亦三公尺左右，乃爲合格；掘畢平其底部而分爲便道、梯級及床地三部。

窖內通行便道，大略從內部之四周留出三、四公寸之地爲道路，中央留五公寸亦爲道路，以便於往來作業，其餘則爲床地。床地掘深約一公尺之溝，以備種植。又窖底之中央部分，須稍凸高，用以調劑溫度。床地須堆入馬糞及落葉等之釀熱物。窖深三公尺，不爲甚淺；故須設成階級以便升降。窖之上邊則架以木板，堆土其上，須比平地略高，用防雨水之侵入。昇降口之周圍須高於地面，加以木框，覆以油紙格，以透入微光；雨天及夜間更須加蓋草薦，以防熱度之發散及雨水之侵入。

軟化栽培通常多於冬季行之；然此項窖室之利用，則不僅宜於冬，兼且宜於夏。蓋窖中溫度夏令不致升高，以之培養菌蕈亦甚適宜。且窖中夏間陰涼，用爲貯藏新鮮之果實以及蔬菜爲利甚溥，故此項窖室農家似宜常備之也。

如上所述，軟化栽培多行於冬令；故窖中溫度普通標準以攝氏十六度至二、三十度左右爲宜，各種蔬菜軟化時所需發熱物之厚薄、溫度之高低及管理之方法各有不同。大概石刁柏之釀熱物約厚四、五公寸，溫度則二十五度左右，栽培約三星期卽可收穫，毋須光線。蜀葵醸熱物厚約二公寸，溫度則十六度左右，稍須光線；栽植之法，短切其莖約爲小束而後從密種植。如是約過一月，便可收穫。土當歸之醸熱物須厚三、四公寸，溫度則二十五度左右，略須光線，短切其莖密爲種植，覆土培養，約一月可收。防風栽培截其根部，俾略帶莖葉一公寸密植之，培以細砂或細土，醸熱物用二公寸，須略得陽光，則莖部色紅，溫度以二十五度內外爲適宜，經半月可收。薑使略受陽光，則嫩芽鮮紅，醸熱物可堆厚三、四公寸，溫度則二十五至三十度，約經四、五星期卽可收穫；種法將塊根排列密植之，上覆以土。蘘荷束根並列而植，上被以土，略受陽光，發熱物須厚三、四公寸，溫度則二十度之間，約三週間可軟化。以上各種蔬菜軟化大概如此。

茲將前北京中央農事試驗場關於軟化室之構造暨軟化之成績節錄於下，俾資借鏡：

一、軟化室之構造：

1. 地勢　本場菜園低窪，水面甚高，若掘於平地，恐水溢出，故選地勢較高之土山以供構造。

2. 構造法　掘下地面深九尺許，周圍砌牆，內寬九尺長一丈零六寸，上頂封蓋，南面留窗門一座，以便出入。建築成後，於窖內四邊留寬一尺，中央留寬一尺六寸以作道路。左右各鑿一溝，寬二尺七寸深二尺，卽爲栽培之床地。

二、用途　本室供蔬菜軟白之用。

三、栽培目的　以利用農閒藉裕經濟爲目的。

四、栽培方法　分栽於東西兩床，以比較其結果之優劣。

1. 東床　十一月二十二日敷設，先將底部作成脊形，上蓋稻草十九斤，洒清水八斤半，用足踏實，再加馬糞七十五斤，米糠一斤，是爲第一層釀熱物。第二層仍依前法敷布。最終被以樹葉十五斤，仍令踏實上加土塊及細土，乃排列石刁柏根，加土灌水，俟水滲透，再加再灌，後撒土一層以待抽條。

2. 西床　與東床同時敷設。本床底部仍作脊形，先將稻草三十九斤噴清水十七斤，再加馬糞一百五十斤，米糠二斤互相混合使其均匀；然後敷布床內，用足踏實，再蓋樹葉十五斤，仍令踏實緊，此外之處置悉同前。

五、收穫成績：

床別	收穫量
東床	三斤九兩五
西床	一斤十兩零八

第九章　收穫及貯藏

第一節　收穫

蔬菜收穫雖各有其適期，然與其過遲，毋寧失於略早；因蔬菜以風味爲重，稍老則風味俱失，味同嚼蠟；若採取略早，不過分量上略少，風味固仍在也。茲列一表於下以作標準：

種類	移植或間拔期	收穫期
花椰菜	五月	六、七月
茄	五、六月	七月至八月
番茄	五月	七月至九月
甘藍	四、五月	八月
苦瓜	五月	七月至九月
辣椒	五月	九月
冬瓜	五月	八月至九月
早生黃瓜	五月	五月八月

西壺蘆	四月	六月至七月
豌豆	三月直播	六月起
南瓜	四、五月	八、九月
蠶豆	三月直播	六月至七月
茼蒿	仝上	十一月
捲葉蔯荽	仝上	七月十一月
茴香	仝上	六月
萵筍	五月間拔	六月
石刁柏		四月至八月
莧菜		六月至七月
牛蒡		八月十一月七日
防風	五月間拔	六月
婆羅門參	五月間拔	十月
薯蕷		十月

芋		十月
萵苣	六月	八月
芥菜		九月至十月
萊菔	八月間拔	十月
白菜	仝上	仝
胡蘿蔔	仝上	仝
蕪菁	仝上	仝
雪裏蕻	仝上	九月至十月
塌菜	九月間拔	十月
葱	五月	九月
白蒜		六月起
菠菜		四月起

第二節 貯藏

蔬菜種類中其性質上有宜於貯藏者，有不宜於貯藏者；且貯藏之方法，因種類而亦不相同，有窖藏者，有土藏者，有藏於冷室者；普通秋期作物如馬鈴薯、甘藷、白菜、大葱、萊菔之類，皆堪貯藏而貯藏手續又比較簡單。大概有下列各法：（一）薯之貯藏通常多用窖，掘地深一、二公尺，寬一公尺，長適宜，乃將薯重疊貯入窖中；如係留種之薯，當選其完好者，乃卽貯藏其上用樹枝橫架之，上鋪以秫稭類，更塗以泥，開透氣孔數個，覺窖中熱度高時，則拔其塞以放氣，俟氣出盡，乃復閉之。蓋熱度高時如不多放氣，則一窖之薯卽可同歸腐敗；天氣變冷時，須逐漸覆土以防窖中寒氣侵入。（二）白菜之貯藏有兩法：一爲活窖，一爲死窖。死窖（第十五圖）最簡易而成績較低。其法掘長形之穴，深約七公寸，寬約一公尺半，選菜之優良者豎排之，每株用力緊迫之，裝滿一窖，於菜上鋪以麥稭或稻草，其上乃覆蓋泥

第十五圖　死窖

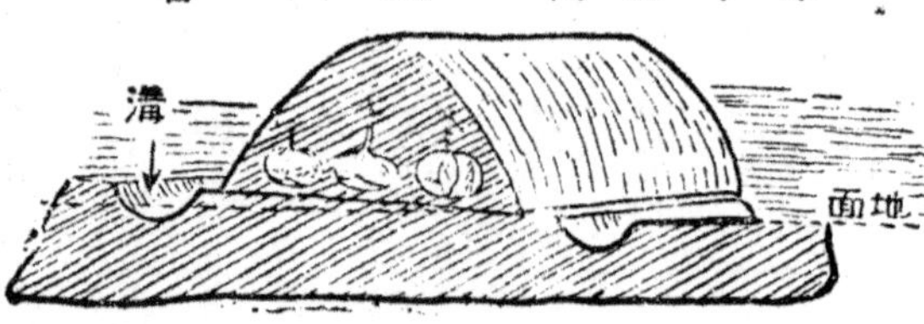

第十六圖　活窖

土，約與地面相平。嗣後天氣愈寒，則逐漸加土，窖邊開溝以便水流出。用時逐株掘出取出；如不全用則取畢仍用土掩護之。活窖之建築（第十六圖）乃擇場院背風之所，掘地深約二公尺，以便翻菜時人可在內作業，寬約一公尺至二公尺，上略寬下略狹，以防土崩，長則無定，以菜之多少為衡。其上橫架樹枝，鋪以秫稭，前面用土磚築牆，留一門以為出入之道，有留窗口於上方者。將菜先行整理，切去根鬚，俟天氣將寒時搬之入窖，分兩邊直疊之，中央留一道為往來之路，然後每隔數日或十數日一翻轉之，有壞菜則選出之。(三)萊菔可用土埋之。其法掘一淺穴，深約七公寸，長寬隨便，乃取萊菔排成圓圈，逐層藏入，每一層其上覆土一層，畢，灌水入穴，俾潤濕土壤。爾後隨天氣之寒冷，窖上加土覆蓋之；此後於需用時隨時掏取，如不盡用，則取畢時，復掩以土。(四)葱能久貯藏，不畏寒冷，可稱貯藏中手續之最簡便者，尋常農家多將葱在場院逐捆緊排之，四圍稍用土掩，此外別無管理。更有將葱擲在房頂，俟明春需用時，乃行取下者。至貯藏稍周到者，亦不過掘一淺穴，將葱排入，稍露其葉，然後四圍用土圍之，以能略避風寒為足。(五)菠菜亦極易於管理，擇房後避風之所，掘一淺穴，將菜逐捆排入，上覆以土，以後隨天氣漸寒加土覆蓋，如白菜窖尚有空隙，則放入白菜窖內亦可。(六)洋芹於夏間播種者，初冬時掘起，移入溫床內，密排之，上蓋以蒲蓆，其管理略同於溫床養苗之法（第十七圖），如是則洋芹在溫床內，尚能繼續生長；移入後如不欲留以居奇者，無論何時均可隨意出

第十七圖 洋芹貯藏

賣，此法為用甚廣，不獨對於洋芹可以適用，卽於別種葉菜如油菜、花椰菜等等，率可應用此法以行貯藏。(七)瓜類之貯藏宜先擇通風之室，地上用物墊起，然後將瓜放下，令其通風，嗣後勤於巡視，遇有將壞者，卽為擇出，就中如西瓜若管理得宜，亦能留至冬季或翌年歲首。

茲更就貯藏上一般所當注意之點略一言之：(一)貯藏之地須選高燥不卑濕之處，冬期寒度不宜冷至攝氏二、三度以下，夏期亦以清涼為佳。(二)如係為貯藏之品，首先應區別其優劣，有損傷者卽當剔出，若良莠不齊，恐有起腐敗之虞；次則當略為靜置之，俾稍蒸發其水氣，乃能久藏。(三)葉菜類在夏期宜於貯藏者頗少，瓜類略可貯藏；但採取時宜連蒂取下。至豆類水分甚少，藏之頗能耐久。(四)秋期蔬菜雖多能貯藏；但已曾受凍者卽不宜用，否則於貯藏中便易腐敗，卽使不腐敗風味亦必變。(五)貯藏蔬菜就其情形得利用上述之溫床以貯藏之，否則卽用尋常之白菜窖，就其一隅以為貯藏之所，亦至為適用。(六)貯藏之目的，冬期則防寒，夏季則防熱，故貯藏之所，宜擇乾燥冷涼之地，能透氣而外氣不易侵入，要透光而光線不宜劇烈。(七)蔬菜含水分甚多，如置於空氣流通溫濕無常之處，則非所宜。蓋此等地方，易起氧化作用，或爲黴菌所變化而致腐敗，則損失甚大矣。

貯藏蔬菜，其最簡易者無過於土埋及上述尋常土窖。在大規模菜園，所用以貯藏蔬果之窖，其建造法亦有精粗之別。其最適於用輕而易舉者，卽爲普通軟化室，除軟化時期之外，夏期猶可用以貯藏各種蔬果。其規模較大者有種種之冷室，其構造四圍用磚石或木材，作成一室（第十八圖），頂上開透氣口，內面多列架或箱以便貯藏各種果物，其更周到者則有冰室，室之四圍以石爲基，地面鋪以三合土，壁之中間有一層空隙，再一層則藏入木屑，俾寒暖氣不易侵入，頂上亦有一層之空隙，亦藏入木屑，木屑之上層乃貯以冰，室之四圍有玻璃窗，窗用毛玻璃爲之，俾光線稍暗。室頂設換氣口，室內設數層之架以便陳列蔬果。如是則於夏期貯藏果物不致有燠熱之虞。

第十八圖 貯藏室

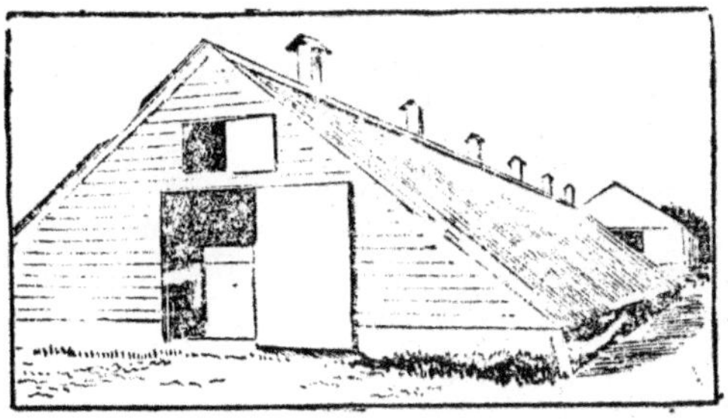

第三編 各論

第一章 葉菜類

第一節 白菜

學名：Brassica Pekinensis, L. 英名：Chinese Cabbage.

一、性狀及來歷 白菜爲我國原產。屬十字花科。葉自根頭抽出，高可五、六公寸，北方產者多捲心，南方則否。葉色濃綠、或淡綠，葉面或平滑光澤，或皺襞有紋，其他如葉緣缺刻之深淺、葉面毛茸之有無、葉柄之色澤及形狀等，皆因種類而各殊。然無論何種，至春季卽抽出高約一公尺左右之花梗，而於其先端開無數十字形之小黃花。果莢爲細長形，分二室，中藏褐色種子數十粒，其發芽力能保持五年之久。

二、品種 白菜品種甚多，大別爲下列三類：

1. 黃芽白菜類 此類又分數種如下（第十九圖）：

甲、河北黃芽白菜 以安肅縣產者爲良，有抱頭白菜、沃心白菜等，每株重可十餘公斤，葉色淡綠

第十九圖　白菜

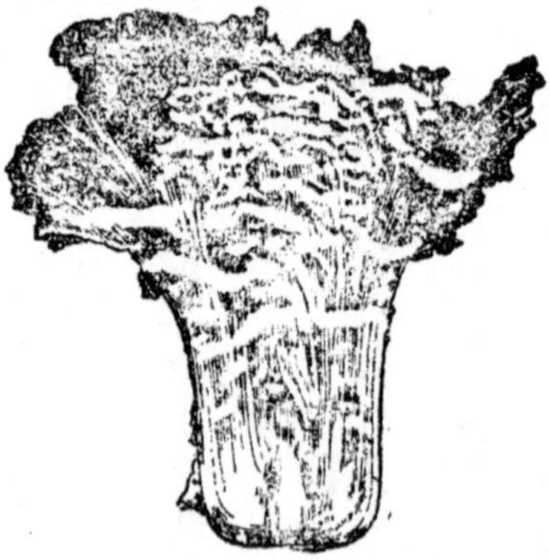

而略硬，結球作長筒形，頂端開散，故在將成熟時，須以草束之，方能結球良好。

乙、山東黃芽白菜　葉色嫩白，故又名白芽白菜，葉裏有細毛，莖短闊，結球作圓形、或短圓筒形，品質較前者為優；惟播種期略遲。

丙、大黃芽白菜　此種與河北黃芽白菜相似；但葉大而開展，葉柄闊而不結球，南方所稱之黃芽菜，是其一種。

2. 普通白菜類　此類又分數種如下：

甲、長白菜　葉片濃綠，葉柄純白，株高而柄長，全株之形，下部闊大至中央部則收束，上部又復開散。此菜易粗老，宜剝去外層數葉，以供食用。

乙、青白菜　株矮柄短，葉片為倒卵形，葉柄呈淡綠色，品質甘美，江、浙各省盛栽之。

丙、矮白菜　形狀與長白菜略同；惟株矮而柄短，品質亦佳。

丁、小白菜　株甚小，早熟，易栽，品質略遜，春夏種之最宜。

3. 莖用白菜類　莖用白菜，可謂為青白菜之改良種，多產於廣東。植後二、三十日，俟其花蕾將開時，卽可收穫，是爲白菜心；且摘後仍能繼續發生花芽；故採收時間頗長，味極甘脆，莖嫩無渣，爲嶺南蔬菜中之上品。

三、氣候及土質　白菜好寒冷濕潤之氣候，粘質之壤土，否則生育不良，結球不佳。

四、栽培法：

1. 整地及播種　秋末熟耕作物之跡地，作成相當之畦，北方用平畦，南方則用高畦，如種大株白菜，畦幅可一公尺，小形白菜，約半公尺。作畦既畢，乃施腐熟堆肥、草木灰、油粕等爲基肥。播種期因地方而異，北方則在七、八月，南方約八、九月。播後薄覆以土，並蓋藁物以防乾燥，三、四日後便可出芽。播種方法，條播、撒播均可，通常直播者用條播，移植者用撒播爲宜。

2. 間拔　間拔俟幼苗稍長後行之，目的在整其疏密，並汰弱留強及除去變種。在行條播法者，其間拔須分三、四次，至末次間拔後，隨施油粕一次，至施用糞尿與否，則視菜之發育程度而定。間拔所得之幼苗，亦爲鮮美之蔬菜。

3. 移栽　在幼苗長有七、八葉時，擇優良菜苗而具有下列特徵者：——（一）葉柄色白幅廣；（二）節間短；（三）葉色稍濃。〔惡苗之形狀，卽（一）莖伸長如油菜（二）葉柄長，葉身長而尖銳，（三）葉色稍淡〕——用手鏟帶土掘起，移栽於預定畦內，畦內每隔半公尺掘一坑，摻以肥料，移出之菜，定植於坑內，隨行灌漑，翌日再灌水一次，以後卽視氣候爲轉移而灌漑之。

4.施肥　除移栽時施用堆肥、油粕等爲基肥外，又須用人糞尿爲補肥，每公畝需二、三百公斤，分數次施之。施時不可汚及心部，否則水糞停滯，易起腐爛。

5.縛葉　俟白菜長至相當大時，用草藁卷縛上部之葉，俾其易於結球，並使品質白嫩。

6.選種　白菜係屬十字花科植物，最易雜交而變種；故留種時宜擇品質佳良形狀整全者，移植於另一地方，使與他種十字花科植物相隔絕，以避免雜交而變種。在結球之白菜須剝去外部綠葉，並以刀劃其葉球，花莖乃易抽出。冬遇霜、雪，卽行枯腐，故須薄覆以藁；花莖旣高出，卽宜建立支柱，以防其倒伏；子莢八分成熟時，可摘去其末端部分，使成熟種子力強而質佳，其生活力可保持四、五年之久。

7.收穫　採收之法，依種類而不同：莖用之白菜，在栽後三、四十日卽可採收；葉用白菜，待其生長適度時，用刀割斷根部，排列畦內四、五日，散去水分，然後運回場內貯藏之。

8.貯藏　貯藏之法，通常在場院左右，就地挖深約二公尺，將土往上踐實，上口寬約二公尺，其下略窄，窖之長短，則無一定。窖旣挖成，其上橫列木幹，滿鋪秫稭，以作頂蓋，更實踐泥土一層，俾不透寒氣。於窖之一端，開一出入門，菜已入窖，每三、四日翻倒一次，卽此次由東邊搬至西邊，下次則由西邊搬回東邊，初入窖之菜，須勤搬三次，使壞菜除去淨盡，自後可隨便整理矣。

五、病害　病害最烈者有下列數種：

1.根瘤病　本病於植物苗幼嫩時發生，在白菜於發芽後三週間，最易侵害。寄主之根部，處處生圓形之根瘤，最大者若胡桃，其色初白，後變褐色，氣候濕潤時發生尤盛；寄主根下部腐敗，漸及上部，柔組織腐朽而發生惡臭，由是妨害地上部之發育。被害烈時，收穫全無。除白菜外，凡甘藍、蕪菁等十字花科植物，均受其害。其防治之方法：（一）燒去病株；（二）除去園內之十字花科雜草；（三）發病之園須行三年以上之輪作法；（四）使園地排水良好；（五）施用生石灰二硫化碳素、石油等以消毒。

2.褐斑病　本病專侵害白菜、甘藍、萊菔等之葉。病斑形狀隨作物種類而異，有呈圓形及橢圓形者，有散生如豆點者。病斑有輪廓，外輪淡褐色，內輪灰白色、或淡黃褐色，受病之葉，瞬即枯死。其防治之法：（一）少用氮素肥料，多施磷、鉀二肥；（二）撒佈石灰波爾多液，以防本病之發生。

3.白銹病　凡十字花科植物均受其害，多害葉、莖、花梗及花諸部。最初外皮膨起，稍帶光澤，生大小乳白色斑點，常侵害葉之裏面，白點之數增加，葉即漸次枯凋；至開花期，菌已侵入花梗上部，故花梗肥大而呈畸形，使種子不克成熟。防治之法：（一）燒棄被害部；（二）行輪作法；（三）施用波爾多液。

六、蟲害　蟲害之最普通者有數種，如下：

1. 蚜蟲（第二十圖）　此蟲在四、六、七、九、十各月間，皆能發生，羣棲於嫩芽及葉底，吸收汁液，被害葉之左右二緣，卽向葉底而捲縮。驅除法：（一）注射數十倍之除蟲菊石油乳劑；（二）時時噴射冷水；（三）取水二公升，加乾燥辣椒半公兩，更取水二公升加石鹼半公兩，將二液煎好而混和之，俟冷以行噴射。

2. 金龜子　成蟲體橢圓，色藍而有光，年中發生數回，成蟲、幼蟲，均害菜葉。驅除法：（一）幼蟲時期以三十倍之除蟲菊石油乳劑噴之；（二）用除蟲菊粉加麵粉四、五倍和勻，密閉數小時，當朝露未乾時，撒布之；（三）搖動菜根，使成蟲墜落捕殺之。

第二十圖　白菜蚜蟲

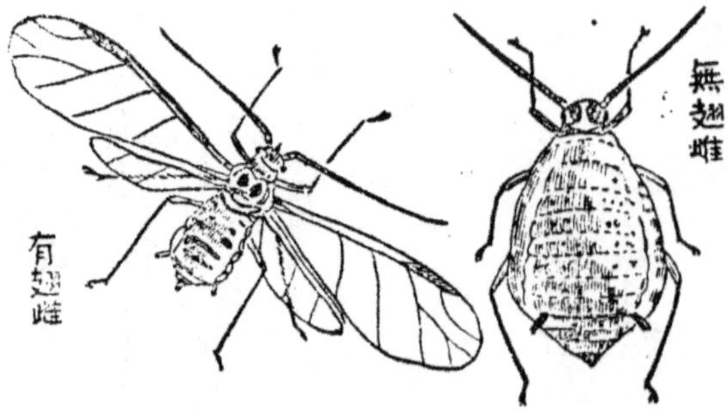

其餘害蟲散見各節。

第二節　芥菜

學名：Sinapis Ceruna, Thunb. 英名：Mustard

一、性狀及來歷 芥菜又稱辣菜，我國原產，屬十字花科植物。莖、葉色皆純綠，葉大而柄短，葉面皺疊有紋。四月間抽梗開花。果莢扁形，子實多紫色，稱爲芥子，可研碎以作香料之用。

二、品種 芥菜之品種甚多，可大別爲下列二大類：

1. 普通芥菜 菜株細小，栽培不拘時期，抽芽甚早，種子分黃白及暗褐二種，白種粒大而辛味亦著，故農家多用以製芥末及芥子油，如三月青、大頭青、南風青等皆屬之。

2. 大芥菜 葉柄長大多肉，葉肉之裏面，散生粗毛，煮食、醃漬皆宜，秋種冬收，如春不老、八斤芥、萬年青、大葉菜、芭蕉菜、高菜等皆屬之。

按南方之芥，種植分二時期，秋種冬收者曰冬芥，冬種春收者曰春芥。又南方有芥菜，北方亦有芥菜，其實南北二處所種之芥，名雖同而形實異。大抵吾國農家現時通行所種之芥，得以二類括之：在南方者曰辣芥菜，即前所述莖葉深綠子實能作芥末用者；在北方者曰芥菜疙瘩，即取其根塊以作醃漬用者。

三、氣候及土質 芥菜喜溫和氣候，酷熱太過，非其所宜；故其播種大抵以秋季爲多。土質適於肥沃，且輕鬆之土壤，屬植土尤佳，但不喜粘土。

四、栽培法　種植芥菜，雖可終年不斷；而普通多在春、秋兩季播種，尤其在秋季播種爲宜，在立秋以後，隨時皆可舉行。下種之先，務將土壤細碎鋤勻，俾無土塊等物，以礙小苗之生長，每寬約一公尺作成一畦，施以水肥、或堆肥等之肥料作爲基肥。播種手續務須勻淨，勿宜過密。數日後青苗卽可發生，經二星期可行間苗一次，調正其疏密，汰弱而留強。至二、三十日間，苗已高大，可供移栽之用。如係直播者，則先作一公尺之畦，將子實播二行，當在幼苗時，去弱留強，每相隔三、四公寸左右，擇留一株，以後時行中耕、灌漑，並施以相當之肥料。又移植手續，普通先行整地，並施堆肥之類爲基肥，每隔二、三公寸掘一小穴，選芥苗一株植其上，旋澆以水，以後中耕灌漑諸事不可忽略。菜將成熟時，再施以水肥，秋冬之間，可以收穫。

五、病蟲害　芥菜勢甚強健，病害尙少，蟲害亦不易發生，苟有蟲害，可用下列諸法治之。

1. 每於朝露未乾時，用石灰或木灰細末撒布之。
2. 用治蟲藥劑噴射之。
3. 放雛鷄入園捕食小蟲以殺滅之。

第三節　芥藍

學名：Brassica Oleracea Aceulaea. A. C.

一、性狀及來歷　爲我國南方之特產，乃蔬菜中之上品，屬十字花科。風味鮮美，供人食用之部分，在其莖、葉，通常多伴肉同炒食用，作羹湯或蒸煮，非其所宜。或謂芥藍亦屬芥菜之一種，殊屬非是。蓋芥藍與芥菜不獨形狀不同，即風味亦各異其趣。此菜之莖、葉與花椰菜甚相類似，即其氣味亦同，不過花椰菜食其花，此則食其葉耳。故以芥藍爲花椰菜之變種，似爲近是。芥藍之薹，稱芥藍心，風味尤佳。

二、品種　可分三種如下：

1. 白花芥藍　其花白色，莖最柔嫩，味最甘美，嶺南芥藍中，以此爲最上品。鄉農挑芥藍沿門叫賣者，均美其名曰白花，可知其博社會之重視矣。

2. 黃花芥藍　其花黃色，亦屬佳種，普通蔬菜開花則老，芥藍則雖花無妨；且有人酷嗜其花，謂其風味甘美云。

3. 鼠耳芥藍　此種產自粵之新會，葉形纖細，狀類鼠耳，故因以爲名；但其葉雖細而生出之苔則粗壯而柔嫩，甘美無渣。堪推嘉品；惟其子種不宜易地，若移植他處，則品質變劣。

三、氣候及土質　芥藍好溫和之氣候，過於炎熱非其所宜；與其過熱，無甯稍冷。土壤以肥沃輕鬆者爲上，粘土爲其所忌。

四、栽培法　播種期比白菜略遲，先在床地養成菜苗，然後移植，一切手續俱與白菜無異。採收期間頗長，可達二、三月之久；第一次在莖部肥美花尙未開放時行之，摘後卽施補肥，助其生長，待其莖已長成又行第二次之採摘；如是反覆行之，至三、四回後，乃掘去而另種。產量豐者每公畝可收三、四百公斤。

附錄：

按授時通考云：『芥藍芥屬也。葉色如藍，故南人謂之芥藍，仍可擘取食，故北人謂之擘藍。其葉大於菘，根大於芥薹，苗大於白芥，子大於蔓青，花淡黃色，其苗、葉、根、心俱任爲蔬，子可壓油，亦四時可種，四時可食，大略如蔓青也。但食根之菜，萊菔、蔓青之屬，魁皆在土中，此則魁在土上爲異耳。收根者須四、五月種，少長擘食其葉，漸擘魁漸大，八、九月並根葉取之，葉作葅或作乾菜，根剝去皮或煮食或糟藏、醬豉，留根至明春復發芽，苗可採食，三月花，四月實，子每畝可收三、四石。』

第四節　京菜

學名：Sinapis Chinensis. Z.

一、性狀及來歷　京菜又名千觔菜，又稱水菜，屬十字花科植物。株大，枝莖叢生，葉小而長，質柔軟，稍有辛味，醃藏、煮食、浸漬均宜。自晚冬至春季需用最廣，爲東亞之原產物。

二、品種　有三種如下：

1. 早生水菜　莖葉繁茂，九月中旬下種。

2. 千筋京菜　晚生種，大株叢生，莖葉細而無缺刻，播種期自九月至十月上旬。

3. 壬生菜　形狀似千筋京菜而葉呈缺刻，播種期自九月至十月初旬。

三、氣候及土質　性喜温和之氣候及含有機質而帶濕潤之砂質壤土。

四、栽培法　在寒地多行直播法，先作寬七公寸之畦，施以堆肥、人糞尿、油粕等爲基肥，薄播種子。播種期以九月中旬爲最適。發芽後，間拔其密生者，每間三公寸左右留存一株，長成期中施水糞二、三回，至十二月下旬可以開始採收。在暖地則用移栽法，於十月上中旬播種於苗床，養成菜苗，至十一月上中旬，選佳良之苗，移植圃地，每隔三、四公寸種一株，可得佳品。採收種子，多就移植菜株採收。若欲由直播法者採收，宜預選形質優良者，留至春季開花結實。

第五節　甘藍

學名：Brassica Oleracea. L.　英名：Cabbages

一、性狀及來歷　俗稱捲心菜，又名洋白菜。原產地在歐洲沿海各岸。栽培起源，遠在二千年前，爲十字花科之一年生或二年生植物。開黃花，花梗高約一公尺。葉片抱合成球，內部之葉，隨自然而軟化；富滋養分，爲他菜所不及。茲示其葉球之成分如下：

水分	九四・四八%
蛋白質	〇・九四%
碳水化合物及纖維	四・〇八%
灰分	〇・五六%

二、品種　甘藍主要之品種有下列數種：

1. 球葉甘藍　栽培最廣，品種亦多，又分數種如下（第二十一圖）：

甲、尖圓形小種　此種早熟、形小，氣候適當，播種後九十日至一百十日可供食用。球葉多而軟厚，多帶尖圓形，性質強健，結球容易。

乙、尖圓形大種　形狀似前種而稍大，晚熟種，堪貯藏，球甚堅實，頂端

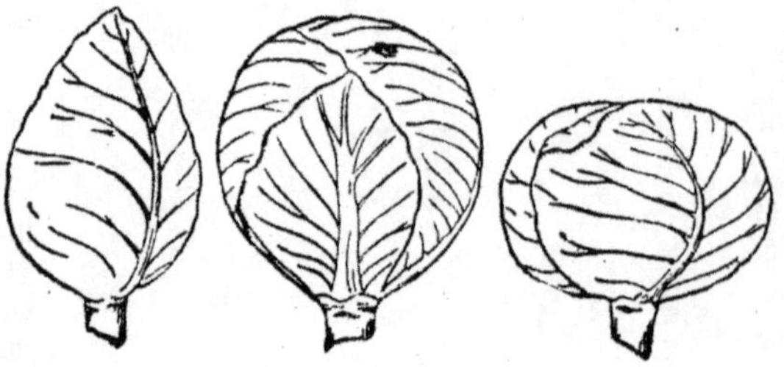

第二十一圖　球葉甘藍

尖，品質良好，性強健，結球最容易。

丙、早生扁圓種　生育盛，百日乃至百四十日成熟，結球中等大，形圓扁平。

丁、中生扁圓種　百二十日乃至百八十日成熟，堪貯藏，形大、扁平，爲普通栽培最適之良種。

戊、晚生扁圓種　晚熟種，性極強健，能耐乾燥並霜害，堪貯藏，並可運搬遠地，結球中等大，甚堅實。

己、縮葉種　葉平滑，全面呈小形之凸凹狀，概結小球；且結球困難而畏寒氣，品質佳，香而柔軟。歐洲各國栽培甚廣。

庚、赤葉種　葉呈紫色，結球小而堅實。

2. 羽衣甘藍　不結葉球，專採其皺縮之葉，以供生食煮食或飼料用。

3. 抱子甘藍（Brussels sprouts）　採取葉腋所生多數之小葉球，以供食用，品質柔軟、味佳，爲重要之品種（第二十二圖）。又名子持甘藍。

第二十二圖　抱子甘藍

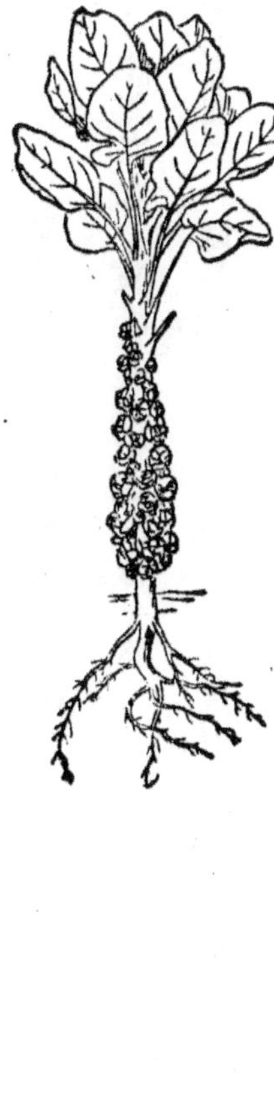

4.花椰菜(Cauliflower)(第二十三圖)及木立花椰菜(Broccoli) 採其花蕾以供食用，香味頗佳。普通並不稱爲甘藍，其實亦是其中之一種。

5.球莖甘藍(Koblrabi) 成長後，採取肥大之莖，以供食用，其形狀與蕪菁相似，味甘而富芳香，可生食或煮食(第二十四圖)。

第二十三圖 花椰菜

第二十四圖 球莖甘藍

三、氣候及土質 甘藍最喜溫和之氣候，若天氣酷熱，則徒長莖葉，結球困難；土質以帶有粘質及排水良好之壤土最爲合宜；又在溫帶地方，則必選粘重土栽之，否則結球不易。

四、栽培法：

1.播種及假植 播種期因氣候及品種而異，在暖地播種甘藍，第一回在九月下旬，第二回在二、三月，第三回在五、六月；在寒地播種，第一回在早春，第二回在五、六月。早春播種者，須用溫床，否則可用冷床，條播、撒播均可，下子不可太厚。溫床於晴天之際，要使通外氣，床內溫度不可過高或不足，發芽後均須除去覆藁；待子葉十分發達，則行間拔，使苗株距離約二公分；本葉放一片時，行第二次間拔，使苗株相距爲七公分；待本葉抽出二、三枚時，灌水床間，以移植鏝掘起而行假植於他苗床上，約每隔一公寸見方植一株；經二週後，再掘起換床假植，約每隔二公寸見方植一株；在暖地於春夏之候播種者，在第二回假植後，經十餘日要再假植一次；又在粘土假植一、二次已足，在砂土壤土則須在二次以上。

2. 本圃之整理及定植　幼苗漸長，發生四、五葉時，可定植於本圃。在暖地於第一回下種者，十一月下旬乃至翌年二、三月頃移植；第二回下種者，四、五月頃移植；第三回下種者，七、八月頃移植。在寒地第一回下種者，五月頃移植；第二回下種者，七、八月頃移植；在七、八月頃移植者須注意日覆及灌水等，否則活着困難。圃地須預行深耕，整地周到，施下基肥，畦幅在一列植者七公寸乃至一公尺，二列植者一公尺乃至一公尺半，株距五公寸至七公寸，但在抱子甘藍及球莖甘藍，則可稍爲緊密。定植時幼苗宜行嚴格之選擇，凡非赤色種而葉面帶赤色者、或莖葉繁茂而節間過長者、或葉柄過長者（晚生種除外）、或葉緣有深缺刻者、或葉身皆下垂者、或由葉腋發芽者等各種，均不能用。若每葉相離較近而葉柄短大者、或本葉有六七枚者、或葉緣完全無缺刻者、或無腋芽或分枝者、或葉勢彎向內方者，則爲良苗。苗定植後須行中耕二次，以促細根之發育，若天時亢旱，則宜行淺耕，以免水分發洩過多，而招乾燥之患。

3. 施肥及管理　甘藍之肥料，以人糞尿及腐熟之油粕最爲適宜。在結球前一月，宜施補肥，以促其生長；但補肥不可施之過遲，否則結球愆期，有誤收穫。甘藍之管理，即於定植後，宜屢行中耕除草，以助其生長；倘夏季乾燥過甚，宜行灌水。又在秋冬之候移植者，可撒布細藁，以防嚴霜。對於抱子甘藍，須摘去下部之葉及摘心；球莖甘藍，亦須除去其下部之葉。

4. 採種　普通農家對於甘藍之採種，作業困難，蓋甘藍亦與其他十字花科植物相同，易雜交而變種。其方法於十月以後，葉球成熟時，選擇結球緊、形狀正、葉肉肥厚、色澤良好者，掘適宜深之溝，移植其中，暖地薄覆以土，寒地厚覆以土，再散布藁其上以防凍結，翌春三、四月掘出，將葉球之上部，切成十字形，以便花梗抽出，移植於一公尺寬之畦上，每隔一公尺植一株。花梗抽出後插立支柱，以便開花，花須適宜摘去。十月以後，種子成熟，可以採收。

5. 收穫及貯藏　球葉甘藍發育至相當程度，隨時可以採收，過遲則球破裂，有損品質；球莖甘藍老熟而多纖維；抱子甘藍經霜反增風味；羽衣甘藍老熟則堅硬不堪食用，故宜採其嫩芽。然採收過早者，無論何種甘藍，其品質均不佳良，大概早熟種之甘藍均不堪貯藏，而晚熟種之甘藍，

第二十五圖　甘藍窖一

第二十六圖　甘藍窖二

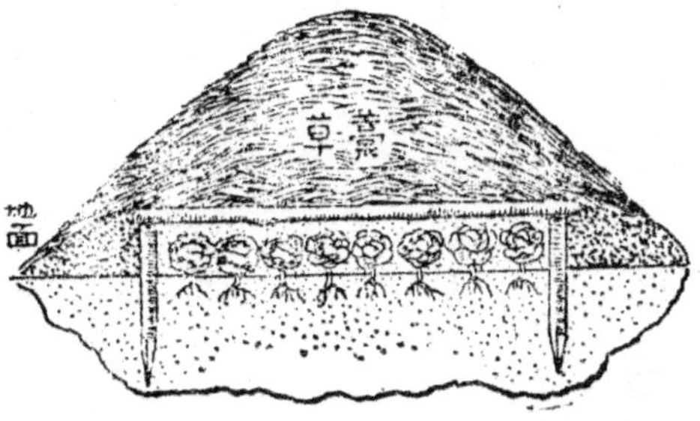

在冬期收穫者，始得久貯。貯藏之法，擇背風之地掘溝六、七公寸深，將甘藍排列其上，覆以藁草即可（第二十五圖），又或於乾燥之砂地挖起一溝，將甘藍倒置其上，覆以稻藁、穀糠，或土亦可（第二十六圖）。此外如貯之窖室或冰室亦可保留數月之久。

五、病害　有根瘤病、白銹病等，見白菜。

六、蟲害　有三種，如下：

1. **甘藍地蠶**　自五月至十月間發生，晝間在地中食害根部，夜間出地面食害莖部。幼蟲成長時達六公分，體色暗黃，頭部暗褐色；成蟲爲蛾，張翅五公分，帶赤黑色。其驅除之法：（一）用糖液或燈火誘殺之，行冬耕以凍死其蛹；（二）穿溝絕幼蟲之路。

2. **亞麻地蠶**　此蟲在六、七月及八、九月間發生，一年二次。蛾張翅四公分餘，前翅灰黑色，稍帶赤紫，中央有顯著黑紋。幼蟲長五公分，體灰黑帶赤；頭小、褐色；食害根莖，驅除法同上。

3. 甘藍粉蝶　幼蟲約長三公分，綠色而背上有黃線，側面有黃斑，蛹常在樹枝上過冬。成蟲張翅約五公分，白色或淡黃色，前翅有斑點，體細長。幼蟲食害莖葉。冬季除蛹，爲最好之防治方法（第二十七圖）。

第二十七圖　粉蝶

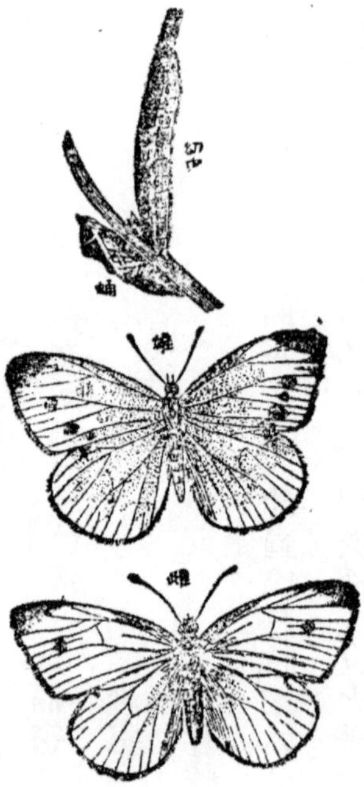

第六節　萵苣

學名：Lactuca Scariola, L.　英名：Lettuce.

一、性狀及來歷　萵苣屬菊科植物。現在所栽培者，係由野生種改良所得。此野生種爲歐洲地中海沿岸及亞洲北部所生，爲一、二年生之矮生植物。其莖脆軟，色淡綠，折之有白汁，其中含有因紐林質（Inulin $C_{12}H_{12}O_{10}$）之成分，可供鎮靜藥及催眠藥之用。其種類有結球與不結球之別，其葉有平面與不平面之分，其味苦而帶甘，生食菜中之上品也。

二、品種　歐美普通栽培之萵苣有下列三種：

1. 球萵苣　葉全緣，闊大而圓，且有多少皺紋，互相包合作球狀，色淡綠或帶黃綠色；如May King, Boston（第二十八圖）、California Cream butter 等屬之。

2. 縮緬萵苣　葉長，周緣深；且有不規則之切裂；如Hanson（第二十九圖）、Burpees Iceberg, Grand Rapid 等屬之。

第二十八圖　球萵苣

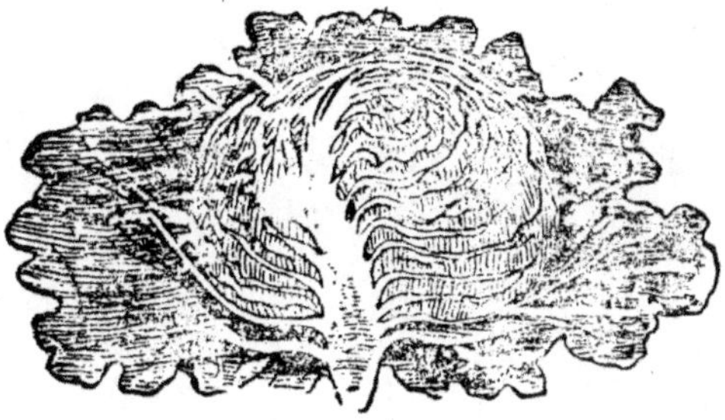

第二十九圖　縮緬萵苣

第三十圖　立萵苣

3. 立萵苣　葉全緣，全形呈圓錐形或尖圓形之球狀；如Eclipes, Express, Paris White Cos（第三十圖）屬之。

三、氣候及土質　萵苣好冷涼而畏炎熱，故即在北地亦多屬秋收。土質則以濕潤之壤土爲佳。

四、栽培法：

1. 播種　自春季三月至秋季十月，隨時均可下種。春種者宜播種於溫床，其他可種於冷床，或直播於本圃；但暖地如在炎暑之候下種時，宜擇樹陰下或家屋近傍能避日光之處爲適。普通春播者，播後十數日發芽，再閱旬日可酌行間拔。俟天氣漸暖，幼苗長成，乃可移植。秋播者，於嚴冬前可以收穫；但無論春播、秋播，皆當熟耕床地而細碎之。因萵苣之根，甚爲細小，床地不勻，則生育不良。整地畢，施以肥料，乃播種子，微加鎮壓，或薄覆以土。

2. 移植　移植之先，本圃須預行耕鋤，施下基肥，作成寬五公寸之畦；待苗高六、七公分時，即可移植，株間距離自二公寸至三公寸。但亦有謂株間距離以密爲有利者；蓋因密植，莖葉互相接觸，結球容易也。在球莖萵苣須先行假植一回，然後定植，則結球容易。移植時，忌土地乾燥，旱天要灌溉。移植後數回中耕培土；且施液肥數回，以助其生長。

3. 肥料用量及採收　每一公畝地，用堆肥一百公斤、木灰二十公斤、過磷酸二十公斤、人糞尿二十公斤爲基肥，另用人糞尿二十公斤爲補肥，加水稀釋，分數回施之。萵苣長成適度時，可以陸續採收。

3. 採種　由苗床養成之苗，擇具備固有之形狀者移植本圃，株距七公寸。迨花梗抽出，將梗下葉片悉數摘去，種子成熟，即可採取而曬乾之。種子非灰白色及黑色者，不宜留用，隔年陳種子亦不可用。

五、病害　萵苣之病害，以核菌病爲最烈，其病徵初發現於近地面之莖部，莖之周圍，生白色之斑點，漸次侵害上方之莖，即次第乾燥而枯死，被害莖部有大小之菌絲塊存在。防治法：取作物之被害部燒棄之；或撒布石灰於被害圃地皆可。

六、蟲害　萵苣害蟲，以地蠶爲最普通，每於六月至九月間出現而食害萵苣之根。成蟲之翅開張約三、四公分，前翅呈暗赤褐色，後翅暗黃色；幼蟲成長時，約四、五公分，全體灰黃帶赤暗色；頭部呈赤褐色，有白點及白條，以幼蟲態越年。其防除之法同他種地蠶。

第七節　苦苣

學名：Cichorium endiva　英名：Endive

一、性狀及來歷　苦苣爲菊科植物之一種。原產於地中海沿岸，我國雖自古有之，然僅採野生者以供食用，無栽培之者，適於煮食，爲歐洲貴重之蔬菜。

二、品種　普通栽培者有四種：

1. Green Curled　葉極細裂而捲曲，適秋冬之用（第三十一圖）。

2. White Curled　葉形似於前種，色淡，採取軟白部以供食用。

3. Batavia　葉大，株亦大。

4. Giant Fringed　株形大，性強健，葉廣而皺縮，株之中心白色。

第三十一圖　苦苣

三、氣候及土質　好輕軟而濕潤之土壤，耐寒性稍弱，故冬季栽培須特別注意。

四、栽培法　夏秋採收者，三、四月頃下種；冬季採收者，六、七月頃下種；其方法亦如萵苣，先播種於苗床，然後移植；或直播於本圃亦可。移植者，畦幅五公寸，株距三公寸餘，直播者亦間拔作成同樣之距離。中耕、除草、施肥等，均與萵苣相同，待充分生長後，縛其外面之葉，使內部易於軟白；如用瓦盆覆之更佳。軟白之期間，因氣候之寒暖而異，大概經三、四週間，即可。軟白後，易腐敗，宜速採收之。

苦苣之同屬，有名野苦苣者，學名：C. Intybus，爲歐洲之原產。其根乾後，可充咖啡之混合物。又早春萌發之嫩芽，與窖室內由根發生之嫩葉，皆可採取以供食用。其栽培方法，與婆羅門參相同（第三十二圖）。

第三十二圖 野苦苣

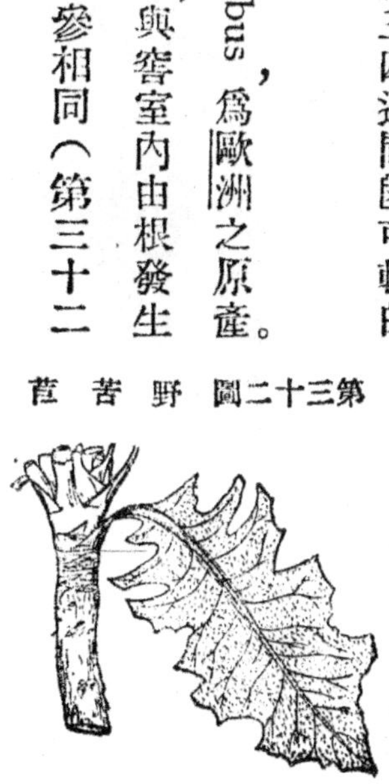

第八節 野苣

學名：Valuianella olitoria

一、性狀及來歷 菊科植物之一種。歐洲原產。我國栽種者甚少，歐、美各國多栽培之，以供冬季之食用。

二、栽培法 野苣性強健，不擇風土，作成寬五公寸之畦，設條播種，播種後時施液肥，經六、七十日即可以採收。早春播種者秋季採收，八月頃播種者翌春採收；但在冬季，宜散布藁草，以防寒害。

第九節 菠菜

學名：*Spinacia oleracea*, Z.　英名：Spinach.

一、性狀及來歷　菠菜又名菠薐，原產地係屬何處則言人人殊；但按嘉祐本草始著錄，劉禹錫謂其來自西域頗陵國，頗陵爲西域之地，菠薐者頗陵之轉音也。又閩中記以菠菜之葉如波紋有稜。又唐會要謂太宗時尼波國獻菠薐菜，類紅藍，實如蒺藜，又名波斯草。此菜想係由波斯等處傳來，故其原產地當在中央亞細亞或亞洲南部，此說較爲可信。又按菠薐生北方者爲竹菠薐，莖長味爽；生閩中者爲石菠薐，莖短味甘；南方則四時不絕，北地窖生者色碧質脆，黑龍江菠薐厚勁如鐵，東坡詩：『雪裏菠薐如鐵甲』之句，殆謂此也。菠薐乃屬藜科二年生植物。雌雄異株，莖柔細而中空，葉肉軟厚，根赤色，食味

第三十三圖　菠菜

柔滑，性能耐寒，世界各國皆甚重之（第三十三圖）。

二、品種　普通分爲下列四類：

1. 葉闊而厚，且有皺縮。

2. 葉大而稍縮，生育盛。

3. 生長甚速，分枝盛而多生葉，幼莖柔軟，可與葉同供食用，早春播種，直至秋季，隨時可採其嫩莖及葉。

4. 葉厚，性最強健，能耐寒氣。

三、氣候及土質　菠菜在南北各地，均可栽植；惟最好寒冷乾燥之氣候，及富於腐植質而排水良好之壤土。

四、栽培法　栽培菠菜，除嚴寒季候外，春、秋二季皆可播種，而以秋季播種者最爲普通。播種方法，條播、撒播均可。菠菜種子外皮堅厚，不易發芽，故有用先浸溫水後包濕布時澆以水，俟其萌芽後而始播下者；但在乾燥之土地，則反有害，以不浸種爲佳。種播後約經十餘日發芽，其子葉甚狹，再過十數日，即發稚葉，此時宜行中耕除草；生長太密時，宜行間拔，至株距離二公寸爲止。播種菠菜，覆土宜厚，每公畝種量約五、六公合。菠菜頗需肥料，除播種時施用基肥外，尚須施用補肥二、三次。此後菜漸成熟，可以陸續收穫。菠菜收穫之方法，在北方農民通行之習慣，秋播之種，有於初冬時，俟菜長成，卽行連根拔起，綑成小綑，就背風之地，掘土深約三、四公寸，將菜次第排列，排畢，用土蓋密；初埋入時，蓋土略薄，俟後冬寒，則逐漸添土，添土厚薄，視氣候爲轉移，以後專候市價高貴時，隨時掘取，去其黃葉，束成小捆，以供販賣。亦有冬時不爲採收，任其在畦上越年，但於畦之西北邊，用蘆葦或高粱稭，支搭風幛，以避狂風，如是直至開春天氣漸暖，菠菜勃然而興，生長甚速，此時稍施追肥，轉瞬卽可出賣矣。

第十節 茼蒿

學名：Chrysanthemum Coronarium.

一、性狀及來歷　茼蒿爲中國原產，在千百年前已栽培之，爲一、二年之菊科植物。葉呈綠色而細碎，莖肥，分蘖性最強，自葉腋分枝甚多，縱橫生長，莖葉具強烈之香氣，食之有化痰之功。

二、品種　可分二種如下：

1. 四川種　葉較大，色澤濃綠，缺刻之痕，淺而少，肉厚香烈，不甚畏寒。

2. 通常種　葉呈綠色，形狀狹長，缺刻之痕，多而且深，分蘖性甚強。

三、氣候及土質　茼蒿性質強健，不擇風土，故無論南北各省，均可栽培。

四、栽培法　茼蒿雖生長甚易，但性好肥沃之土壤，春秋兩季皆可播種。在春季播者，於三月下旬整理圃地，作成一公尺之畦，施以堆肥，然後播種，約經三、四十日，可以漸次採收。在秋季播者，於十月下旬設圃下種，其上覆以稻藁，以禦冬寒，至翌年一、二月，可以採收。栽培茼蒿，若氣候溫暖，則抽穗甚早，故在春播者不宜失之過遲，若不得已而誤播種期，宜早爲採收以免抽穗；如欲採收種子，可於秋播者中擇其形狀優良者若干株，春季任令開花，俟種實成熟而採收之。

第十一節　莧菜

學名：Amaranthus Mangostanus.　英名：Amaranth.

一、性狀及來歷　莧菜屬莧科植物之一種。原產於東印度，我國各地皆栽培之。

二、品種　普通分紅色、白色二種。

三、氣候及土質　好溫暖氣候，喜稍乾燥而肥沃之地。

四、栽培法　莧菜不宜連作，在同一地方一回種植後，須隔二、三年後始可播種。栽培方法：直播、移植均可。普通以採葉爲目的者，多採直播法，發芽後酌行間拔，使保適度之距離，即可。以採莖爲目的者，則必須移植，否則結子早，妨礙莖之生長。播種時期自四月初旬至六月下旬。莧菜種子甚小，床土宜細碎，播後毋須覆土，僅蓋以藁，約經二週而發芽；苗長一公寸即可移植，先作成一公尺寬之畦，每約二公寸半見方栽植一株，爾後隨時中耕除草，並施用追肥二、三回，生長期中要隨時除去其下葉，使莖部得以伸長肥大。

第十二節 水芹

學名：Oenanthe Stolonifera, D.C.

一、性狀及來歷　東亞原產，為繖形科之宿根植物，與肉類煮食，美味可口。根性匍匐，葉有鋸齒，為再出羽狀複葉。

二、品種　因需用部分，有根芹、葉芹之分；因收穫期，又有早生、晚生之別。

三、氣候及土質　喜溫和氣候，水流活動之肥沃水田。

四、栽培法　繁殖多用宿根，每在三月上旬採水芹之根，切碎而堆積之，厚可六、七公寸，時灑以水，閱四、五日翻覆堆積，使平均其熱度，芽乃徐徐發生。一面於肥沃之水田，耕入堆肥、人糞等為基肥，並灌以水，至三月下旬，苗長半公寸時，乃可下苗，初時給與少量之水，苗漸長，水量亦漸增。夏間施肥除草各一、二次，秋末冬初，莖葉發育方盛，適可採收。

五、蟲害　蚜蟲最易發生，防除法見白菜。

第十三節　雪裏蕻

學名：Brassica Chinensis Var.

一、性狀及來歷　我國原產，自古已栽培之，屬十字花科。

二、氣候及土質　性喜冷涼之氣候而不擇土質。

三、栽培法　春、秋二季均可播種；但因地方而稍有遲早。春播者暖地在三月中旬，寒地在三月下旬。秋播者暖地在十月中下旬，寒地在九月上中旬。秋播者概先播種於苗床而行移植，播後約四、五日發芽，待有本葉三、四片時，即可移植，先作寬一公尺之畦，每畦栽植三行，株距約三公寸上下。春播者，播後一、二星期發芽，發芽後適度間拔，使成相當距離。所用肥料以人糞尿爲最普通，追肥於播種後一月或移植後二、三星期施之。

第十四節　防風

學名：Phellopterus littoralis.

一、性狀及來歷　防風又名珊瑚菜，爲繖形科二年生之草本。多自生於海濱，嫩莖多肉，柔軟，帶紅色。風味頗佳。

二、栽培法　於四月頃選砂質壤土之圃地，作成幅半公尺之畦，條播種子於其上，發芽後施追肥，行培土，至十月頃，充分生長，可以掘取，乃僅留莖葉一公寸長，切去其餘，窖植於軟化室，經二、三星期，莖葉共變黃色，採而食之，其味鮮美。如欲採種子者，可留於圃地，翌春開花結實，八月頃成熟，可以採收。

第十五節　鹻蓬

學名：Salsola Asporagoides.

一、性狀及來歷　我國原產，屬藜科植物，形狀與幼松相似。夏秋之際，可採取其嫩莖葉以供食用，昔時燒之爲灰，藉以製鹻。

二、栽培法　播種方法與其他之葉菜類相同，先作成寬七公寸之畦，條播種子，發芽後施液肥，苗長一公寸卽可採收。過時不採，有損風味。採種者選早春播種之株，培養之，七、八月頃開花結實。

第十六節　陸鹿角菜

學名：Salsola Soda.

爲鹻蓬之一種。莖伏地上，其葉恰似鹿角菜，其嫩葉脆軟，味佳。栽培法與鹻蓬同。

第二章　根菜類

根菜類之範圍甚廣。凡利用其地下莖、根之菜類，均包括於其中；但如薑、葱等之含香氣辛味者，則歸於香辛類。此類蔬菜多屬十字花科植物，好深耕肥沃之土壤，肥料須三要素並重。

第一節　萊菔

學名：Raphanus Sativa. L.　英名：Radish.

一、性狀及來歷　萊菔又稱蘿蔔，考其原產地，則言人人殊。或謂其原屬歐洲地中海沿岸地方，或言屬於東部亞細亞，或云生於高加索山之南部。而較為可信者，則以 De Condolle 氏之說。氏謂其原產於西部亞細亞，此後傳播於東西各國者。萊菔之在中國，徵之歷史始於何時，雖無確實之考徵；然其栽培之時代則已甚古，爾雅已有此項之記載，是周代已有之證。萊菔屬於十字花科，一年生或二年生之植物。葉可充漬菜或飼料，根部肥大多汁，富含澱粉及消化酵素，以為副食品，可收間接滋養之功。春播者同年夏季開花，秋播者翌年春季開花。葉呈淡綠色或濃綠色，極廣大，中肋之上具有深刻，葉為長橢圓形。根部形狀不一，有長圓形、圓錐形、球形、紡錘形等等，色澤有純白、深紅、黃紫之別。花梗自春暖時抽出，高達一公尺，花白色或淡紫白色。根之成分如下：

水分	九四·五五%	蛋白質	○·七三%	脂肪	○·○一%
無氮化合物	三·七○%	纖維	○·五二%	灰分	○·四九%

二、品種 萊菔品種可大別爲左之五類：

1. 秋季用種 是種指八月頃播種冬期收穫者而言，又可分爲數類如下：

甲、中國種：

(1)象牙白 此種形狀長圓，皮肉潔白，質亦甘嫩，宜爲煮菜之用，生食者甚少，如爲醃漬之用者，栽種期宜略早。

(2)露八分 此種形狀偉大長圓形，皮色青綠，專供醃漬之用，北方多種植之。

(3)脆蘿蔔 又名水蘿蔔（第三十四圖），爲北方冬季最適行之品，專供生食之用，有解煤毒之功，品質清爽，有賽梨之名。脆蘿蔔又分二種：一種皮青者，一種皮紅者，而最流行之種，即所謂紅心美是也。紅心美肉質紫紅，故得此名。其種法雖與露八分無異，但對於灌溉及貯藏上，則略有講究，蓋脆蘿蔔第一在水分之充足，缺少水分，品質便

第三十四圖
脆蘿蔔

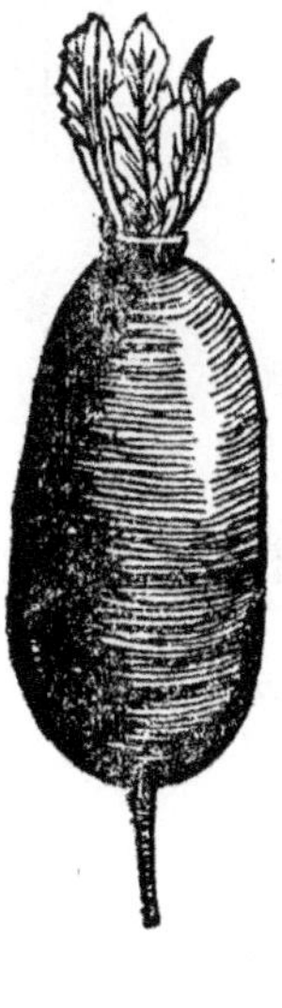

劣；又脆蘿蔔於初收穫時，品質未佳，須貯藏至嚴冬，始暴露其固有之風味。貯藏之法，選適宜之地，掘二公尺深之土穴，長闊合度，然後倒藏一層蘿蔔於其中，略覆細砂，照樣一層蘿蔔，一層細砂，排至相當高度，更覆以土，以防凍害，隨後更灌水於穴中，俾蘿蔔常得維持其水分。

乙、日本種：

(1)練馬　原產東京練馬村，有尻留、尻細二種。前者宜煮食，後者適醃漬，其根均長約七公寸，徑八公分，多少露出地面，色白味佳，葉有深裂口，蓋地如傘狀。

(2)宮重　最適於煮食，切乾製造，根長四、五公寸，徑約一公寸，下大上尖，全長約三分之一露出地上，多帶綠色，肉質緻密脆軟，味最甘美，葉大、向上生，爲秋蘿蔔中之早熟者。

(3)櫻島　原產大隅櫻島地方，爲蘿蔔中之最巨大者。長約五、六公寸，周圍可一公尺，每個重量達十餘公斤。分早、中、晚三種：晚熟種最大，根冠帶淡綠色，肉頗脆軟，味淡，移種他處，不能如原產地之肥大，葉形大，向上繁茂。

2.春季用種　本種自九月乃至十月頃播種，翌年春夏採收者屬之。其著名者爲二年子蘿蔔，長四公寸，徑七、八公分，其味雖較秋蘿蔔爲劣；然適在五、六月蔬菜缺乏之際長成，故需用頗多。

3.夏季用種　本種與二年子蘿蔔相似，品質佳良，普通三、四月頃下種，七月頃採收。

4.四季用種　四時均可下種，生長甚速，播後四、五十日，便可採收，其著名者，爲水紅蘿蔔，個體甚小，略如圓錐形，皮紅肉白，皮肉甚易分離，可用手揭去。

5.二十日萊菔　此種生長甚速，形狀纖小，春、夏、秋三季，均可下種，種後三、四十日，便可收採，稍遲則組織漸老，品質變劣，不堪食用。其色有赤、白、黃、紫等種，顏色美麗，生食、鹽漬，均無不可（第三十五圖）。

第三十五圖　二十日蘿蔔

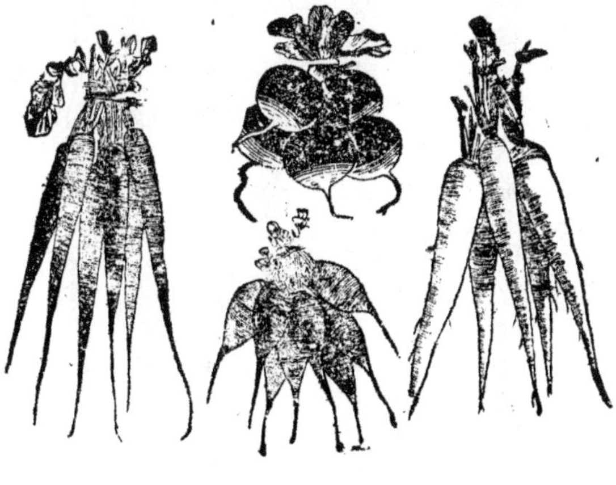

三、氣候及土質　萊菔雖爲溫熱帶地方之原產物，適於溫暖之氣候；但自發育之時期言，則以稍涼之季節始能發育優良。故以我國氣候而論，南省萊菔之品質，恆不如北省之佳。栽培萊菔之土壤，以砂質壤土爲最佳，如種樹書曰：『種蘿蔔宜沙壖，鋤不厭多，稠則少種；』羣芳譜曰：『種欲砂地，生則無蟲，耕地欲熟，則少草。』良以萊菔之需用，在乎根部，土壤鬆軟，發育自佳，若粘重之土質，易生歧根；又因蓄水力強，多雨之秋，有致根塊破裂，易遭腐敗之患；然過於輕鬆之地，每患乾燥，有使品質硬化、甘味減少、辛味徒增之弊。

四、栽培法：

1. 秋萊菔之栽培法：

甲、採種及選種　萊菔易於雜交而變種，故宜每年自行採選，以保持其固有之品質。其法於收穫之際，選備具該品種之特性者，善為貯藏，待翌年春，作成寬八公寸之畦，株間距離相同，將根端稍少切去，而塗以灰，掘穴將根冠埋入地中，施數回稀薄之液肥，中耕培土，不可忽怠，至開花時，行適宜之摘心；俟莢呈黃色時，刈取而乾燥之，打落種子，陽光下晒一、二日，即可收藏。凡採種之地，不可混種其他十字花科植物，以免雜交。種子在播種前，宜嚴為選種，普通用水一公斗、鹽二公升至三公升之鹽水選可也。

乙、整地　萊菔之整地，耕鋤宜深而精細。普通萊菔多為麥類及工藝作物之後作，七、八月之候，耕土深半公尺，畦寬因種類之不同而異，大約為七公寸至十三、四公寸。

丙、播種　整地既畢，於前作成之畦上，隔五公寸至一公尺穿一適宜之穴，施基肥，稍覆土於穴之兩側，蒔下種子八、九粒，覆土壓定；如係砂土，要被覆草藁。播種之季節，亦因品種而異，七月下旬乃至九月上旬，為其適期。過早則易罹蟲害，過晚則根難肥大。

丁、管理　如種子優良，土質濕潤，則播後四、五日，可以一齊發芽；如土質乾燥，則須十日後，始能發芽；且其將來生育，亦不佳良。在發芽後一星期，可行第一次間拔，除去劣苗及雜草；再經十餘日，可行第二次間拔，施追肥；再經二星期，可行第三次間拔，每穴留一本，再施追肥，且行中耕培土；以後每隔二星期，淺耕表土，中耕施肥，繼續二、三回；採收前十餘日，更施一回人糞尿，則可得肥大品質佳良之萊菔。

戊、施肥　萊菔之基肥，粕類、米糠、人糞尿、堆肥、廄肥均可；至於追肥，則多用人糞尿。但肥料中如施用氮肥過多，則根部雖能發達，而甘味則減少；若施用多量之磷肥，則能增加其甘味。至施肥時，宜勿令種子接觸，否則常礙其發芽，且生育期中有多生鬚根之弊；故於基肥施入後，須十分令與土壤混和，然後播種，方爲安全。又據北平農民栽種萊菔，多不施肥，考其原因，謂萊菔鬚根甚少，其能吸收者，多爲上期之肥，故不如在前作物多施肥料，令土壤肥沃，較爲有益云。

己、採收及貯藏　採收期雖因品種而異，然秋季用種，則以十一月上旬爲最適。若失之過早，則收量少，色澤劣；過晚，則中成空洞，而肉質硬化，易於腐敗。貯藏之法，擇場內背風之地，挖二公尺餘深之窖，將萊菔排列其內，上蓋土砂一層，再排萊菔，其上再蓋以土砂，如是反覆操作，堆至適宜之高度爲止。其後因天氣漸冷，逐加以土，以禦寒氣，則可留至翌年二、三月之間。

2. 二十日萊菔之栽培法　其法先耕鋤土壤，使其膨軟，設寬一公尺許之畦，將腐熟之人糞尿、米糠、油粕等製爲液肥施下，使與土壤十分混和；然後撒播種子於其上，而淺覆以土，輕輕壓定。發芽後，行間拔使每株距離爲三公分內外；約三十日左右，便可採收；若經四十日以上，則組織粗老而生空洞。

3. 水紅萊菔之栽培法　水紅萊菔四時皆可下種，生長期短，自下種五、六十日便可採收。茲述其栽培方法如下：

甲、選種及泡種　由種子商購來之種子，宜先行選種，其法注水於杯內，約八分滿，然後將種子投入攪拌之，去其浮於水面，而用其沉於杯底者。又種子具有光澤者爲優，其陳舊而色黯不見光澤者爲劣；種子大而圓滿者爲優，小而扁平者爲劣。種子在播種之先，投浸溫湯片刻，再用濕布包裹，放置有蓋之瓦罐內，經一晝夜，其芽甲坼，然後播下，薄覆以土，則萌芽較速。

乙、風土　最適於水紅萊菔之土質以砂質壤土爲佳。氣候雖四時可種，第以北方論則春期種者，成績恆佳，夏季因溫度過高則稍遜，冬季宜種於溫室或溫床。

丙、整地　圃地擇晴天鋤起，曝露土塊於陽光下一、二日，然後施入基肥，細碎土壤，作成一公尺之平畦，以待播種。

丁、管理　播種後宜時時洒以水分，俾土壤濕潤，不致乾燥，以免傷芽。芽出後，宜行間拔，俾每株距離約六七公分。間出之苗，調以五味，可以生食，充作羹湯，其味甚美。生育期中，施以稀薄之水肥，則生長更爲迅速。

五、病害　萊菔之病害，有白銹病、褐斑病及斑葉病等，前二病見白菜。斑葉病之病徵，被害部初帶白色粉末，後漸生白毛，終成黑色斑點，葉遂枯死。防治之法：(一)燒棄被害莖葉；(二)除去十字花科雜草。

六、蟲害　有數種，分述如下：

1. 萊菔蜂　萊菔蜂爲圓形之小甲蟲，屬鞘翅目金花蟲科。體呈黑綠色，鞘翅有刻點，其後脚腿節甚大。體長約五公厘，穿莖葉成穴而產卵其中，產時必粒粒分離；卵作橢圓形，呈黃色。幼蟲作長橢圓形，色黑，體長約六公厘，全體均有肉質突起，觸之則環曲而落於地上。每年發生三、四回，以成蟲越冬，翌年三、四月間飛翔產卵，十月間發生最多。成蟲幼蟲均食害萊菔之葉。驅除法：(一)清潔圃地；(二)遇發生時，撒以除蟲菊粉木灰；或用除蟲菊石鹼水或用除蟲菊石油乳劑等之三、四十倍液；或於清晨用松毛刷刷落入畚斗中而殺之。

2. 白紋蝶　屬鱗翅目粉蝶科。成蟲全體白色，翅頂及中央有黑紋；體長約二公分內外，展翅闊七公分內外，卵產於作物葉裏，粒粒分離，色淡黃，作紡綞形；幼蟲全體呈綠色，長約四公分。每年發生二、三回，第一回在三、四月，第二回在六月頃。幼蟲食害萊菔之葉。驅除法：(一)用捕蟲網捕殺成蟲；(二)發見幼蟲時，散布除蟲菊粉木灰於植物葉上；或噴射除蟲菊石鹼水；或除蟲石油乳劑三、四十倍液；(三)保護小繭寄生蜂。

3. 切根蟲　切根蟲爲夜盜蟲之幼蟲，屬鱗翅目地蠶蛾科。全體肥大，作褐色，體長約二公分餘，展翅闊約五公分。卵每聚集成團，產於葉裏，每產約數百枚，卵爲饅頭形，卵初產時淡黃色，後漸變爲淡綠色。幼蟲體長可四公分，呈圓筒形，在二、三齡時，體呈綠色，四、五齡時變爲褐色，晝則潛伏土中，夜則出而爲害。每年發生二回：第一次在五月上中旬至六月下旬蛹化；第二次在九月下旬，至十一月下旬蛹化，即以蛹越冬。驅除法：(一)幼蟲初孵化時，聚集一處，可取而殺之；(二)食物誘殺法；(三)採卵除蛹；(四)保護寄生蜂及益蟲。

4. 鋸蜂　鋸蜂外觀似蠅，其形甚小，屬膜翅目鋸蜂科。頭胸均作黑色；腹部呈橙黃色；翅作淡黃色；體長約一公分。卵產於葉之組織內，孵化後，幼蟲食葉作孔狀。幼蟲作圓筒形，黑色，長約十六、七公厘，觸之則卷曲而墜落。每年發生二次：第一次成蟲於四、五月頃，產卵於十字花科植物上；第二次成蟲在九、十月間出現，以幼蟲態越冬。驅除法：(一)利用其墜落性而捕殺之；(二)噴射石油乳劑四十倍液；(三)舉行冬耕。

第二節 蕪菁

學名：Brassica Campestris, L. 英名：Turnip.

一、性狀及來歷 蕪菁之原產地在歐、亞二洲之間，世界各國自古栽培，我國自西伯利亞傳入，古時嘗有以之爲糧食者，現今歐、美諸國多充作家畜飼料。蕪菁屬十字花科，一年生或二年生，其成分如下：

水分	九四·〇〇%	蛋白質	一·六二%	脂肪	〇·〇七%
無氮化合物	三·九四%	纖維	〇·七一%	灰分	〇·七八%

二、品種 可大別爲通常蕪菁與瑞典蕪菁二類。前者葉繁茂而柔滑，裏面有小毛茸，鬚根甚少；後者葉小而粗糙，性質強健，能耐寒氣。

三、氣候及土質 蕪菁於氣候與萊菔相仿，不宜於高溫而好冷涼濕潤之氣候；土質以含有濕氣之壤土或砂質壤土爲最宜，粘土及乾燥過甚之處，根部難以肥大，過於輕鬆之地，根部雖能充分發育，而味不佳；粘質土，根雖不肥大，而味則頗佳。

四、栽培法：

1. 採種及選種　蕪菁之採種及選種，雖與萊菔相同；但大形者，不適於採種用，宜選土質中等形狀正齊而較小者用之。選種鹽水之濃度，爲水一公斗，和食鹽二、三公升。

2. 整地　整地須精細，耕鋤深度須二、三公寸，畦幅因根之大小而異。大約六、七公寸至一公尺。

3. 播種　大形種於作成之畦上，每隔四公寸，中形種每隔二、三公寸，掘穴點播；小形種則行條播。播種期自八月上旬乃至九月上旬；但在小種及洋種中之早熟種，自早春起隨時可以播種。瑞典蕪菁，則早春播種，秋季採收。

4. 管理　發芽後每隔五、六日，施以極稀薄之液肥，每隔二週間拔一次，間拔須分三、四回行之。點播者，每株留一本；條播者使株間距離爲一公寸，爾後中耕培土，不可忽怠，即可徐徐生長矣。

5. 肥料　蕪菁需用之肥料，與萊菔無大差。鉀肥除壚土外可以毋須施用，普通以過磷酸石灰及人糞尿於播種前施下，作爲基肥；生育中用人糞尿或腐熟之油粕，以水稀釋爲追肥。

6. 收穫　蕪菁之收穫因品種而異，收穫如失其期則色澤劣變品質不佳，大概以根部充分發育，葉枯槁時爲最適。

7. 病蟲害　病害有露菌病、根瘤病等，蟲害有鋸蜂、夜盜蟲等，其形態經過及驅除法已散見於各節。

第三節 胡蘿蔔

學名：Daucus Carota. L. 英名：Carrot.

第三十六圖 胡蘿蔔

一、性狀及來歷 胡蘿蔔之原產地有歐洲、亞洲二說，我國在元時自西域傳入。屬繖形科二年生之植物。葉自根出，爲三出羽狀複葉，葉柄甚長，可供食用。根紅色或黃色，多肉，富養分，含有香氣（第三十六圖）。其成分如下：

水分	八七・一二%	蛋白質	一・二五%	脂肪	〇・三五%
碳水化合物	七・四一%	纖維	一・一〇%	灰分	〇・七七%

二、氣候及土質 我國南北各省，均適於胡蘿蔔之栽培，土質則以肥沃之深層壤土，及排水佳良之沖積土爲最良，濕地雖能使根部肥大，然其品質及色澤則不佳；過於乾燥之土壤，則根部不能充分發育。

三、栽培法：

1. 採種及選種　當收穫之際，選擇形狀色澤良好、葉數少、中等大者爲種用，移植於幅大八公寸之畦上，每隔五公寸種一株，上覆藁類以防寒害，至翌年花梗抽出，摘除傍芽，使中心一枝生長發育，俟種子成熟，採收之，舖於蓆上晒乾，然後揉落貯藏。在寒地種根採收後，須善爲貯藏，至翌春始行種植。又在暖地專以採種爲目的者，於九月下旬播種，翌春採收亦可。種子以色澤新鮮者爲佳。並須行鹽水選，其配合量，每水一公斗加食鹽一公升乃至一·五公升。

2. 整地及播種　耕鋤須深，整地要精細，土淺則根難發育，不精細則根多分歧，或外皮生小突起使外觀不美。畦幅大形種約七公寸，小形種約五公寸。或大形種設一公尺乃至二公尺之畦，每畦上播二條。寒地早春播種，暖地春夏均可播種。在五月頃播種者，自晚秋至初冬採收，在七、八月頃播種者，翌春採收。但春季播種者，品質概良好。胡蘿蔔之種子，粒小而有毛茸，播種困難，故宜先用乾土或木灰混和，然後下種，淺覆以土。發芽後，薄覆以藁，以防乾燥及大雨洗去覆土之害。胡蘿蔔普通多行條播，又或每隔一公寸點播亦可。

3. 管理及採收　播種後十日乃至二週間發芽，初發芽時極纖細，除草困難，故在整地之時，務須精細以免雜草發生。苗生三、四葉時開始間拔，除去葉色濃綠或葉數多及其他不良之苗；其後經二週再間拔一次，使株距爲一公寸乃至二公寸。又每隔十日施以極稀薄之液肥，如平時施肥忽怠，一時施以多量，則根生突起，有損品質；生育期中中耕培土除草不可忽怠。採收期間自八、九月至翌年二、三月。

4. 肥料及病蟲害　當整地之時，充分施用腐熟堆肥爲基肥，播種時每地一公畝施用木灰三公斤，人糞尿五、六公斤污水十公斤，使與土壤混和；追肥多用人糞尿以三、四倍之水稀釋，分數回施與之；在採收二週前施用木灰，有使色澤美麗之效。蟲害有螟、蝗、夜盜蟲、蚜蟲等，已散見各節。

第四節　美洲防風

學名：Pastinaca Sativa　英名：Parsnip.

一、性狀及來歷　美洲防風爲歐洲之原產，紀元前已栽培於溫帶各地，今則各處均有之，我國近年亦有栽培之者。性狀與胡蘿蔔相類似，性質強健，患害少，收量多，根白色，富甘味，香味似胡蘿蔔（第三十七圖）。

第三十七圖　美洲防風

二、品種　品種甚多，著名者有三種如下：

1. Early Short Round　形小而圓，早熟種。

2. Long Smooth or Hollow Crown 作長圓錐形，收量多，富甘味，良種也。

3. Guernsey 作圓錐形，比前種短大，收量多，外皮滑，肉質柔軟，品種最良。

三、栽培法 採種及整地方法與胡蘿蔔相同。播種須用新鮮種子，陳舊者則失發芽力；又種子發芽力極遲緩，在未發芽前地面雜草務須拔去，否則幼苗將受草害而發育不良。三、四月間播種者，當年採收；八、九月間播種者，翌春採收。播種多行條播，深約一公分半，行間距離自三公寸至五公寸。發芽後，行間拔二、三回，其株距爲一・五公寸，屢施稀薄液肥，其他中耕、培土、除草等，均與胡蘿蔔相同。美洲防風，少受寒害，冬季露置地上，亦無不可；惟在土地凍結之處，則掘起困難，宜先爲採收，貯藏待用。

第五節 牛蒡

學名：Arctium lapka.

英名：Burdock

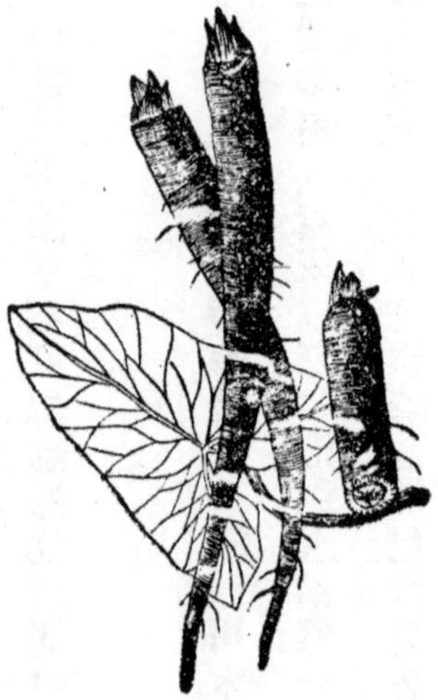

第三十八圖 牛蒡

一、性狀及來歷 牛蒡屬菊科植物，生於亞洲及北美等處。其重要雖次於萊菔及胡蘿蔔，自古已作蔬菜用。根肉爲纖維質，爲歐洲人民之所嗜好（第三十八圖）。其根之成分如下：

水分	七三・九三%	蛋白質	三・二〇%	脂肪	〇・一三%
無氮化合物	二〇・六一%	纖維	一・九四%	灰分	〇・八二%

二、氣候及土質　性強健，不擇寒暑。土質則壤土、砂質壤土、粘質壤土等均適，尤以由細土沖積而成之表土深排水佳良者爲最佳；若壚土、砂土等過於膨軟輕鬆之土地，則根心有易生空洞之虞。

三、栽培法：

1.採種及選種　採收之際，選備具有品種之特質者，移植於畦幅七公寸之畦上，株間距離爲五公寸，翌春耕耘施肥，抽生花梗，八、九月頃種子成熟，可以採收。或於十月頃下種，適宜間拔，使至翌年開花結實亦可。牛蒡種子經過二、三年，則失其發芽力，故以用新鮮者爲佳。凡優良種子均帶藍色光澤，內部充實而白色。

2.整地及播種　牛蒡之圃地，土要深耕，畦幅之大小，依根之大小而異，普通爲七公寸內外，多行條播。如行點播，則每距二公寸半，播下四、五粒，覆土後，再撒布切藁，以防乾燥及暴雨。播種期：分春、秋二季，春季三月頃播種，晚秋或初冬採收；秋季九月頃播種，翌年六、七月採收，春蒔者品質較良。

3.管理及肥料　播種後約十日內外，發生本葉，可開始間拔。間拔要二、三回，除去葉之特大及孱弱者，點播每株留一本，條播者使其株間距離爲一公寸半，而後中耕培土，不可忽怠。每公畝地，用廐肥八十公斤、人糞尿三十公斤、和藁灰十公斤爲基肥，第一回補肥用人糞尿二十公斤、水二十公斤混和施之，第二回補肥用人糞尿三十公斤、水三十公斤混和施之。牛蒡行連作則少生枝根，且得形狀整齊之根塊。

4.採收及貯藏　牛蒡俟根部肥大適當時，即當速爲採收，覆以細砂而貯藏之。

5.蟲害　有蚜蟲、象鼻蟲、椿象等。

第六節　婆羅門參

學名：Tragopogon Porrifolius，英名：Salsify or oyster plant.

一、性狀及來歷　屬菊科二年生草，爲歐洲東南地方原產，現今溫帶各處多產之。其根如牛蒡，外皮灰白色，長達三、四公寸，徑可半公寸，葉似韮葱，扁平而長，播種之翌春抽薹，高約一公尺，晚春或初夏之候，開淡紫色之花；根可煮食，有香氣如牡蠣（第三十九圖）。

二、品種　著名者有下列二種：

第三十九圖 婆羅門參

1. Mammoth Sandwich Island 根長大，風味最佳。

2. Long white 根長如前種，風味較劣。

三、氣候及土質 所需氣候與胡蘿蔔相同。土質喜輕鬆之砂壤土、壚土及表土深厚之肥沃地。

四、栽培法 早春深耕土地，精細整地，作成寬五公寸之畦，條播種子於其上，發芽後數回間拔，使株間距離爲一公寸，除草、中耕、施肥等工作，與牛蒡無異。至十月頃，根已肥大，可採掘以供食用。若欲貯至來春，可任其留存圃地上，但如過於乾燥皺縮或凍結，則有損於品質，到春季發芽前則必須採收。

第七節 菊牛蒡

學名：Scorzonera hispanica. 英名：Scorzonera.

菊牛蒡爲歐洲之原產，根似婆羅門參，外皮黑、肉白，花黃色。其烹調方法與婆羅門參相同，而香氣則更高；惟其外皮含有多少苦味，故外皮剝脫後，須浸水中數小時（第四十圖）。

第四十圖 菊牛蒡

菊牛蒡之氣候、土質、栽培法等，均與婆羅門參相同。

第八節 菾菜（火焰菜）

學名：Beta Vulgaris. 英名：Table beet.

一、性狀及來歷 菾菜屬藜科植物，原產地在地中海及裏海之沿岸地方，現今溫帶各處均栽培之。菾菜分蔬菜用、飼料用及採糖用三種。本節所述專指供蔬菜用者而言，而蔬菜用菾菜又分食葉、食根二種（第四十一圖）。

第四十一圖 菾菜

二、品種 蔬菜用菾菜，葉根均呈赤色，根心多有赤白色之斑紋，其著名品種如下：

1. Burpees black red ball 早生種，葉多帶紫色，根圓，徑達一公寸，鬚根少，肉濃紅色，質柔軟多漿，富甘味。

2. Crimson globe 早生種，形狀似前種，肉鮮紅色，微呈輪狀，味甘美。

3. Eclipes 早生種，根圓而小，肉深紅色，有淡色之環紋。

4. Dreers excelsior 早生種，根形似蕪菁，濃紅色。

三、氣候及土質 菾菜好溫暖濕潤之氣候，宜輕鬆肥沃之砂質壤土及壚土。

四、栽培法：

1. 採種 收穫之際，選擇形狀端正者埋置細砂中，翌春四、五月頃，移植於寬八公寸之畦上，每隔三公寸內外，栽植一個，花梗抽出後，附以支柱，以防倒伏，並摘中心之花梗，使其分枝，至秋種子成熟，刈取乾燥，揉落貯藏，其種子之生活力能保持五、六年。

2. 整地及播種 早春深耕土壤，精細整地，作成寬五公寸乃至八公寸之畦，施下基肥，每隔二公寸，播下種子三、四粒，淺覆以土。菾菜種子，外皮厚，發芽困難，故宜先行浸水二三日，然後播種。播種之季節，三月中旬乃至四月下旬，或秋季八、九月間播種，翌春採收亦可。

3. 管理及肥料 幼苗有二、三葉時，可行第一回中耕及間拔；再經二、三週，可行第二回中耕及間拔，使每株單留一本，至夏季行第三回中耕時，須培土根傍。生育中施稀薄液肥二、三回，則生育良好，每公畝地用人糞尿五十公斤，或油粕大豆粕二·五公斤、木灰三公斤爲基肥，用人糞尿五百公斤，加二、三倍之水稀釋，分二、三回施之；有機質缺乏地方，在整地時，鋤入堆肥七、八十公斤。總之菾菜肥料，不充分則品質粗硬，而根難肥大。

4.採收　早春播種者，七、八月頃採收，秋季播種者，翌年春季採收，晚秋採收者，冬期堆置窖室，得以安全貯藏。

第九節　百合

學名：Lilium Japonicum　英名：Lily

一、性狀及來歷　百合屬百合科(第四十二圖)。世界各地均產生之，種類極多。供食用者為卷丹（Lilium Tigrinum）及山丹(Z. concolor)二種。卷丹夏日於其頂端開數個赤色之花，葉腋生黑褐色之小球；山丹比卷丹全體矮小，花有紅、黃二種，葉腋不生小球，而鱗莖亦小。百合之鱗莖富澱粉，有甘味，煮食風味頗美。其成分如下：

水分	六九・六三%	蛋白質	三・三四%	脂肪	〇・一一%
無氮化合物	二四・一五%	纖維	一・四二%	灰分	一・三五%

第四十二圖　百合

二、氣候及土質　百合雖不擇氣候，但以寒冷之地所產者品質優良。土質以排水佳良，而不失乾燥之壤土爲宜，富於有機質之沃土，生長最盛，鱗莖不生汚點，味亦美。

三、栽培法：

1. 卷丹之蕃殖　卷丹之繁殖，用小球芽或鱗莖，種子亦可供繁殖用；惟須長期年月，始得收穫，是其不利。用小球芽蕃殖者，於秋季十分成熟時採收之，設適宜之床地，上盛肥土，播下小球芽，淺覆以土，並散布堆肥；翌春發芽後，施用油粕之粉末一、二回，勤行除草，當年秋大如鷄卵，十一月間可定植於本圃。

2. 移植及肥料　本圃須預爲深耕，作成寬六、七公寸之畦，每隔三公寸，栽種一球。栽植之翌年開花，如要鱗莖肥大，必須在開花前摘除其花梗，小球芽除必要外，宜在其幼少時期間除若干，當年秋可採供食用，或作繁殖用。肥料用大豆粕及堆肥等之腐熟者，於栽培前施入土中，上覆以土，然後種植鱗莖。若鱗莖直接與肥料接觸，則有生汚點之害，人糞尿之害亦同。補肥於春夏之交用腐熟粕類稀釋，數回施與，則生長迅速。

3. 山丹之蕃殖　山丹不生小球芽，故其繁殖專用鱗莖。其法於秋季採掘鱗莖，取下鱗片，撒布床地上，覆土蓋藁，翌年鱗片之下端結小球，漸漸生長；又或於六月頃，掘採鱗莖而移植之，則可生許多之小鱗莖，秋季掘取，移植本圃亦可。畦寬爲五公寸，每隔一·五公寸栽植一個。栽培山丹，亦以採收鱗莖爲目的，雖任其開花，但不任結實，花色美麗，可截取出賣。

四、蟲害　有鐵砲蟲、蚜蟲等。

第十節　芋

學名：Colocasia Antiquorum.　英名：Taro

一、性狀及來歷　芋爲天南星科宿根植物，原產地在東印度。球莖頗大，葉楯形、全緣、平滑、綠色、帶白粉，有柄自球莖直出，長達半公尺以上；花篦爲披針狀，比肉穗大，雄花集於花序上端，雌花在其下部；地下球莖含澱粉頗多，我國南北各省均自古已栽培之。茲示其供食用部分之成分如下：

品名	水分	蛋白質	脂肪	碳水化物	纖維	灰分
青芋	八五・二〇	一・四〇	〇・〇八	一一・七〇	〇・六三	〇・九九
八頭芋	六八・八一	二・七八	〇・二九	二五・六九	一・一五	一・二八
莖芋	二二・三四	四・〇八	二・〇九	四一・〇三	二一・六三	八・八三

二、品種　芋之種類甚多，李時珍曰『芋屬有水旱二種，旱芋山地可種，水芋水田蒔之，葉皆相似，但水芋味勝，莖亦可食。』唐本草注：『芋有六種，卽青芋、紫芋、眞芋、白芋、連禪芋、野芋是。但野芋毒

不堪噉；青芋初煮時，當以灰汁易水煮熟堪食；真白連禪紫四芋毒少，蒸煮冷噉均宜。』茲摘錄日人大脇正諄氏所述之品種舉之如下：

1. 里芋（青芋） 莖葉淡綠色，親芋一個生子芋十數個，產量豐宜煮食（第四十三圖）。

2. 多田芋 性狀與前者相似，子芋大，為早生良種。

3. 鳩谷芋 子芋小，最早生。

4. 鶴子芋 莖葉大，收量多，芋頭部大，下部小，品質良好。

5. 八頭芋 莖暗赤色，長大叢生，少生子芋，莖部及芋均可食，味美（第四十四圖）。

6. 唐芋 莖與八頭芋相似而較為長大，子芋少，親芋甚肥大，風味最佳。

第四十三圖 青芋

第四十四圖 八頭芋

7.蓮芋　莖極大，淡綠色，專採莖供食用，味頗美。

三、氣候及土質　芋好溫暖濕潤之氣候，故溫度雨水充足之年，則收量頗豐。土質以河邊輕鬆深軟肥沃之沖積壤土爲最宜，但其地如有水停滯，則有害生育，故排水亦宜良好。

四、栽培法：

1.整地及播種　芋性忌連作，與莖葉菜類輪作最佳，普通栽於麥畦之間，或前年萊菔、蕪菁等採收後之跡地，早春耕起，設七公寸內外之栽溝，施基肥，大形種每隔四公寸，小形種每隔二、三公寸，直放親芋一個，而覆以土三公分許。每公畝約需種芋五公升，播種期在三、四月頃。

2.管理及肥料　芋下種後，約二、三週間，便可發芽，然亦有先行假植於砂土，待發芽後，始行移植於本田者。發芽後，須勤除草。種於麥畦間者，麥刈後即須耕耘，自發芽至本葉生五、六片時，須中耕培土二、三回，生育期中親芋之傍，往往發生子芋，有害親芋之生長，於培土時宜摘去之，但如欲多生子芋時則可任其生長，肥料宜多用，大抵每公畝用堆肥百公斤作基肥，生長後，再施用人糞尿五、六十公斤，其後每月更施水糞一次，或一次用油粕十公斤。

3.採收及貯藏　採收之期沒有一定，早種自七月下旬起，可以開始採收，普通在十月、十一月頃，見葉已衰敗，自根際切去葉片，然後掘起芋子，分其大小，以大者先行出售，小者可暫行貯藏。

其法選乾燥之地，掘深一公尺寬一公尺之溝，以藁草舖底，然後以子芋排列其中，其上再舖藁草，而復排列子芋，如是反覆操作，至滿爲止，乃蓋以乾土半公尺，且令成屋頂狀，以免水分之流入。

五、病害　病害以疫病爲最烈，初起時葉上現紅色斑點，旋現黑色而枯死，其防治法可注射波爾多液及燒棄病株以去之。

六、蟲害　蟲害以烏蠋爲著，烏蠋形大而色綠，幼蟲害芋葉，蛹黑褐色，春暖化爲灰色之蛾，蛾之前翅，自中央起至前緣角止，有一灰色條紋。防除法：（一）捕殺幼蟲及蛾（二）行冬耕凍死其蛹。

第十一節　薯蕷

學名：Dioscorea divaricata.　英名：Chinese yam.

一、性狀及來歷　薯蕷又名山藥，其原產地各因其品種而異，如大薯(Dioscorea olata)屬東亞原產，長薯(D. Batatas)屬中國原產，山薯屬日本及中國原產。薯蕷在中國及日本栽培甚多，除充作食用外，尚可供藥用，自公元一八四八年，有法國領事自上海持種歸國以行傳播，現今種之者已日漸加多矣。薯蕷爲薯蕷科植物之一，係蔓生之宿根植物（第四十五圖）。葉柄長，葉形如心臟，葉面暗綠色，有光澤，莖細，好纏繞他物，莖之長者達一公尺以上，其蔓每年枯死；根部亦每年新陳代謝，而次第肥大；花小色白，雌雄異株，花叢生於葉腋而結實則甚少，秋間由葉腋生出球塊，是名零餘子，具不定芽，可供食用或繁殖之用。根部之形狀因品種而不同，有成棒狀者，有成塊狀者，亦有成掌狀者，外皮普通呈黑褐色，亦有土黃色者，根鬚叢生，切斷而植之，可生不定芽而另成一新植物；皮粗而肉白，具有粘質，多含澱粉，富於滋養料，食之甚爲有益。其成分如下：

水分	七六・一九%	蛋白質	二・八一%	脂肪	〇・一二%
無氮化合物	一七・九〇%	纖維	一・七八%	灰分	一・一七%

第四十五圖 薯蕷

二、品種 薯蕷品種甚多，以產於蜀中及南京者爲最佳。授時通考云：『南京者最大而美，蜀道尤良，入藥以懷慶者爲佳。』現今普通分爲大薯、野山藥、長薯、一年薯、佛掌薯（銀杏薯）、鵝卵薯、黃獨等七種。

三、氣候及土質 薯蕷爲熱帶之原產物，故好溫熱濕潤之氣候，然在我國南北各省均可種植。土質以排水佳良之砂質壤土爲優。如在強性之粘土，則有礙其根之生長，如在濕潤之土，則根易腐爛；產於砂礫土者，皮肉粗惡，品質拙劣，產於粘質壤土者，根雖中常，然而肉質密緻，雖經煮熟，全體不致縮小，品味亦佳。

四、栽培法：

1. 繁殖　薯蕷之繁殖法有二種：一用零餘子繁殖者，一截斷薯種以行繁殖者，後法比前法收穫雖較速，而需用種量甚多，不適於大栽培之用；且其生長發育，因薯種部分之不同而有參差，蓋着蔓之一端，其發芽力恆不佳良，而尾端之部則徒茂莖葉，薯之發育不佳，故普通多用零餘子以行繁殖。做種用之零餘子，應於秋季，選擇十分成熟、形狀強大之子粒，混和土砂貯藏於地中，至翌春四月，取出下種於苗床，善為培養，秋季可得二公寸長之小薯，翌年始行移植於本圃。用種薯繁殖者取薯切斷，約一公寸長為一片，切口塗以木灰，即可下種。

2. 整畦及栽種　先將圃地深耕細碎，隨施基肥，作成寬約五公寸之高畦，每隔三公寸內外定植一株，或放置薯種一片，覆土半公寸，灌之以水，上蓋草藁，約經月餘，即可發芽。栽種時期自三月中旬至四月中旬。

3. 施肥及管理　薯蕷之肥料，以堆肥、廐肥、草木灰、油粕等為基肥，每公畝用量堆肥約七十公斤、草木灰二公斤、油粕三公斤、過磷酸石灰一公斤，充作基肥，更用人糞尿五、六十公斤為補肥，於發芽後分三、四回施給之。薯蕷之管理即自發芽後隨其蔓之伸長，支以竹枝，令其纏繞，蔓葉過於茂盛，宜行摘心，或摘芽以助其根部之發育。又若割去小薯，勿令根多，亦可使根長大。此外中耕除草等，均須注意。

4. 採收及貯藏　薯蕷栽培經二年後，其根已肥大，自秋季落葉後，至春季發芽前，隨時可以採收。其手續先摘葉腋間之零餘子，次掘地下根部。山藥性柔脆，易於折斷，故掘取及搬運貯藏時，宜加以謹愼。貯藏之法，或埋於土中，或裝之箱內，均無不可；懸於涼爽通風之處，日久而品味更佳也。

第十二節　馬鈴薯

學名：Solanum tuberosum. 英名：Irish potato.

一、性狀及來歷　馬鈴薯屬茄科植物，原產地南美智利國，我國俗名洋芋，爲多年生之草本植物。高至一公尺。塊莖生在地中，富含澱粉，可供食用；塊莖外皮有白色、有淡紅色，葉爲羽狀複葉，花爲合瓣，花冠白色或青紫色，

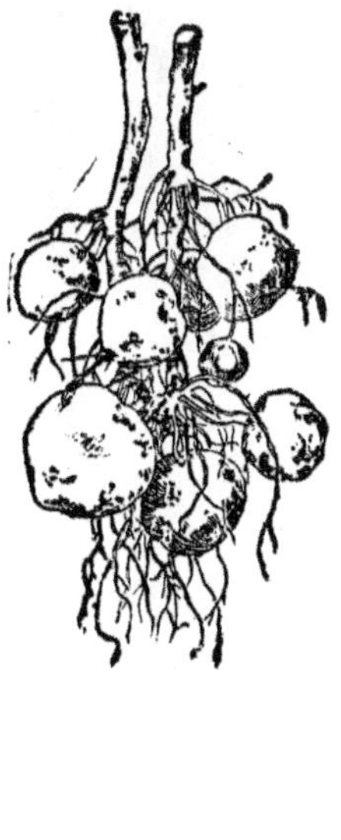

第四十六圖　馬鈴薯

集生於莖之上部。此物在歐洲，除充蔬菜外，為食用重要之作物（第四十六圖）。

二、品種　馬鈴薯品種甚多，不下數百種。茲述其著名者數種如下：

1. 早熟種：

甲、Early goodrich　美國種，狀如卵形，外皮帶黃褐色，中含澱粉甚富，生育強盛，產量豐多，肉質細密，能耐貯藏。

乙、Beauty of Hebrow　美國種，作橢圓狀，外皮略赤，肉質潔白，品質雖屬平常而產量豐多，能耐貯藏。

丙、Early Rose　美國種，橢圓形，肉黃色，品質中常，而收量甚豐，每年能種二回，故栽之者衆。

2. 中熟種：

甲、Chicago Market　此種收量甚豐。

乙、Snow Flake　美國種，狀略作橢圓形，皮粗，色黃，肉質白潔，富於澱粉，並堪貯藏。

3. 晚熟種：

甲、White Elephant　此種產量甚豐，貯藏耐久，品味俱優。

乙、Dakota Red　此種能耐貯藏，亦少病害，形橢圓，色粉紅。

三、氣候及土質　馬鈴薯好寒冷氣候，我國北方各省栽植最宜；土質以土層甚深且風化之壤土爲最宜，然砂土及粘土亦可栽培之。

四、栽培法：

1.選種及下種　栽培馬鈴薯之法雖有種種，然普通所行者多用種塊下種，其法選形狀端正、無病蟲害之薯，切成大小相彷之塊，切時勿傷其眼（第四十七圖）蓋薯之皮上現有多數之眼，下種後由生眼之處發芽，若切傷之，則不能發芽矣。薯切開後，切面隨塗以草木灰，俟其略乾乃可下種。下種深度：砂土約一公寸，粘土約半公寸。播種時期，春種者暖地在二、三月，寒地在四、五月；秋種者多在八月間。

第四十七圖　馬鈴薯眼

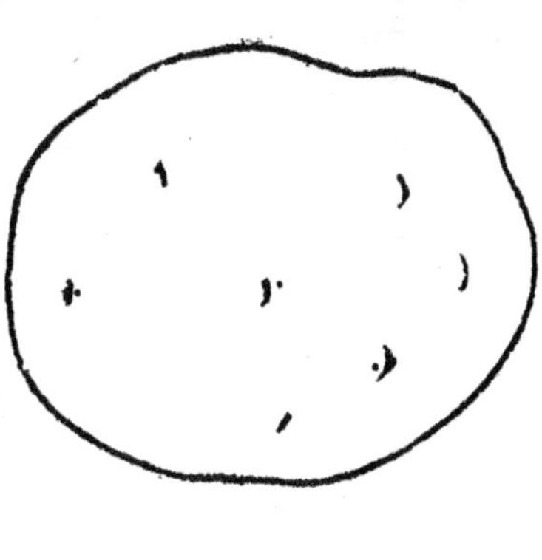

2.施肥及管理　薯已出芽，每每小芽叢生，待其長至一公寸時，可行摘芽一次，每株僅留一強壯之芽，及至二公寸時，如再有叢、芽雜出，再摘除之，仍留強壯者一株，斯時宜行施肥及中耕等工作。施肥之法於每株之下，將表土挖開，施入熟糞一把，隨蓋以土，同時將溝傍之土，培壅於根際，令溝與地相平；及夏至前後薯之生育漸盛，此時更宜培土一次，以培至一公寸半高爲度。

3.**收穫及貯藏**　供蔬用者，隨時可以採收，否則須待其老熟後，始行採收；惟勿令過老，老則皮上生瘤，品質大減；亦不宜太嫩，嫩則易於腐敗，不堪貯藏，且收量亦少。既採收後，可嚴爲挑選，如見有損傷及受蟲害者，挑出卽時付賣，其完全優良者留存貯藏。預備貯藏之薯，先去其皮上之土，堆在蓆上，俾水氣略爲蒸發，免致將來腐敗，然後搬入於乾燥之土窖中放置之。其較精者，則用寬約五公寸、長約六公寸、深約半公寸之木箱，將薯平列於箱中卽可。最要緊者，貯藏中須使空氣流通，否則必發熱而腐爛。

五、病害：

1.疫病〔Phytophthora infestans, (mont)De Bary〕　其病狀始於被害之葉面，現暗色病斑，繼變褐色，復變黑色，遇雨則軟，此病若天氣陰濕，病斑則漸次擴大，蔓延全葉，遂行凋萎；根塊部亦常受病，陰雨纏綿時，莖塊多腐於土中，甚至收穫全無者。防治之法：(一)選用無病及免疫性之品種；(二)注射波爾多液；(三)少施氮肥；(四)使圃地排水良好；(五)薯塊貯藏時撒布石灰。

2.青枯病 (Bacillus Solianacearum, E. F. Smth.)　是病初起時葉則日間萎軟，夜間復活，檢視其莖則其內部之髓質已有軟化作用，再經數日則變爲黑褐色，竟至枯死，莖塊亦受其害。防治之法：(一)受病根株，宜卽時拔去燒卻；(二)發病之地撒布石灰，以免病毒傳播；(三)行輪栽法。

六、蟲害：

1. 二十八星瓢蟲　是蟲爲甲蟲之一種。分大小二種：大者體長一公分餘，小者體長不及一公分，狀作橢圓形，背上有星點二十八粒，有假死性，食薯葉爲害。驅除之方法：(一)撒布石灰乳劑(石灰一斗，石炭酸三合，清水六斗之混合液)；(二)噴射石油乳劑；(三)手捕。

2. 線蟲　此蟲細小異常，除馬鈴薯外，葱、蕎麥等均受其害，每侵入植物莖葉之中，及至植物受害腐爛，蟲則散處地上，以後如再栽馬鈴薯則繼續爲害，故其驅除之法，以行輪作爲最佳。

第十三節　甘露子(草石蠶)

學名：Stahys sieloldi 英名：Japanese artichoke.

一、性狀及來歷　東亞原產，爲唇形科之宿根植物。塊莖如蠶蛹狀，色白柔軟，味清淡，糖製鹽漬均宜。俗名螺螄菜，或名海螄菜，又名寶塔菜(第四十八圖)。

二、氣候及土質　甘露子不擇風土，各處均可栽培；但以溫暖濕潤之氣候；乾濕合度肥沃膨軟之土質爲最適。

三、栽培法　早春耕鋤土地，充分施用腐熟之堆肥，作成寬七公寸之畦，更施以人糞、油粕等，每隔二公寸，栽培球莖一個，覆土半公寸。四月中旬發芽，長至一公寸，施水糞，行中耕，並培土根邊，夏季繁育過盛，宜摘除頂端之莖，以助根塊之發育，九、十月頃，莖漸枯萎，可以開始採收。每株可得百數以上之球根。甘露子耐寒力強，任其在地上越年，不致腐敗，故一次栽種後，殘留數個爲種球，數年間可繼續採收。

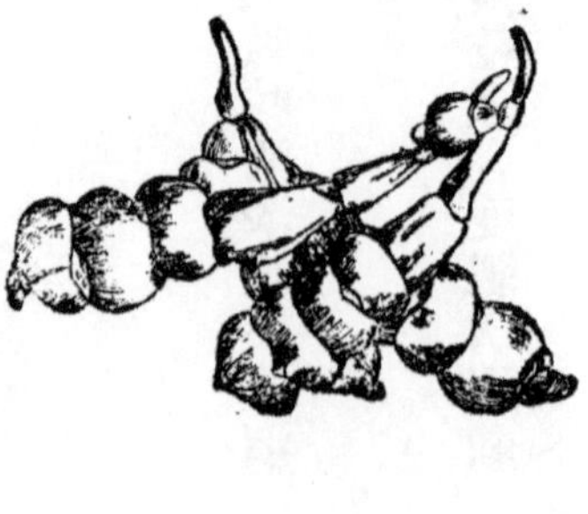
第四十八圖　甘露子

第十四節　蓮藕

學名：Nelumbo Micibera　英名：Lotus.

一、性狀及來歷　蓮爲印度原産，佛教視爲一種神聖之花，東洋諸國採其子實及根莖以供食用，在歐、美諸國則多作賞玩之品。蓮屬睡蓮科植物。其地下莖通稱曰藕，由數節連絡而成，長達一公尺；葉由地下莖之各節抽出，其甚小而浮漾於水面者曰錢葉，其全體甚大而浮於水面者曰浮葉，其直出水面挺然上生者曰立葉。六、七月間由立葉抽出花梗，開多瓣之花，花有紅、白二種，朝開夕合；果實爲蜂巢狀，內藏子實，嫩時可採之以供生食。茲將藕之成分示之如下：

水分 八五·三九%	蛋白質 一·七〇%	脂肪 〇·〇八%
碳水化物 一〇·八六%	纖維 〇·八四%	灰分 一·一三%

二、品種　蓮之品種甚多，我國古書所載不勝枚舉，就其色澤而言，有紅花、淡紅花、白花等三種，紅花者實多而根劣，白花及淡紅花者實少而藕佳（第四十九圖）。

三、氣候及土質　蓮爲熱帶原產，故好溫暖之氣候，寒冷之地則發育不良；土質則以表土深厚肥沃而富於有機質之壤土爲最佳，如土質過於粘重，則蓮藕發育不良，過於輕鬆則藕多曲折，而節短少。

四、栽培法：

1.繁殖　蓮之繁殖有二法：用種子者，於春四、五月間，以蓮子放在瓦上，磨破外皮，然後種植，以便出芽；惟因發育遲緩，用之者少。用藕者將藕每二節切爲一段，相去二公尺，埋入一段；地瘠者，每一公尺，埋入一段，或直行二公尺，橫行一公尺。

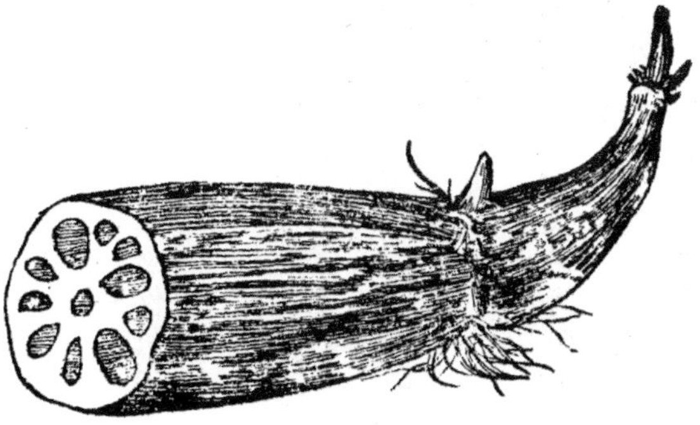

第四十九圖　藕

2. 整地及下種　如係新闢之田，周圍須築高畦，以便蓄水，田土要深耕，耕後略灌以水，使成泥濘狀，更施人糞尿，使土壤肥沃，至四月中旬，更灌以水，使水平田面，然後依上述之距離開溝，將藕種埋入，埋入深度約二公寸，種畢，灌以淺水，而後漸次增加，水量最後爲三公寸內外，至五月中旬，乃可發芽矣。

3. 管理及採收　發芽後即宜施以肥料，以油粕之類爲佳，氮肥不宜多用，以免腐敗。同時排去田中之水，除去雜草，並攪拌株間之土，令其膨軟。蓮生育中，宜保存其花葉，不可傷害，否則害根部之發育，惟至九月以後，即無關緊要，可將蓮葉摘去售賣。蓮好連栽，連栽則品質收量二俱增進。採收時期自秋季落葉後至春季發芽前，隨時可行。其法分二種：一、將藕全部掘淨，俟翌年從新再行種植；二、每掘藕二公尺，留六、七公寸不掘，俾翌年得爲藕種。兩法中以後者爲優。

五、病害　腐敗病爲藕最烈之病害，每發生於蓮藕上，病發生時，上部之葉則變黃色，漸漸向內捲縮，遂至枯萎。此病亦有傳染性，可由一隅而蔓延全田，受病之藕由節上先起，初呈紫褐色，後漸收縮，終至腐爛。防治法：(一)選取無病之藕爲藕種；(二)不得已時必用有病之藕種時，宜先浸石灰乳液數十分鐘以殺死病菌（石灰乳調合量石灰一公斤，清水六、七公斤）；(三)遇病害發生時，即掘去之，並多施石灰於其處；(四)多施石灰，少用氮肥。

第十五節　慈姑

學名：Sagittaria Sagittifolia.　英名：Arrow-head.

一、性狀及來歷　慈姑爲東亞原產，屬澤瀉科之宿根植物。我國及日本，自古栽培之。其球莖富含澱粉可供食用（第五十圖）。茲示其球莖之成分如下：

第五十圖　慈姑

水分	六九·二八%	蛋白質	四·二七%	脂肪	〇·二〇%
無氮化合物	二四·三六%	纖維	〇·四五%	灰分	一·四四%

二、品種　有二種如下：

1. 白色種　球莖白色，正圓形，肉緊密，略有苦味。

2. 青色種　球莖帶青色，呈橢圓形，肉柔軟，富甘味。

三、氣候及土質　慈姑喜炎熱乾燥之氣候，土質則與蓮藕相同，且要流水之地。

四、栽培法　早春選肥沃灌漑便利之水田熟耕之，施以堆肥、油粕、過磷酸石灰等爲基肥，恰如稻田之整地。四月中旬乃至五月中旬以球莖下種，行間相距約一公尺，株間相距約七公寸；栽植之時，田水宜淺，覆土深度，以芽上土厚一公分爲度；閱三旬後，行中耕施追肥，當球莖生長及半時，以手探土中，摘去小球，每株祇留形狀整齊體積肥大者五、六個。採收之期自秋季莖葉枯黃後，至翌春發芽前，隨時可行，惟宜先排去田水，然後用鐵耙仔細掘起。但土中球莖尚有殘留，翌年適宜培養，三、四年間，可以繼續採收。慈姑莖葉繁茂則少生球莖，故要少用氮肥，多施磷、鉀二肥。

第十六節　荸薺

學名：Eleocharis tuberosa.　英名：Water chestnut.

一、性狀及來歷　荸薺一名烏芋，又名地栗，爲莎草科多年生植物，高至一公尺餘，地下生球莖，其地上莖，圓形如管狀，呈綠色，花穗生於莖之頂端，如筆頭狀。爲我國原產，自古已栽培之。

二、品種　據本草衍義所載，荸薺可分二種：

1. 豬荸薺　皮厚色黑，肉硬而白。
2. 羊荸薺　皮薄，色澤淡紫，肉軟而脆。

三、氣候及土質　荸薺喜溫和之氣候，肥沃之砂質壤土，灌溉要便利之水田，種於富含腐植質之黑色土者，則皮厚肉硬，其味不佳。

四、栽培法　整地如稻田法，早春耕起田土，灌水攪拌，五月中旬選擇形狀端正肥大之荸薺，植於其中，行間距離約一公尺半，株間距離約一公尺，每處種荸薺一個，入土約四、五公分。又荸薺如與早稻混作時，每隔六、七公尺，留起一公尺半，種植荸薺一行，待稻收穫後，採取荸薺之新苗補種之，惟其株行距離較狹，以五公寸爲度。荸薺栽後一月，新枝叢生，可拔去其老株，田面常留半公寸之水，不可過深或乾燥。生育中除草中耕，不可忽怠。採收之期，自秋末莖葉枯死後至春季發芽前，隨時可以採收。貯藏之法，用荸薺與濕沙相混放置，可至七、八月之久。

第三章　果菜類

果菜類多屬於茄科及葫蘆科一年生植物，多蔓生，而屬於熱帶原產。此類作物最要之事項，須要多量之養料及水分，肥料宜三要素並重，並須摘心與整枝。蓋栽培果菜其目的在乎果實，如莖葉過茂，不加抑制，則果實無由碩大也。

第一節　茄

學名：Solanum melongena. L.

英名：Egg plant.

一、性狀及來歷　茄之原產地屬亞洲，上古之時，印度已栽培之，我國栽培亦極早，故其名稱亦多，有落蘇、小菰、崐崙瓜、紫膨脝等名。茄為一年生植物，屬茄科（第五十一圖）。我國南北各省俱栽培之。北方有生食者，普通則多熟食。羣芳譜云：『秋後茄發眼疾。』茄之性狀，可大別為二種：一曰木立性茄，

第五十一圖　茄

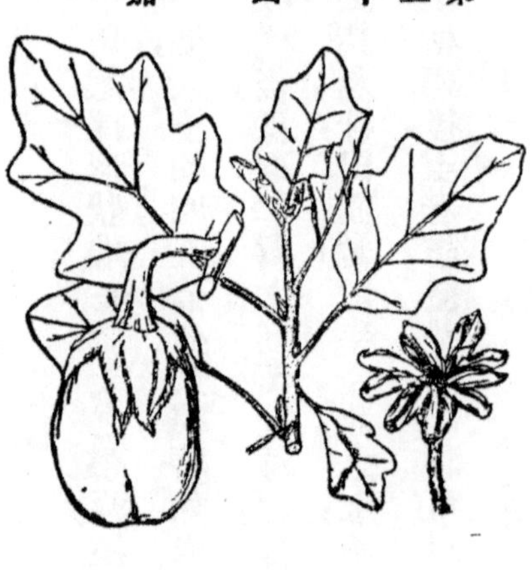

其莖粗長而分枝少，莖之高約一公尺餘；一曰繁生性茄，其莖細短，而分枝多。是二者，其莖均有木質髓，外皮堅厚，呈黑紫色或綠色或紫綠色之光澤；葉之周圍，有鈍缺刻，葉面粗糙，呈綠色及暗紫色，有生銳刺者；其花則爲淡紫色或白色，由五瓣至八瓣，萼部亦生銳刺；果實爲漿果，呈倒卵形或球形或長形，色澤有黑、綠、白及鮮紫等色之分。我國南方之茄多屬倒卵形及長形，呈白色或紫色；北方之茄多屬球形，概呈紫色。茲將茄之成分示之如下：

水分	九四·〇〇%	蛋白質	一·〇〇%	脂肪	〇·〇六%
碳水化合物	三·一一%	纖維	一·四一%	灰分	〇·四二%

二、品種　茄之品種甚多；就其色澤言，有紫、青、白三種；就其形狀言，有長茄、圓茄二種；就其成熟期言，有春茄、秋茄二種；春茄冬季播種，正月移植，三、四月間採收。茲述其各品種如下：

1. 依據美國蓓雷(Bailey)氏基於植物學上之性質，分爲下列三種：

甲、普通種　此種屬晚生種，直立而高，葉廣而厚，色紫，缺刻極鈍；花大，淡紫色，果實爲赤紫色或白色，呈長圓形或球形。

乙、長茄種　此種性質略如第一種，但茄形爲長形或如蛇

第五十二圖　長茄

形，先端略曲。

丙、矮生種　此種屬於早生之矮性種，性繁生，軟弱無刺，葉小而薄，缺刻少，花果亦小，結果甚多，呈黑紫色。

2. 我國現有普通之茄，分三種如下：

甲、大圓茄　此爲北平所產，果形碩大而圓，外皮紫黑，果肉白色，質甚柔軟，以供烹調，風味極佳。

乙、長茄　又名水茄，長七、八公寸，頂端彎曲，首尾粗細略同，其形似蛇，故有名之爲蛇茄者，紫色，葉色綠而有深缺刻，葉端尖銳，採取以早爲佳，遲則皮硬質劣（第五十二圖）。

丙、白茄　果大，皮作白色，有光澤，皮薄，用作烹調，其味嫩滑，我國南方栽培甚多。

三、氣候及土質　茄喜溫暖之氣候，幼時易蒙晚霜之害，故宜養育於苗床中；土質以富於有機質而排水佳良之壤土或砂質壤土爲最適，粘重之地易生龜裂，非其所宜。

四、栽培法：

1. 選種及採種　優良之種子狀豐肥、呈黃色、有脂肪樣之光澤，其作黑色者即已受鬱蒸之徵，不可用。又罹病害之果實及色淡未熟之果實，所採得之種子均不可用。採種之法，於結果最盛時，選色澤形狀良好者，每株留一顆，待其充分成熟時，摘取擘破，以水淘之，取沉者速曝乾收藏。

2. 播種及育苗　茄宜先播種於苗床，然後移植於本圃，普通於三月中旬，設溫床蒔種。床土最好用水田之土，或於播種前混入木灰若干，則可免病害之發生。床內溫度須在攝氏二十度至二十五度之間，茄生育中最怕寒氣，如溫度降至攝氏二十度以下時，則速加入馬糞落葉等發熱物補充之。欲其發芽迅速，先將種子浸水一日，然後蒔種，種畢，用篩薄覆肥土，更覆藁類以防乾燥，經二週間可以發芽；此時最忌寒氣，日間可使受陽光，夜間及雨天要蓋草藁，待眞葉開放後，則行間拔，使株距爲五公分，自第三眞葉開放時，可移栽於假植床，假植距離，畦幅一公寸半至二公寸，株間一公寸；要保持攝氏二十度以上之溫度，至五月上旬，霜害已去，可行定植。

3. 整地及移植　茄不宜連作，必須每年換地種植，曾種茄之地須隔五年後始可再種。栽茄之地，須預爲精細耕鋤，作成寬八公寸至一公尺之畦，每畦種二行，株間距離爲五公寸，乃於其處掘直徑二公寸之穴，施入基肥，與土混和，次以移植鏝再掘小穴，植苗其中，輕壓其根邊。最好設日遮或苗上覆以瓦盆，以防烈日，閱三、四日苗已活着，卽可將盆撤去。又有將茄種於麥畦間者，則種麥之時，條間宜寬，在刈麥三週前，亦如上述之整地，施肥掘穴，而植茄苗於其中，因受麥之蔭蔽，茄苗少受傷害。

4. 管理及施肥　茄既定植後，遇旱天宜常灌水，更以竹皮圈圍根頸部，以防切根蟲之蝕害；

莖桿長大時，須扶以竹棒，以防風吹倒伏；葉過茂時，宜摘去近地面之葉，及過密之葉。生育期內，中耕、除草、培土，不可忽怠，茄好鉀肥，磷氮二肥不可多施，多施鉀肥，不特能增加收量，且能抵抗青枯病、立枯病之害。普通每地一公畝大約須堆肥七十公斤、木灰六公斤、人糞尿七公斤爲基肥，油粕二公斤、人糞尿四十公斤爲追肥，分三次施之。施肥之法，與其他種蔬菜類不同，其法於距苗根一公寸半處，掘一圓溝，施第一次追肥，並行中耕，經旬日施第二次追肥，再經二週施第三次追肥，乃培土根傍，完成畦形。

五、病害：

1. 青枯病　見馬鈴薯。

2. 立枯病　此病爲害茄最烈之病，病初起時，於莖之接地部分，先現細縊，旋即乾枯而倒伏，病勢傳染甚爲迅速，一隅發現有波及全圃之虞。防治法：(一)施用多量木灰及石灰；(二)少施氮質肥料；(三)輪作。

3. 白絹病　是病亦爲茄病之烈者，病初起時，先於接觸地面之部分，發生白黴，終至軟化腐敗。防治法：(一)此病多發生於卑濕之地，故宜注意排水；(二)撒布木灰於根傍；(三)注射波爾多液。

4.茄果腐敗病　是病為害果實之病，先於果皮現褐色斑點，旋卽侵入蒂部，使果實墜落。防治法：(一)注意排水；(二)常注射二斗五升式波爾多液。

六、蟲害　有切根蟲、二十八星瓢蟲等均已散見各節。

第二節　番茄

學名：Lycopericum esculentum mill.　英名：Tomato

一、性狀及來歷　番茄原產地在南美秘魯地方，屬茄科一年生植物。莖枝繁茂，近於蔓性，果肉多漿，具特別臭味，生食能助消化，且可醫治肝臟病及腎臟病。歐、美各國需用甚廣，我國近年以來，通都大邑亦有栽培之以供生食者，亦可作觀賞植物之用（第五十三圖）。

二、品種　番茄品種甚多，茲舉其著名者如下：

1.普通種 Var Vulgare　果形大，外

第五十三圖　番茄

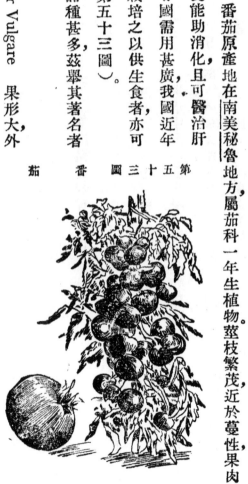

面平滑，而有縱溝，呈鮮紅色。

2. 櫻桃種 Var Chrasiforme 果形小而圓，有赤、黃二種。

3. 梨形種 Var Pyriforme 果形橢圓，若有頸瓶狀。

4. 大形種 Var Grandifolium 葉片甚大，長約一公寸，其數不過二對，幼苗及莖下之葉細長而無缺刻，莖高強健，果有黃色、赤紫色、赤色三種。

5. Sparks Earliana. 果形中大，外面平滑，呈鮮紅色，頗豐產。

6. Matchless 果形頗大，外面平滑，呈赤色，肉緊厚，味佳良。

7. Truckers Favorite 果形比前種稍小，帶紫紅色，外面平滑，肉軟且緊。

8. Livingston 果形大，早熟豐產，果皮平滑，呈鮮紅色。

9. Mikado 果形大，帶紫紅色，爲中熟之良種。

三、氣候及土質 番茄爲熱帶原產，故好溫暖濕潤之氣候；土質則以肥沃之砂質壤土爲最適。

四、栽培法 番茄之栽培手續大致與茄相同。述之如下：

1. 播種及育苗 於三、四月頃，播種於苗床，每距一公寸，條播一行，淺淺覆土，充分灌水，以促其發芽，發芽後假植三、四回，可供定植之用。

2. 整地及定植　春間耕起圃地，作成寬一公尺之畦，施以基肥，至四月中旬到五月中旬間，可行定植，每隔五公寸至七公寸，種一株。

3. 整枝及摘芽　番茄莖葉茂盛，則結果減色，故有行整枝之必要。整枝方法，有一本、二本、三本之分。行一本者，株間以五公寸為度，所有側芽悉行摘去，單留主幹，俟果穗發生三、四，止其先端，使其發育。行此法者成績最好，每株可得形狀優美豐大之果實七、八十顆。行二本及三本之整枝者，株間七、八公寸，當眞葉開放五枚時，舉行摘心，使發側枝數本，留其近於先端者三枝，使其結果，其他自下部及側枝所生者悉摘去。

4. 施肥及管理　肥料之用量，因土質而不同，在暖濕肥沃之地，每公畝用堆肥百三十公斤、過磷酸石灰二公斤為基肥；再用人糞百三十公斤分三次施之為補肥。第一回補肥，在植後數日間，第二回在六月上旬，第三回在七月上中旬。在普通之

五十四圖　番茄支柱

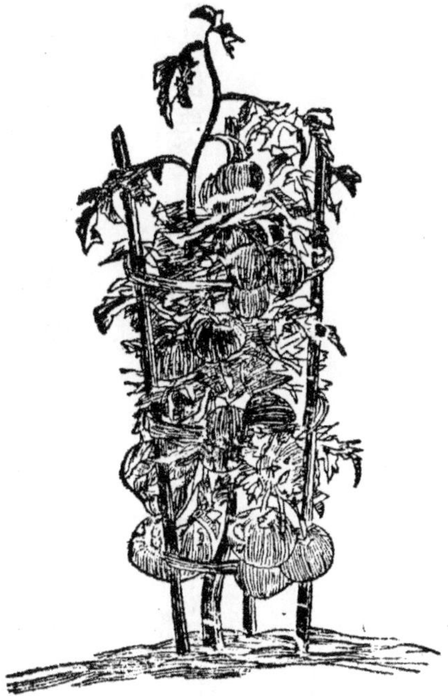

地，則須用堆肥百公斤，人糞尿十五公斤，過磷酸石灰、藁灰各二公斤爲基肥，補肥之用量及回數同上。番茄容易倒伏，故須扶以支柱，枝葉太茂之處，要摘去若干，使空光通透果實美觀（第五十四圖）。

5. 收穫及採種　果實成熟時，宜隨時採收，供生食用者有七分成熟時便可採收，欲運輸遠方時，可用鋸屑做塡充物放置木箱內。

五、病害：

1. 青枯病　見前。

2. 白絹病　見前。

3. 縮葉病　在初病時，葉面粗硬，纖而葉緣卷縮，遂至枯死。防治法：（一）少用氮肥；（二）勤行灌水，剪除害葉。

4. 葉炎病　病初起時，先於下部葉面，生灰褐斑點，漸及全部而枯萎。防治法：（一）噴射波爾多液；（二）使空光通透。

六、蟲害　果實害蟲如天蛾科之蝦殼雀、擬尺蠖科之木通木葉蛾、及小形木葉蛾等。防除法：用燈火誘殺法有極效。

第三節 胡瓜

學名：Cucumis sativus. 英名：Cucumber.

一、性狀及來歷 胡瓜原產印度，栽培越四千年，公曆紀元二百年前，傳入我國。屬壺蘆科，蔓性、一年生。生長期短，其結果情形因品種而不同，胡瓜不交配亦能結實，如以採種爲目的者則非行人工交配不可。茲示其成分如下：

水分	九六・六四%	蛋白質	〇・八五%	脂肪	〇・〇八%
碳水化合物	一・九六%	纖維	——%	灰分	〇・四七%

二、品種 大概以形狀可分爲三類：

1. 普通種 內中再分黑刺、白刺兩種。
2. 促成種 專爲促成栽培之用，形狀細小，光滑，顏色鮮綠，往往無種籽。
3. 紫色種 紅紫色，形大，表面有明瞭之黃色縱線。

三、氣候及土質 胡瓜好溫暖濕潤之氣候，土質則砂質壤土及壤土爲最宜。

四、栽培法：

1. 採種　胡瓜容易雜交，供採種用之胡瓜，宜選其第二、三次所開之花，行人工交配；開花之前，掛袋以免變種，並須多施磷酸肥料；至果皮變黃褐色十分成熟時，連株蔓採收，放置室內，約一星期，使行追熟作用，用刀剖開，於水中採落種子，洗淨晒乾，而貯藏之。種子發芽力可至四、五年，陳種子成熟更早，用作促成栽培，最爲相宜。

2. 播種及育苗　播種分直播、床播二種。床播者於三月頃設置苗床，床內溫度要在攝氏二十四、五度，將種子先行浸水一晝夜，然後播下，條間六、七公分，株距三公分，每處種一粒，覆土厚一公分，更蓋切藁於其上，約經一星期可以發芽，常用微溫湯灌溉。假植回數多者五、六次，少者三、四次，第一回在子葉時，其後每增本葉一枚假植一次，最末次移植使株距爲二公寸，假植床內夜間及日中須設置防寒及避熱之具。

3. 整地及定植　胡瓜之畦，早生種畦幅一公尺，晚生種稍寬。定植時期在暖地早生者四月上中旬，晚生者四月下旬，寒地在五月上中旬。苗之本葉有四枚至六枚時，可以從事定植。掘苗前一日灌水床地，以免宿土脫落，株間距離，早生種四公寸、晚生種五公寸，傍晚穩靜無風之日，移植最佳，幼苗要選短肥者，移植時先掘穴、施基肥與土混和，再塡以土，然後用鏝掘原穴下苗，並用二手輕掩苗根，撒斷藁於其上，並置常綠樹枝於南側，以防日光。

4.施肥及管理　胡瓜發育甚速，肥料不可稍缺。大概每公畝地，用堆肥五十五公斤、木灰二公斤、人糞尿百三十公斤爲基肥，另用人糞尿二十公斤，分二次施之爲追肥，第一回追肥，在定植後五、六日掘苗之周圍施之，再過十日，行第二回追肥，同時中耕，培土於畦上，每隔三株，竪立長一公尺半之竹幹，結草繩三條於其上，以便蔓之纏繞，亦有鋪麥稈於地上，任其自由蔓延者。

5.摘心　胡瓜除每節結果之品種毋須摘心外，其他品種，欲其結果繁多，非行摘心不可。摘心之法，即在本葉五、六枚時，摘去基部之心，使出二本枝蔓，此二枝蔓上，開雌花時，再摘其蔓端，使生側枝，開花結果如前，如此反覆行之，則可得多量果實矣。

五、病害：

1.露菌病　爲瓜類通有之病。病初起時，先於葉上生淡黃色多角形病斑，終則變黃而枯敗；病之傳染，自下葉而及上葉，爲時極速；病劇者，僅留尖端之二、三綠葉。防治法：(一)摘燒被害之葉；(二)於本葉三、四枚時噴射三斗式石灰波爾多液，以後每隔二週噴射一次。

2.炭疽病　本病亦爲瓜類通有之病。病初起時，於葉面現圓形黃褐色或暗褐色病斑，經日即成空洞，莖上病斑爲橢圓形，果實上病斑爲圓形，呈黑褐色、凹陷，陰雨連綿時最易發生。防治法：(一)使圃地排水良好；(二)勿使莖葉果實接觸地面；(三)噴射波爾多液。

六、蟲害：

1. 守瓜　屬鞘翅目金花蟲科。體大八公釐，橙黃色，有光澤，翅現斑點，形狀稍成方稜。每年發生一次，以成蟲態越冬，成蟲專食害瓜葉。驅除法：(一)淸晨用網捕殺成蟲；(二)幼蟲多集瓜根上，可掘取焚殺之；(三)未受害地撒布草木灰或除蟲菊。

2. 地蚤　屬鞘翅目金花蟲科。全體黑色而有光澤，其翅鞘二側各有一條黃線，故又稱黃條蚤。體長約五公釐，後脚發達，善於跳躍。每年發生四、五次，以成蟲越冬，成蟲食瓜葉爲害。驅除方法：(一)用闊板塗柏油，置畦之一側，再自他側驅之，使躍入板上粘住。(二)噴射除蟲菊石油乳劑三、四十倍液。

第四節　西瓜

學名：Citrullus Vulgaris.　英名：Water melon.

一、性狀及來歷　西瓜屬壺蘆科一年生之蔓性作物，莖極長，伸長速，葉深綠色，廣大粗硬，有深缺刻；雌雄異花，雄花始生於本葉三、四節處，雌花始生於本葉六節處，色黃形小，雌花之子房其形長圓，白毛叢生，受精後，漸次膨大成果；果有圓形、橢圓形之別，色有濃綠、淡綠、白斑之分，瓤有黃、白、淡紅、深紅等色，子有褐、黑、赤、白四種。西瓜爲非洲熱帶地方原產，栽培已歷四千餘年，我國古書記載，謂其來自西域，故名西瓜，日本自我傳入，不過三、四百年。西瓜之子雖可爲瓜子，但市上普通之瓜子，係另一種大瓜之子，俗名打瓜，肉酸而多子，肉不堪食，以採子爲目的。茲示西瓜之成分如下：

水分	九四·七六%	蛋白質	〇·一六%	脂肪	痕跡
糖分	四·七七%	纖維	〇·一〇%	灰分	〇·二一%

二、品種　西瓜種類甚多，茲分述如下：

1. 黑皮　此瓜在幼時其皮花，漸大則變青色，熟時乃變純黑色，皮上略露筋，形長圓，瓤黃子黑，皮厚砂瓤，最大者重達十公斤。

2. 青皮　爲西瓜中成熟之最早者，皮薄，瓤黃，子黑，味甘，汁多，肉嫩，砂瓤入口如砂糖，皮色豔麗，宜於作禮品。

3. 花皮　花皮俗稱花鈴，有兩種，一爲紅瓤者，一爲黃瓤者，紅瓤者子黑，黃瓤者子白，形狀長圓，皮薄，瓤厚，性質強健。

4. 白皮　其中品質最佳者，曰三白，即皮白、子白、瓤白是也。果實最大有重十五公斤以上者，性喜砂土，富於甘味。

三、氣候及土質　西瓜好高溫之氣候。排水佳良之肥沃砂質壤土。

四、栽培法：

1. 採種　於西瓜採收時，選備具該品種之特質且十分成熟者，收採後，放置屋內一週間，使完後熟作用，取出種子，用水洗淨，晒乾貯藏。西瓜易於雜交，採種之田，只宜種一品種。

2. 播種　西瓜雖可直播，但普通則以育苗移植者爲多。瓜子在播種前，須行浸種之手續。浸時，先備瓦盆多個，每盆浸一品種，傾入溫水，乃將籽投入，不斷攪拌之，約經三小時，乃去水，速用棉絮或蔴袋之類，將盆重疊密蓋，勿令暖氣走失，然後放置於溫暖之坑上；如坑漸涼，又須燒火，每日早、午、晚，各噴水一次，同時翻轉籽粒，如是約經三日，便可出芽。乃點插於溫床內，約離四、五公分插一粒，床內溫度須在攝氏二十度以上。又浙江慈谿北鄉地方，養苗之法甚簡便而經濟。其法將水田粘土築於木板上，厚約五公分，播下瓜子，遇陰雨天及夜間則收置室內，晴天無風之日則取出以受日光，其發芽亦甚迅速，管理上且比溫床爲便，每公畝需種子六十公分。

3. 整地及栽種　栽培西瓜整地工作最要周密。例須耕二次；即秋耕一次後，翌春須再耕一次。作成寬自二公尺至三公尺之畦，然後量地打池，普通西瓜，池寬爲二公尺，長爲九公尺，以八公寸爲秧池，以一公尺二公寸爲假池。所謂秧池者，即栽種西瓜之池；假池者謂將來西瓜盤蔓之地。

分配既畢，乃在秧池更用鋤深耕一次，深約二、三公寸，施下基肥，使與土摻和，然後乃可栽種。株間距離自一公尺半至二公尺，每公畝株數以百株爲度，入土深度粘土可一公寸半，砂土可二公寸半，栽畢，宜將土踏實，以保持水分。如行直播者大都在穀雨前五、六日下種，下種時在秧池之中打一寬約一公寸半深約一公寸之溝，用水灌滿，乘水分尚未乾透，點入瓜子四、五粒，覆土半公寸，約經一週，可以萌芽。

4. 施肥　栽培西瓜，須有多量之肥料，始能生長良好。普通每地一公畝，須用堆肥百公斤、油粕木灰各六公斤、過磷酸石灰二公斤爲基肥，人糞尿五十公斤，分三、四回施與之爲追肥。吾國北方種瓜，在瓜苗未栽種前，每秧池施入廐肥與大糞混合肥料約二十五公斤爲基肥；在播種後半個月內外，於離幼苗三四公分處，打溝灌入稀薄之人糞尿稱爲水肥；再經半個月，於瓜苗之北邊打溝，滿灌以水，施入人糞乾十公斤爲第一次補肥；再經半個月於瓜苗之南邊，照上法施給之，爲第二次補肥；或謂第二次補肥，施用油粕，可以增加甘味。

5. 管理：

甲、盤條　瓜蔓伸長二公寸時，即將其蔓向後方推倒，再用土稍爲抑壓，使其匍匐地上，更自後方繞向前方，俾其結瓜之位置，恰在假池之中央。

乙、壓條　俟瓜蔓長至七八公寸時，乃開始壓條，卽將瓜蔓引向前方，同時在秧池前面埂上，開一小眼，將蔓引入壓之以土，使其向假池伸長，壓條畢，隨卽灌漑一次，再隔三日後，行一次，凡三次而壓條之事始畢。

丙、留蔓　通常西瓜，每株留蔓二條，每條留瓜一顆，瓜之適宜位置，以在第二次壓條後所伸長之蔓上最爲合宜。

丁、摘心　欲行摘心，須先知西瓜結果之習性。西瓜自主幹第三、四節處，先生雄花，直至第十四節，始現雌花，十五節又生雄花，直至二十節再見雌花，此後每隔五雄花現一雌花；支幹則從第三節發現雌花，直至第十四節再生雌花。西瓜結果於主幹上者，形大味美成熟亦早，俟第二雌花發現時，卽可摘心。因第一雌花所結之實往往凋落不能成長，摘心後自結果節生出之側芽，須摘去之，其自他部發生之側枝，亦能開花結實，惟成熟期遲，而品質亦劣。

戊、灌水　自結瓜後二十天，每三日須灌水一次，凡三次，瓜便成熟。

6. 輪作　西瓜忌連作，連作則倒秧。茲示輪作之一例如下：

年次	旱田			水田		
	夏作	秋作	冬作	夏作	秋作	冬作

第一年	西瓜	白菜	麥	西瓜	蕪菁	麥
第二年	馬鈴薯	萊菔	麥	水稻		蠶豆
第三年	南瓜	蕪菁	蠶豆	越瓜	白菜	麥
第四年	里芋		麥	水稻		麥
第五年	茄	白菜	麥	西瓜		
第六年	胡瓜	蕪菁	麥			
第七年	西瓜					

7. **採收**　欲知西瓜之成熟否，可由下列數種情形察知之：（一）結瓜節上之卷鬚已呈枯死形狀；（二）瓜與土接觸之面已變爲黃色；（三）疊指敲瓜體發鬆脆聲；（四）皮面毛茸消失而滑澤；（五）投入水中卽上浮。

五、**病害**：

1. **露菌病**　見胡瓜。

2. **倒秧**　倒秧一病，於種西瓜最爲危險，此病未發現前，一切如常，一旦病發，不數日間則莖葉全萎。此病之誘因由於連栽及施用食西瓜期內所排之糞尿而起。

3. 水陰皮病　病發生時，瓜之外皮狀如人之疥癬，青皮瓜尤易發生，此病由灌水過分或不足而起。

4. 沙葉病　病初起時先於葉上發見斑點，有傳染性。防治法：（一）拔去病株；（二）噴射波爾多液。

六、蟲害　有守瓜、蚜蟲等，已散見各節。

第五節　甜瓜

學名：Cucumis Melo.　英名：Musk melon.

一、性狀及來歷　甜瓜屬壺蘆科一年生植物（第五十五圖）。蔓性，莖細長；葉作圓心臟形；雌雄同株，夏日開黃花。原產地南部亞細亞地方，栽培起原頗古。中國近年始有栽培者。

二、品種　甜瓜品種甚多，其著名者如下：

1. Rocky Ford　呈圓形或橢圓形，外皮全面有細網狀之突條，及數條之深縱溝，肉淡綠色，富甘味，芳香最高。

2. Extra Early Hackensack　形扁平，有明顯之網狀條紋，肉淡綠色，芳香濃，最早熟。

第五十五圖　各種甜瓜

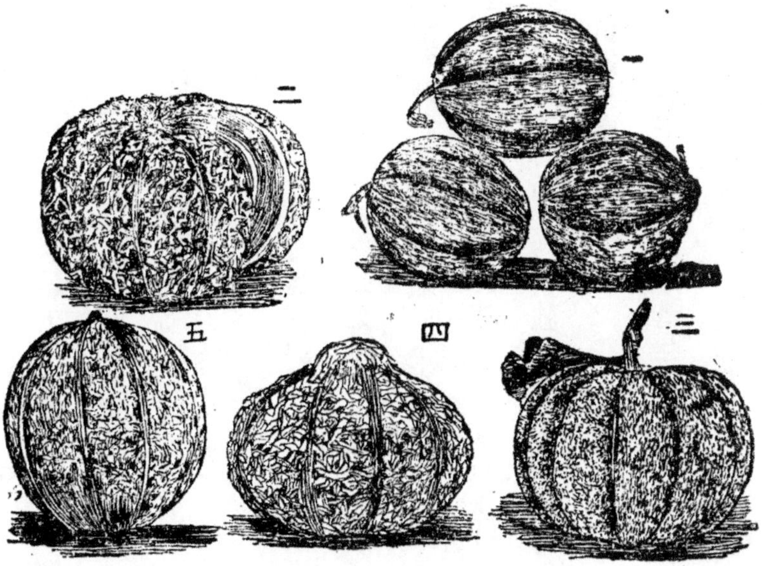

一 Rocky Ford

二 Extra Early Hackensack

三 Burpeés Jersey Button

四 Long Island Beauty

五 Paul Rose

3. Burpeés Jersey Button 形狀似前種，頂部有突起，味高富芳香。

4. Long Island Beauty 形扁平，有縱溝，網紋細，早熟，味甘而香。

5. Paul Rose or Petosky，形圓，外皮黃綠色，有縱溝及網紋，肉橙紅色，味甘而香。

三、氣候及土質　好高溫乾燥之氣候，肥沃之砂質壤土。

四、栽培法：

1. 播種及育苗　栽培甜瓜有直播、移植二法。移植者雖可早行收穫，然移植之際往往患於衰弱而失敗，非精於此道者不易得良好之結果。供移植之瓜苗，亦如種西瓜法，於三、四月頃，播種於苗床以養成之，播種時種子之尖端須向下方。

2. 整地及移植　圃地深耕後，作成寬一·四公尺之畦，每間一公尺穿一穴，施基肥，覆土五、六公分，乃於其處植苗二本，俟活着後留強壯者一本。直播時每穴播下種子五、六粒，發芽生長後，次第間拔，留強盛苗株一本。

3. 摘心　甜瓜對於摘心頗爲必要，葉生三枚時摘去一葉留二葉，使生二枝，二枝生五、六葉時，又摘心一次，使各枝發生四、五本之小枝，如是則可得甘美肥大之果。

4. 鋪草　畦上須鋪草藁，以防瓜實接觸地面而霉爛，其他應行注意之點，可參看西瓜。

第六節 南瓜

學名：Cucurbita pepo 英名：Pumpkin.

一、性狀及來歷　南瓜原產熱帶地方，屬壺蘆科一年生草本植物。性質強健，蔓性，伸長達十餘公尺。葉作心臟形，呈綠色，十之七、八，沿葉脈有白斑；雌雄異花，花如漏斗狀而大，色黃鮮麗，朝開夕閉；果形有扁圓、圓、紡錘等，皮色有綠、黃、赤等。茲示果之成分如下：

水分	九〇·三二%	蛋白質	一·一〇%	脂肪	〇·一三%
糖分	一·三四%	無氮化合物	五·一六%		
纖維	一·二二%	灰分	〇·七三%		

二、品種　南瓜品種甚多。據法國學者分爲三類：(一)無蔓南瓜，爲美國原產，矮性，專供夏季之需要；(二)冬南瓜，爲印度原產，形狀偉大，可貯供冬季食用；(三)番南瓜，爲日本及中國所栽培，與前二者不同，其特徵在果皮有條溝，且成熟時皮上現白粉。

三、氣候及土質　好溫暖氣候及砂質壤土，火山灰土等。

四、栽培法：

1.**播種及育苗**　秋季南瓜成熟時，選其形狀整齊十分成熟者，採取種子，用水洗淨，以供種子用。南瓜之播種直播移植均可，而以移植者爲良。三月下旬將種子播於苗床，一切手續與他種瓜類相同，惟苗秧移植回數須較多。普通於發芽後一週間，第一眞葉將放時，行第一回移植，株距一公寸；生第二枚眞葉時，行第二回移植，株距一・三公寸；生第三枚眞葉時，行第三回移植，株距一・七公寸（第五十六圖）。

第五十六圖　南瓜幼苗

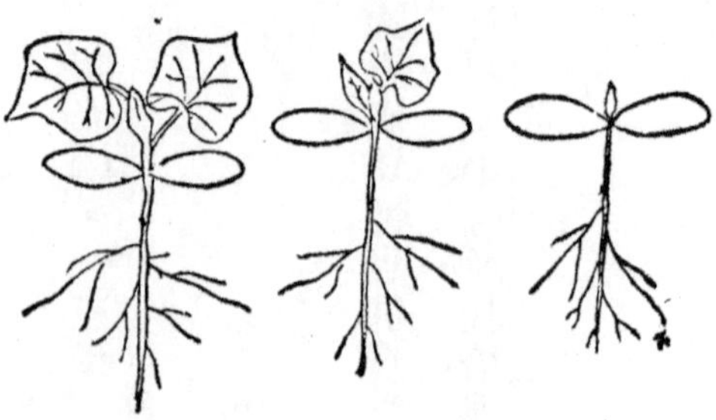

2.本圃整地及定植　本圃須預爲整地，作成寬二公尺至三公尺之畦，株間距離，依品種而不同，大約自六、七公寸至十三公寸，乃於其處，掘直徑三公寸，深一・七公寸內外之穴，施下基肥，使與土混和，其上再蓋腐熟肥土，然後植苗於其上。如行直播者每穴播下種子三、四粒，發生後行間拔，使每穴僅留一株，定植之時期，普通於五月上旬行之。

3.施肥及管理　苗定植後，俟根已固定，即施水肥，閱十日，再施水肥，行中耕，並培土根際，至六月上中旬，蔓已伸長，則施第二次追肥，中耕培土如前。圃地須鋪以麥稈，使瓜面不與土地接觸。每公畝肥料用量，大概用堆肥一百公斤、過磷酸石灰三公斤、油粕大豆粕三公斤爲基肥，補肥則用人糞尿數十公斤，分二回施與之。

4. 摘心　欲明南瓜摘心之方法，須先知其結果之習性。南瓜若任其自然伸長，在主幹十節以上，可生雌花；但所結之果實，易於墜落，而在側枝，則在四、五節處，有結果之性質，其後每隔三雄花生一雌花，故當其眞葉四枚處，摘去心芽，使生二本至四本側枝；如以收穫未熟之果爲目的者，自側枝四五節先端，再摘去心芽，使生枝蔓可也（第五十七圖）。

5. 人工交配　南瓜遇雨天不行人工交配，則不能授粉，故有人工交配之必要。其法於夕陽西下時，見花之欲放者，以葉覆之，使不着雨，翌日花開後，在上午八時至十時之間，用毛筆將雄花花粉，附着於雌花之柱頭上，使完成受精作用。

第五十七圖　南瓜整枝

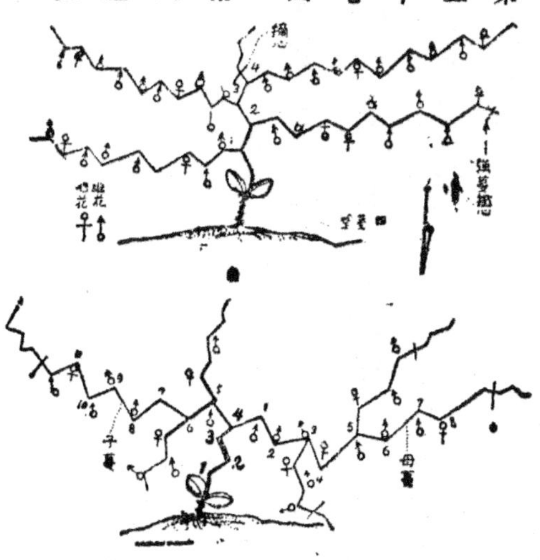

6. 收穫　南瓜自小至大，隨時可以採收，完全成熟之赤南瓜，可一望而知；青南瓜是否已完全成熟，應注意下列各點：（一）果梗上部變黃色時，（二）梗座附近現白粉時，（三）貼地之部分變黃時。

五、病害　露菌病見前。

六、蟲害：

1. 地蠶　見前。

2. 烟草螟蛉　屬蛾類，每年發生二、三次，第一次六、七月，第二次八、九月。翅展三、四公分，前翅暗黃，間有綠黃色條紋；幼蟲長三、四公分，運行似尺蠖，觸之屈服如環狀落地。可用糖液或燈火誘殺之，或日中在根邊搜殺之，或施用三、四十倍之石油乳劑亦可。

第七節　冬瓜

學名：Benincasa Cerbiera. Savi.

英名：White gourd, Chinese preserving melo.

一、性狀　冬瓜原產地在中國、印度等處。屬壺蘆科蔓生一年生草本。性晚生。至秋季始行成熟。果球呈橢圓形，未熟時外皮多生透明針毛，成熟後則分泌白蠟質而毛盡失；肉純白，多汁，有淡泊風味。

二、品種：

1.中國種：

甲、檸檬種　形扁圓而有光澤，皮綠色，每個重可二、三十公斤。

乙、扁核種　形略長，皮白色，肉較薄而帶酸，宜於糖漬。

2.日本種　早生，形小，肩部似臼。

三、氣候及土質　好長期高溫之氣候，寒冷地不能栽培。土質以粘質壤土或肥沃粘土爲最宜。

四、栽培法　冬瓜之栽培法，與南瓜相同。通常於四月上旬播種於苗床，約經二星期發芽；俟第一本眞葉將放時。行第一回移植；生第二枚眞葉時，行第二回移植；生第三枚眞葉時，行第三回移植；生第五枚眞葉時，行第四回移植。此時假植床溫度，須在二十二度以上。至本葉生七枚時。可以定植，其距離以 $1\times\frac{2}{3}$ 公尺爲適。俟活着後，便行摘心，使多生側蔓，酌留四枝，每枝留果一個。蓋冬瓜雌花於主幹上須十二節至二十節始生，枝蔓上則第三、四節可生雌花，自結果枝所生側枝，均除去之，免致莖葉繁茂。施肥方法及肥料用量與南瓜相同。花凋後三十七、八日果皮帶暗綠色而被白粉者，則可採收。又其種法，據便民圖纂云：『先以濕草灰拌和細泥，鋪地上，鋤成行隴，二月下種，每粒離寸許，以濕灰篩蓋，河水灑之，又用糞澆蓋，乾則澆水，待芽萌而頂灰於上，將灰揭下搓碎，壅於根傍，以水糞澆之。三月下旬，治畦鋤穴，栽四科。離四尺許，澆灌水糞，宜濃云。』此雖舊法，實含新理，故錄之。

第八節 絲瓜

學名：Luffa cylindrica, Roem. 英名：Vegetable sponge.

一、性狀及來歷　絲瓜爲印度原產，屬壺蘆科一年生蔓性植物。未熟時肉質柔軟，可供蔬菜用；老熟則纖維發達，取其纖維，可代海綿以洗浴或洗刷器物，及藥用，或靴底、帽心之用。

二、品種：

1. 中國種　徑大五六公分，長可一公尺，宜供蔬菜用，纖維不佳。
2. 達摩種　果梗細，至先端漸肥大，呈棍棒狀，纖維最佳。
3. 食用種　形狀細長，纖維不佳，有一種香氣及苦味，宜於蔬菜用。

三、氣候及土質　好高溫之氣候，土質以濕潤之砂質壤土爲最宜，河流沿岸水溝之傍，設棚培植，結果極佳。若種於乾燥之地，則蔓脆弱，瓜短小，纖細質硬，宜常澆水。

四、栽培法：

1. 播種及育苗　絲瓜可以連作。播種分直播移栽二法。直播在五月上旬行之，多爲麥類後作，畦幅一公尺餘，株間一公尺處，播下種子四粒，種子之尖端須向下，各粒相距一公寸，蓋土二、三公分，再覆草藁，以便發芽。移栽者，在四月上中旬行之。如以採供蔬菜爲目的者，可再早十日。亦如他種瓜類，播種於苗床，每距一公寸，插下一、二粒，注意灌水及溫度，約經十餘日，可以發芽，每處選留一株。

2. 移植及管理　俟苗秧第三眞葉將放時，將圃地作成寬八公寸之畦，每隔七公寸，栽種一株。直播者生眞葉二枚時，可行間拔，每處留一株；對於中耕除草培土等，不可忽怠。天旱尤宜勤爲灌水，根際厚覆草藁，在苗活着後，卽須於其上建高一公尺半之棚，以供蔓之纏絡。

3. 摘心及施肥　絲瓜生花狀態與衆不同，首先開放三、四雄花後，卽雌花繼之；且雌花有連續開放三、四朵之性質，是以分寸之間結數果者有之，遇此種情形時宜自尖端三、四節處摘心，俾得完全成熟。肥料大約每地一公畝，用堆肥五十五公斤、魚粕粉二公斤爲基肥，再用人糞尿二十五公斤爲追肥。其手續俟苗與土附着行第一次中耕，施人糞尿八、九公斤，閱十餘日再行中耕，施人糞尿十七公斤。又有分四次施之者，卽蔓長一公寸餘時，施堆肥一次，蔓長一公尺再施一次。蔓已繞棚施人糞尿一次。其分配法以全量二分之一施於瓜初結時，餘卽平分施於各次。

4. 採收　供蔬菜用者，在花落後十日左右可以採收。若製纖維或留種用者，須遲至五、六十日。

第九節 苦瓜

學名：Momordica charantia. L. 英名：Balsam pear.

一、性狀及來歷 東印度原產。為壺蘆科一年生植物。莖細長達數公寸。果皮厚，有突起，果色始青綠，次變白色，成熟則為黃赤色；嫩時可油煎鹽藏，或和糖煮食；完熟後瓤味甘美，宜於生噉。

二、品種 有圓形長形二種。

三、栽培法 與絲瓜相彷。

第十節 壺蘆

學名：Lagenaria Vulgaris. Ser. 英名：Bottle-gourd.

一、性狀及來歷 壺蘆為印度及非洲之原產。屬壺蘆科一年生蔓性草本，栽培起源，約在二千年前，我國自古栽培。嫩時煮食（第五十八圖）。

二、品種 有長圓種，形長而細；短圓種，如瓢狀。又按壺蘆有甘苦二種：甘者葉亦甘，苦者葉亦苦；甜者為蔬，苦者為器。

三、氣候及土質　好高溫之氣候。土質則不甚選擇；但以南向乾燥之砂質壤土爲最合宜。

四、栽培法：

1. 播種及育苗　播種有直播、移植二法。移植者三月下旬，下種於溫床，至五月上旬定植；直播者四月中旬下種，每穴四、五粒，發芽後草勢旺盛，即行間拔，留良苗一本，其管理法悉與南瓜相同。

第五十八圖　壺蘆

2. 移植及摘心　眞葉生四、五枚時，即可移植，栽培距離以蔬菜爲目的者，畦寬二公尺，株間一・三公尺；製瓢用者，畦幅八公尺，株間五公尺。第一次摘心在苗長半公尺，葉放七、八枚時，俟側枝生七、八枚時，再摘心一次。

3. 施肥及採收　施肥法與南瓜相同。供蔬菜用者，隨時可以採收；若製乾瓢用者，約在花萎後四十日，外皮之毛，由綠轉白，逐漸脫落時；若外皮不能爪傷，則老熟過度，不堪用矣。

第四章 莢菜類

莢菜類，在植物學上，謂之莢果，多屬豆科植物。因根部之根瘤菌能吸收空中氮氣，故施用肥料，以磷、鉀二肥爲主。此類植物，皆忌連作。生育中除豌豆、蠶豆外，皆需高溫，忌旱濕。土質好輕鬆，粘重土誤發芽；果實含蛋白質甚富，故爲調理上之要品。

第一節 豌豆

學名：Pisum Sativum. L. 英名：Sweet pea.

一、性狀及來歷 豌豆爲意大利原產。有紫花、白花二種，其性狀大略相同。但莢之品質頗有軟硬之差，卽紫花者爲農田用種，後者爲園圃用種。豌豆之蔓，圓形而粗大，中空而脆弱異常，節上生卷鬚。葉爲羽狀複葉，花蕾爲蝶形，在十葉以上之葉腋處抽出。豆之成分如下：

水分	一四·三%	蛋白質	二二·四%	脂肪	二·〇%
碳水化合物	五二·五%	纖維	六·四%	灰分	二·四%

二、氣候及土質 所適氣候在冬季溫和，霜雪雨水稀少之處，土質以粘重爲佳，砂壤土易生霜

柱，不宜用；但在溫暖之地，則輕鬆土較宜。

三、栽培法　豌豆忌連作，同地栽培，須隔七、八年後，故播種必選新地。寒地宜於春季三月間播種，暖地則在十月間下種。矮性種畦幅七公寸，株間三公寸，蔓性種畦幅一・三公尺，株間五公寸，每畦二列，每穴點種三、四粒。發芽後淺行中耕，時除雜草，略施稀薄糞尿。蔓性種又需立竹枝爲支柱之用。施肥每公畝用木灰八公斤，過磷酸石灰二公斤爲基肥。如土壤酸性强時，則宜加施石灰及草木灰若干。紫花者，須待其老熟，始可收穫；白花者則在莢青嫩時繼續採收，以供蔬菜用。

四、病害：

1. 白澁病　病發現時，於葉之裏面生白粉，繼即逐漸枯死。防治法：(一)使空光流通；(二)用二斗五升式之波爾多液混合石鹼五十五公分施之。

2. 菜豆炭疽病　此病菜豆、豌豆均發生之病，多現於豆莢上，病斑爲圓形或橢圓形，外繞黑色輪圈，內部少窪，作淡紅色，病斑漸大互相合併而爲一，莢遂致彎曲；種子亦生褐色污斑。防治法：(一)選擇無病之莢爲種子；(二)每隔二週噴灑三斗式石灰波爾多液一次。

3. 厭地病　此病在莖長六、七公分許，始見豆之生勢漸衰，葉生紫紅色之暈，結莢甚少，根瘤亦寡。防治法：(一)此病由連作而起，故宜行輪作；(二)每公畝施用木灰四公斤至六公斤。

五、蟲害：

1. 油壺蘆　幼蟲黑色，無翅，成蟲長三公分，色黑褐，前翅短，觸角長，尾具剛毛，雌者有產卵管甚長。防除法：卽朝夕捕殺，或晝間置薦藁等，俟其潛伏殺之均可。

2. 豌豆象蟲　屬鞘翅目豆象蟲科，蟲體爲黑褐色，長約四公厘內外。每年發生一次，以成蟲態越冬。春日飛集豆田中，產卵豆莢上，化爲幼蟲後，卽入居豆莢中食之，化蛹潛居其中，隨莢入倉內而羽化。防除法：(一)倉內用二硫化碳燻蒸；(二)擇晴天乾燥之日，曝晒陽光下殺死其蛹；(三)將受害之豆浸攝氏八十度熱水中一時許，取出曝乾。

第二節　菜豆

學名：Phaseolus Vugaris, L.　英名：Kidney bean.

一、性狀及來歷　菜豆又名龍牙豆。原產地未明，據近年學者研究，則謂其原產於南美。爲一年蔓生植物，生長頗速，蔓有纏繞性者，長數公尺；矮性種，則長不滿尺；葉互生，但第一葉則爲對生，每葉柄有三葉片合成，爲羽狀複葉；花爲蝶狀，其花數由二至八，花色有白色及藍色赤色三種；莢細長而尖，嫩時甚柔軟，爲蔬菜之要品。茲示其成分如下：

	水分	蛋白質	脂肪	無氮化合物	纖維	灰分
豆	一七・五二%	二〇・三〇	一・〇七	五三・一九	四・四六	三・四七
未熟豆莢	八八・五三	三・六八	〇・二〇	三・八四	二・八七	〇・九一

二、品種　菜豆之種類甚多，由蔓之有無可分有蔓、無蔓二種；由莢之性質可分爲硬莢、軟莢二種；由莢之色澤可分爲綠莢、黃莢二種；由花之色澤可分爲白花、藍花、紫花三種。

三、栽培法　分爲春季、夏季、秋季三法。春季法選早生矮性種於三月頃種諸溫床，每穴相距一・三公寸，穴播三粒，覆土半公寸，勤灌水，五、六日發芽，如葉已長大而外氣尚冷未堪定植時，可於防風床內行假植，每公畝苗床約一・五平方公尺，種量小粒三公升，大粒五公升。圃地須向南方傾斜或背風之處，冬時混入堆肥，至氣候回春，設畦幅五公寸，每距三公寸，栽植一株，爾後輕行中耕，薄施糞尿，植後二旬開花，再閱二旬已可採收。採收畢後，有留根株於圃地，施行追肥，以採收第二次嫩莢用。夏季法以種植蔓性種爲多，播種期四月至六月，多行直播，惟粘重土壤以移植法爲佳；畦間八公寸，株間四公寸，亦有作七公寸之畦，間爲通路，作一公尺之畦爲栽植地，並斜建支柱於畦上，使之纏繞枝蔓者。一公畝地以堆肥七十餘公斤、過磷酸石灰三公斤、木灰七公斤爲基肥，再於除草及中耕時，略施以人糞尿、自播後六十日可採嫩莢。秋季法之播種期在八月上旬，以氣候暖降霜遲之地爲宜，否則一遇霜害，每易枯萎。管理法與春、夏二季無異；惟此時寒氣侵入，莢雖完熟，不適爲採種用耳。

四、病害：

1. 炭疽病及白絹病　見前。

2. 菌核病　此病發生時，葉腋部初現黃褐汚點，繼生白色黴胞，遂腐敗靡亂而落葉。防治法：(一)撒布硫黃華於病部；(二)少施有機質肥料及避連作；(三)疏整蔓葉燒棄被害物。

五、蟲害　蚜蟲、夜盜蟲等，見前。

第三節　蠶豆

學名：Vicia faba, L.　英名：Broad bean.

一、性狀及來歷　蠶豆之原產地在裏海南岸之地方，爲一年生或二年生木立性之草本，高可一・五公尺，分枝力强，葉互生，羽狀複葉，莖粗四方形；花作淡紫色，自第十葉腋生出，種實扁平圓形，多作綠白色，嫩時味甘美。其成分如下：

水分	一五・七六%	蛋白質	二八・八八%	脂肪	一・二九%
碳水化物	四九・七四%	纖維	一・二二%	灰分	三・一一%

二、品種　普通分爲通常蠶豆及大粒蠶豆之二類。

三、栽培法　播種期在十月至十一月，繁茂種畦幅一公尺，株間四公寸，矮性種畦幅七公寸，株間三公寸。種子下種前，浸水四、五日，每穴二、三粒，覆土六、七公分，時行灌水，中耕不可太晚，否則有害發育。摘心可抑製伸長，催促結果，且免蚜蟲食害嫩葉。繁茂種宜張繩畦上，以防倒伏。肥料每公畝以木灰六十斤、過磷酸石灰二公斤爲基肥，種後施廐肥，中耕時薄施糞尿，收穫多於未熟時採之。江、浙沿海一帶，均以蠶豆爲棉之後作物，即於九、十月頃，棉花尚未完全收穫時，用豆扦在棉花條間，隔相當距離扦一穴，每穴播下種子三、四粒。每公畝用飼砂二、三公斤爲基肥，此後僅注意中耕除草，便可收穫。

第四節　豇豆

學名：Vigna Sinensis, Hassk.　英名：Cowpea.

一、性狀及來歷　豇豆原產地或謂在南美，或云舊大陸。爲一年生植物，性狀與菜豆相同，有蔓生、矮生二種。花梗短，生於葉腋，葉自三片合成，形大而濃綠，花色淡紅或白，每二朵對生，莢細長，有淡綠、赤斑二種。

二、氣候及土質　豇豆之風土與菜豆相同，卽宜於溫暖而稍濕潤之氣候及排水佳良之壤土。

三、栽培法　三、四月頃於旱地作畦六公寸至八公寸，株距三公寸至五公寸，穴播四、五粒，覆土半公寸，發芽後間拔，每株留三本，蔓生者附以竹枝。用廐肥、草木灰、過磷酸石灰等爲基肥，依其生育狀況，亦可略施人糞尿爲補肥。播後約三個月便可採收。如欲於夏季次第採收，當於四月頃先後繼續播種。

第五節　鵲豆

學名：Dolichos lablab, L.　英名：Hyacinth bean.

一、性狀及來歷　鵲豆又名穭豆，原產中國，一年生，有蔓性、矮性二種，花梗甚長，自葉腋生出，花色或白或紫，其狀似藤；莢扁平短大，綠白色或綠紫色，嫩莢柔軟，含有香味，種子或黑褐或赤褐或白色，作扁平短圓形，晚生，必至秋始行結果。

二、品種：

1. 無蔓種　長不及六公寸，發生早，適於促成栽培。

2. 赤花大莢種　性晚生，莢甚大，長有達三公寸者，有作觀賞植物之用者。

三、氣候及土質　好高溫濕潤之氣候，壤土及砂質壤土。

四、栽培法　播種期在四、五月頃，畦幅七八公寸，株間三公寸至五公寸，生育中行中耕，施補肥，蔓性種，應附支柱，莖高一公尺時可行摘心使下部發生多枝而結果，專採收嫩莢供蔬菜用，其採收期間，可自八月至十一月。

第六節　刀豆

學名：Canavallia ensiformis, D. C.　英名：Jack bean.

一、性狀及來歷　原產地在東洋溫熱二帶。莖葉似鵲豆，花則常生四、五朵於花梗上，有淡、紫二種。莢扁如刀，故名刀豆，形極廣大，長有達三公寸者；嫩時種子脆弱，可供煮食之用。

二、氣候及土質　好溫暖氣候及粘質壤土。

三、栽培法　播種期在四月頃。惟刀豆種子肥大，直播不易出芽，故宜在溫床播種，下子時使生根之尖端向下，免得反轉困難而致腐敗，俟眞葉有三、四枚時，可從事移植。畦寬八公寸，株間五公寸附以支柱以便蔓生，用堆肥、過磷酸石灰、草木灰爲基肥，人糞尿爲追肥；八月下旬後可繼續採收嫩莢。

第五章 香辛類

此類植物，皆含有辛味香氣，爲調理上必要之物品，其功效能刺激神經、助消化、以增食慾。所屬爲蘘荷科、十字花科、茄科、脣形科等；其需要部分爲莖、根、葉及花蕾、果實等。

第一節 葱

學名：Allium fistulosum L. 英名：Welsh Onion

一、性狀及來歷 葱一名芤，一名和事草，初生曰葱鍼，葉曰葱青，衣曰葱袍，莖曰葱白。爲東亞原產。屬百合科一年生或二年生植物。葉作長圓筒形，被以臘質，莖葉淡綠，其下部軟白，均含香味。我國北方多生食，謂可以解惡毒、助消化，南方則專用爲香料。其成分如下：

水分	九二·六三%	蛋白質	一·四七%	脂肪	〇·〇七%
碳水化物	四·三三%	纖維	一·〇六%	灰分	〇·四四%

二、品種 據廣羣芳譜所載有五：

1. 凍葱 又名冬葱。夏衰冬盛，莖葉氣味俱軟，美食用，入藥最善，分莖栽蒔而無子，人稱慈葱，又稱大官葱。

2. 漢葱　春末開花成叢，青白色，冬即葉枯，亦供食用。

3. 胡葱　生蜀郡山谷。狀似大蒜而小，形圓，皮赤，葉似葱，根似蒜，味似韮，不甚臭。八月種。五月收。

4. 蒜葱　又名回回葱，莖葉粗硬。

5. 龍角葱　又名龍爪葱、羊角葱。皮赤，莖上生根，移下種之，每莖上葉出如歧，如八角，故名。

三、氣候及土質　葱本爲半寒帶之產品，故種於溫暖太過之地，其成績每不及較寒冷之地之優美。土質則以粘質壤土植質粘土爲最適，若砂土及排水不良之地，非所宜也。

四、栽培法：

1. 採種　採種之葱，宜於早春播種者，移植之際，選擇形狀整正之苗，種於寬八公寸之畦上，每隔一公寸，植二、三本，勤加肥培，翌年春夏之候，種子呈黑色時，採收乾燥而貯藏之。葱之成熟，自上部漸及下部，早熟之籽有早於抽穗之虞，不宜留用，故宜擇下部遲熟者用之。種子以新鮮者爲佳，經過三年，則發芽力減退。

2. 播種及移植　播種時期，冬葱與夏葱不同。冬葱之播種期，春、秋二季皆可。春蒔者，於三、四月頃，設幅一公尺長四公尺之冷床，在蒔種二旬前，床內須施人糞尿及腐熟堆肥，蒔種時更施人糞尿使爲土壤所吸收；然後耙平表土，蒔下種子，撒布草木灰，覆以薄土，輕行鎮壓，再覆以草。約十數日發芽，卽除去被覆物，密生之部，須行間拔，苗長一公寸，追施補肥，但不可汚染莖葉，其後再行中耕施肥一、二次，至八、九月乃可移植。葱苗屆移植之時，若有某種情形而不能移植者，應假植一、二次。移植時溝之深淺及行間之廣狹，視葱之品種及土質之如何而異。大凡生長力弱之種，則栽時宜淺，株間宜密；生長力强之種，則栽時宜略深，株間宜略稀。又專爲軟化用之葱，其行間距離因軟化部分之長短而異。軟化部分長大者，其距離自八公寸至一公尺，中常者自五公寸至七公寸，短小者自三公寸至五公寸。又葱之軟化，必須培土，故溝之深淺與畦幅之廣狹有關，例如欲得葱白五公寸者，在壤土畦幅一公尺溝深一·五公寸，砂質壤土，則畦幅爲一公尺半，粘質壤土則畦幅爲八公寸。至於株間之距離，每株約相隔半公寸。我國北方之種大葱，有一尺八株苗之語，其距離雖不甚寬亦不甚狹也。秋蒔者於九月間播種，在苗床中越冬，春季假植一次，五月間可以定植，惟秋蒔之葱，莖大而品質較劣。夏葱種法與秋蒔相同，九月下旬種於冷床而越冬，翌春設距離七公寸之淺溝，隔一公寸植苗，其後施追肥數次，至六七月採收。再葉用葱，在未移植之前，將葱苗拔起，在日中曝萎其莖葉，然後移植，則生育茂盛。現今南方多行此法。

3.施肥及培土　定植時所需基肥，每公畝地爲堆肥一百二十公斤、人糞尿四十公斤、過燐酸石灰二公斤、草灰五公斤、混和施入溝內，上加肥土一公寸，乃行定植。茲將前北京中央農事試驗場關於種葱之肥料用量示之如左：

每畝種量	十兩
距離	株間一寸五分　行間二尺五寸
肥料用量	馬糞二千五百六十斤　草灰一百五十斤
施肥期	五月十八日
播種期	上年八月二十八日
移植期	五月十九日
收穫期	九月十日
收穫量	二千二百六十一斤

葱之需要在於莖部，故培土工作甚爲緊要。培土之時期不宜過於太早，若在小葱尚未發育之時，輒行培土，殊有礙於葱之生長，或致於腐爛，是以大葱培土，宜待至秋季，俟葱莖發育完全，然後按次培上二、三回之土，則其莖部自可軟白而收量亦豐矣。

4.收穫　春播之葱當年秋季收穫，隨收隨捆，北方以十二斤爲一捆，然後以之運售於市場。

第二節　葱頭

學名：Allium Cepa.　英名：Onion

一、性狀及來歷　原產地在亞洲西部波斯附近。爲百合科一年生或二年生植物。取其鱗莖以供食用，鱗莖有香氣、富養分，歐、美各國栽培已古，我國則尚不久，故又名洋葱。其成分如下：

水分	八六・六六%	蛋白質	一・五三%	脂肪	一・〇九%
無氮化合物	八・三四%	纖維	〇・五八%	灰分	〇・五二%

二、品種　葱頭依繁殖法之不同大別爲下列三種：

1.普通種　用種子繁殖者屬之。

2.分莖種　用球莖繁殖者屬之。

3.子球種　用頂端羣生小球繁殖者屬之。

茲舉其著名品種如下：

1. Extra Early Red　早熟種，中等大形扁平，肉質甚緻密，寒地最宜。

2. Large Red globe 形圓而大，外皮赤色，肉白色帶赤，其風味佔赤色種中第一位。

3. Large Red Weathersfield 晚熟種，顆大形扁，外皮赤色，肉白色帶紫，產量豐，堪貯藏。

4. Yellow globe Danvers 早熟種，略作圓形，直徑約七公分，外皮黃色，肉白色，風味佳。

5. Large yellow globe 顆形比前種大，直徑達一公寸以上，皮淡黃，肉白色，風味佳。

6. Prize taker 顆略近圓形，極大，一個之重量有達二公斤以上者，周圍三公寸至五公寸，外皮黃色，肉白色。

7. White globe 呈圓形，極大，晚熟，外皮純白，肉質緻密，風味佳良。

8. White portugal or Silver Skin 形扁平，中等大，外皮純白色，風味佳。

9. Mammoth Silver Skin 形扁圓而大，直徑二公寸，一個之重量達一公斤以上，外皮白色，富甘味。

總之葱頭之白色者，味淡泊，水分多，組織軟弱，不堪貯藏，而赤色者貯藏力强，甘味多，黃色種最為一般人所歡迎。

三、氣候及土質 葱頭雖為西亞細亞高溫地方之原產，却宜於溫涼地方之氣候，蓋現今栽培之葱頭，與原種已不相同，故過炎過冷均非所適。土質好粘性之砂質壤土，礫質壤土次之，且須濕潤適度，過燥過濕，或酸性土壤，鱗莖卽發育不良。

四、栽培法：

1. 採種　葱頭種子以新鮮者爲佳，陳舊者則發育不良，又若寒地所採之種子移種於暖地則抽薹早，故須在暖地採種爲必要。其法選形狀色澤俱佳備有該品種之特性且心部祇有一個者，貯藏窖室內，翌春精細整地，充分施用腐熟堆肥、油粕、木灰等，作成幅七公寸之畦，每隔二公寸至三公寸，栽植一個，莖成長後，附以支柱以防倒伏，待子實成熟，切取其莖，脫粒乾燥而貯藏之。

2. 整地及播種　葱頭之根短淺，專吸收表土之養分，故毋須深耕，對於表土則要使之膨軟。又葱頭種子極細微，發芽困難，且當發生之初苗頗纖弱，易爲雜草所害，故表土耕鋤務要精細。普通早春播種者，於前年秋季預爲整地，作成幅五公寸乃至七公寸之畦以待種植。葱頭之播種有二法：一直播於圃地，一先播於苗床而後移植。播於苗床者二、三月頃下種，四、五月頃移植，當年秋季採收；若在前年十月頃播種於冷床，至十一月或翌年二月頃移植於本圃，則夏季可以採收。直播於圃地者，早春播下，秋季採收；暖地十月頃播下，翌年六、七月採收。直播之方法，於熟耕表土後，每隔三公寸作一溝，溝闊約一公寸，薄施水糞，勻播種子，薄覆以土，而輕壓之。播於苗床之方法有撒播條播二種：條播時每隔一公寸，設條播下。

3.移植　移植之時期，在寒冷地方，或冬季播種於溫床待來春而移植，或早春播種於溫床待仲春而移植。茲示播種時期與定植時期之關係如下：

播種期	中寒地方移植期	溫暖地移植期
九月上旬	十一月中旬	十一月下旬
九月中旬	三月	十二月中旬
九月下旬		十二月下旬—二月上旬

移植時用鍬掘苗，振落根上之土，葉部留長一公寸餘，根留長三公分，餘剪去之，於一公寸半之距離，用左手指穿孔，將苗根放入。普通砂土宜深植，約三公分，粘重土宜淺植約二公分。

4.管理　直播者於芽出後苗長一公寸時，即行間拔，並施補肥；發育後再間拔一次，使株距約半公寸，其後中耕除草要勤，但不宜培土根際害其成長，且當以手除去球邊之土，露出半球於地表，以令其十分成熟爲要。莖葉過於繁茂時須用手捻曲之，俾養分集於根部。

5.施肥　葱頭所需之肥分，要三要素並重，大約每公畝用腐熟堆肥二百五十公斤、骨粉二·五公斤、草木灰三公斤、油粕十公斤爲基肥，再用人糞尿四十公斤，加水三倍，分三次施之爲補肥。

6. 收穫及貯藏　球莖肥大葉呈黃色時，可將球莖拔起切去其莖，留半公寸，攤晒日光下二、三日，使其乾燥，乃運至窖室內貯藏之。

五、病害　最普通者爲萎黃病，當四、五月頃發生，初生時葉面現青色斑點，繼成黴點，終變黑色而枯死。防治法：(一)行輪作；(二)燒棄病株，避濕地；(三)撒布生石灰與硫黃華混合之粉末。

六、蟲害

1. 螻蛄　幼蟲無翅，成蟲體長五公分，色灰暗而翅小，專食幼根爲害。防治法：(一)秋季用馬糞埋入土中誘殺之；(二)成蟲用燈火誘殺之；埋花盆於地下作陷阱誘殺之；(三)撒布石油乳劑驅除之。

2. 地蠶　一年發生二次，蛾爲灰黑色，幼蟲在地中害根，體作暗黃色。驅除法同蕪菁地蠶。

第三節　韭

學名：Allium odorum, L.　英名：Chive.

一、性狀及來歷　屬東亞原產，爲百合科多年生之宿根植物。我國各處均栽培之，尤以北方諸省爲盛。球部小，莖扁平而細長，質甚柔軟，色澤鮮綠，八、九月間出細花梗，頂端叢生白色小花，其葉香氣甚富，能助消化，增食慾，故嗜之者衆。

二、品種　可分三種如下：

1. 南道韭　即馬蘭子，出天津一帶，莖寬葉肥，生長迅速，食味鮮嫩，適於燻韭屯韭之用。

2. 北道韭　出口外一帶，性質最能耐寒，種冷韭者俱用此種。

3. 北道子　此種專供採花梗用，梗心中空，用爲炒菜清脆可口。

三、氣候及土質　韭性強健，風土不拘，無論何地均可種植。

四、栽培法　種韭之法我國古書多有記載。茲先摘錄數段再述最新種植之方法。(一)謂土欲熟，糞欲勻，畦欲深，二月七月下種，先將地掘作坎，取碗覆土上，從碗外落子，以韭性向內生，不向外生也。冬日移根上屋，培以馬糞，或以籬蓆覆畦，捍禦北風。(二)韭留子者祇一剪，子黑而扁，九月熟，收子風中陰乾，勿令浥鬱。(三)市賣種子以銅鐺盛水，於火上微煮須臾，生芽者可種，如不生是受鬱者不堪作種。茲再述新法如下：

韭菜因其用途不同栽培之法可分爲四種：

1. 冷韭　種植冷韭有直播、養根二法。養根法者，爲先將根養好然後分栽之法也。普通於立夏時整地作畦，施肥畢，用密齒鐵耙耙出密溝，勻播種子，復掃以帚，使子粒盡轉入溝內，乃薄覆土而鎮壓之。播種後每閱三日灌溉一次，灌水三次，芽乃出齊，此時用鐮刀削去其彎曲之幼芽，其後閱五日灌溉一次，兼行中耕除草。至第二年乃行分栽。分栽時將根掘出，用適宜之距離栽植之，隨行灌水施肥，至立冬時於西北設防風之具，韭上蓋馬糞，立春後將馬糞撥開，灌以水肥，復以砂土蓋之，厚約七公分，如是約過一月後，灌以足水，行頭次割賣；閱二旬更灌以足水，復割賣之，是爲二次；割至三次爲止。迨至五、六月時抽花，可採而賣之。直播法亦於立夏播種，但播子宜稀，其一切管理法與養根法同。

2. 蓋韭　即將冷韭法養成之根，於立冬掘起，逐條加以整理，用葦札成小捆，堆集一處，四圍用土蓋密，貯存待用。用時取出，逐捆堆入溫床，堆時宜緊接，且以南半邊爲限。堆畢灌以足水，密蓋馬糞，芽出後將馬糞撥開，取出研成細末，再行撒上。以後視土壤情形再灌水二、三次，晴天掀開蒲蓆，俾受陽光，如遇風雪陰雨之日則反之。如是約過四旬，可以割賣。其後每過一月即割一次，至三次而畢，而露地之冷韭可繼續上市矣。

3. 屯韭　屯韭又名餵韭，即市上所售之韭黃也。其養根法與上同。但養根至少須二年，三年則尤佳。養根之韭任其自長，不得刈割，因刈割則其葉細小，如是屆第二年立冬，將根掘出，然後搭風帳、起畦、施肥、灌水諸事已畢，將根栽入畦內，上用麥糠密蓋之，以後芽漸出乃陸續以麥糠添蓋，切勿令葉見陽光，否則葉不黃而變綠矣。俟長成可連割三次。

4. 燻韭　燻韭亦須先行養根。其養根之法，一如蓋韭，惟蓋韭堆入溫床，須加捆束，燻韭入溫室畦內，不用捆束稍爲不同耳。其法將韭根移入溫室後半邊之畦上，前邊之畦，因其透光，僅以陳列花草而已。韭根放置完畢後，隨卽灌溉一次，上蓋以蓆，約過五日，芽出後，除去覆蓆，至二十日韭已長至三公寸許，便可貼地割之，是爲頭次。割後卽灌水，但此際不再蓋蓆，過二十日又可更割，是爲二次。如是至三次乃畢。將根掘出再換新根，用同法栽培可也。

第四節　薤

學名：Allium bakri Rgl.

一、性狀及來歷　原產地在東亞，爲百合科之宿根植物。葉中空，似細葱葉而有稜，氣亦如葱，二月開細化，紫白色，根如小蒜，一根數顆，相依而生，分櫱力強，莖球可分十餘個。

二、品種　依其色澤可分赤、白二種。

三、栽培法　播種期在八月至十月間，用球莖繁殖，畦幅七公寸，株距一公寸半，以堆肥、木灰爲基肥，以水糞尿爲補肥，至翌年六月頃可緊束其葉，使養分集中於球部，葉青時則掘之，否則肉不滿，常有本年不採收，留作來年爲種球用者，如是則分蘗多而球莖小，名曰豆薤，適爲漬物之用。

第五節　大蒜

學名：Allium Sativum, L.　英名：Garlic.

一、性狀及來歷　大蒜一名葫，亞洲西部爲其原產地。性狀似葱、韭，屬百合科多年生植物。根部每八、九瓣結成一球，瓣如葱頭，肥大扁平，味辛氣臭，與肉魚共煮可除腥穢，苗嫩時可生食，初夏抽薹可炒食，我國北方人民嗜之甚深。

二、氣候及土質　好溫涼氣候，排水良好之肥沃土壤。

三、栽培法　寒地春季二月播種，當年七、八月採收；暖地八、九月下種，翌年四、五月採收。種法：先作成寬五公寸之畦，施以基肥，每隔一公寸半，持木槩插小穴，放置蒜瓣一枚，發芽後中耕除草二、三次，並施補肥，抽薹時拔去之，否則根部不肥，待葉枯球熟，始行採收，懸掛室內，隨時取用。按羣芳譜載種蒜法謂：「九月初於菜畦中稠栽蒜瓣，候來年春二月，先將地熟鋤數次，每畝上糞數十擔，再鋤耙勻，持木槩插一竅，栽一株，無雨常以水澆至五月大如掌拳，極佳。」

第六節 生薑

學名：Gingibir officinals Rosl. 英名：Ginger.

一、性狀及來歷 原產地在東印度，爲蘘荷科宿根植物。苗高約一公尺，葉似箭竹葉而長，兩兩相對，苗青，根嫩白、老黃，無實，根莖如列指狀，秋分前者尖端微紫名子芽薑，秋分後者次之，霜後即老。性惡濕畏日，秋熱則無薑。氣味辛溫無毒，醫藥上每用作發汗劑。其成分如下：

水分一二・〇八% 蛋白質 七・一二% 揮發油二・七〇% 脂肪三・四四%

澱粉四九・七二% 無氮化物一五・七七% 纖維四・三六% 灰分四・八一%

二、品種 可分三種如下：

1. 大薑 中國原產，晚生，葉長大而數少，根莖肥大，品質粗，辛味少，宜糖製。

2. 中薑 日本原產，莖肥大，肉鮮黃，柔軟多汁，宜漬用（第五十九圖）。

3. 金時薑 莖塊淡紅色，肉質緻密，辛味頗強，最宜乾製。

三、氣候及土質 好溫暖氣候，土質則因用途而異，如採用乾薑者宜砂質土，作蔬菜用者宜排水良好之粘土及腐植質多之壤土。

四、栽培法　播種期在四月下旬，不可太早。其法早採者畦幅五公寸至七公寸，株間二公寸，每公畝種量約七十公斤。晚採者畦幅七公寸，株間五公寸，每公畝種量二十公斤。種薑切成如三指大而附有二、三芽者，且須用前年採收之薑，如用二、三年前之老薑，則生長迅速而收量亦多。埋入土中深度約一公寸，閱一月發芽。七月間每有髓蟲發生，宜速去之以防傳染；夏季須厚敷草稈以防旱害；肥料以堆肥、木灰、過磷酸石灰為主。氮質肥料不宜多用，否則莖葉徒茂，根部瘠弱，辛味減少。大概每公畝用堆肥八十公斤、油粕六公斤為基肥，再用人糞尿六十公斤分二、三回施與之為補肥。薑之採收有數法：薑葉尚盛時採收者，謂之葉薑；在窖室內軟化者，謂之軟化薑；初夏時採收母薑，待充分成熟後採收種薑，早春在溫床內發芽者，謂之新薑。種薑採收後切去莖葉，洗去泥土，選乾燥之地掘穴貯藏之。

第五十九圖　薑

薑之軟化法，即於窖室內堆置馬糞草藁等，凡五、六公寸厚，保攝氏二十五度至二十八度之溫度，其上更置細土三公分，將種薑並列其上，覆以一公寸厚之土，發芽後晴天除去覆物，使受光線，俾軟化之薑呈微紅色種，薑以老薑為佳。

第七節　番椒

學名：Capsicum longum, L.　英名：pepper.

一、性狀及來歷　原產地在南美。屬茄科，在熱帶地方多年生，在温帶則變為一年生。繁茂而矮，葉細長、平滑無缺刻，花小色白，星芒狀，自葉腋生出，果形甚多，其色未熟綠色，既熟變赤、黃、紫諸色，有激烈之辛味，是為其特性。

二、栽培法　番椒忌連作。其繁殖方法與茄子相同。在利用溫床行促成栽培者，於十二月上旬播種，翌年由三月至六月間可以採收。普通則多於三月頃，設溫床下種，至本葉發生一、二枚時，可行假植，至五月下旬始定植於本圃。中耕次數宜多，初深而後淺。苗長大，應附以支柱以防倒伏。肥料以堆肥、魚粕為主，人糞尿、木灰次之。供蔬菜或漬物用者，宜於嫩時採之；若為香辛料者，則待其老熟後連根拔採之。

第八節　旱芹菜

學名：Apiun petroselinum. 英名：parsley.

一、性狀及來歷　原產地在歐洲南部及地中海沿岸，爲繖形科二年生之矮性植物，二月生苗，其葉對節而生，其莖有節稜而中空，其氣芬芳，五月開細白花，可生食或煮食。又名洋芫荽，或名外國香菜。

二、品種　有廣葉、矮性二種。

三、氣候及土質　好溫涼氣候排水良好之地。

四、栽培法　春季三月頃，設幅七公寸之畦，以三公寸之距離，作成條溝播種其上，種子發芽困難，宜常灌水，芽後間拔之，使株間成二公寸之距離。此後施肥、中耕、注水諸事，不可忽怠，至六、七月卽得依次收穫，直至冬間爲止。摘葉自外部及於內部。如欲於冬間採收者，可於秋季播種，初冬移植於溫床內，或植於鉢中移置窖室內，可以隨時採收。採種法如胡蘿蔔，於播種之翌年，抽出花梗，開花結實時，採收之（第六十圖）。

第六十圖　旱芹菜

第九節　野蜀葵（鴨兒芹）

學名：Cryktotaenia japonica.

一、性狀及來歷　東亞原產，爲繖形科之多年生植物。葉莖具特有之芳香，需要頗多（第六十一圖）。

二、氣候及土質　喜生育於溫和濕潤之氣候，及富含有機質之壤土。

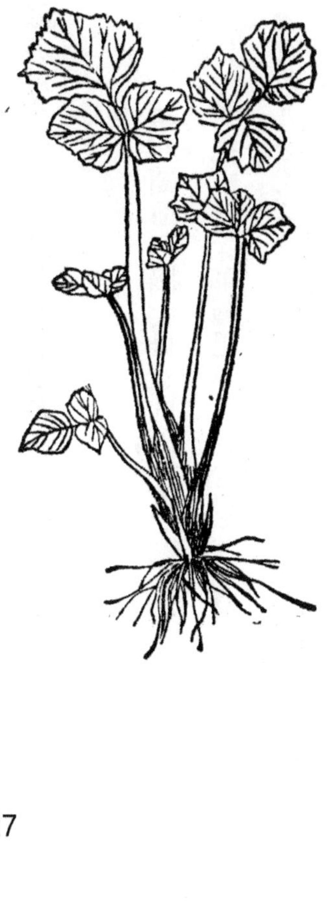

第六十一圖　野蜀葵

三、栽培法　普通多於五、六月頃播種，秋季亦可播種，圃地須精細耕鋤，自五公寸至七公寸之距離，設作條溝，施堆肥，薄覆土，乃將種子和細砂相混播下，淺覆以土，復撒布切藁，以防乾燥。發芽後，注意中耕、施肥、除草等事，至秋漸次堆土於根傍，使莖軟化，採供食用。秋季播種者散布薄草其上，使其越冬，翌春可採收其嫩芽，又如自春至秋每隔三、四週，將種子密播，待苗長一公寸，採供食用者，則周年可以採收。惟夏季宜種於陰地，否則因陽光直射，往往枯死。

欲採收種子者，選生育良好之株，使株間相距一公寸，培養之，待翌春開花時採收之，野蜀葵一回栽培後，數年間可以繼續採收，每公畝所需肥料用堆肥八十公斤爲基肥，人糞尿百公斤，分二、三回施給之爲補肥。

第十節　紫蘇

學名：Perilla nankinensis, B.

一、性狀及來歷　紫蘇爲東亞原產，屬脣形科草本一年生植物。中、日二國，需用頗多，歐、美各國，僅供觀賞用。全體具一種之芳香，可用爲香料，其葉及穗又可鹽藏或製菓子。

二、品種　有赤紫蘇、青紫蘇二種。前者呈濃赤色，後者之葉綠色，赤紫蘇色美，香氣佳良，多作香料及鹽藏用；青紫蘇專供紫蘇卷用。

三、栽培法　紫蘇不擇風土，隨處可以種植，早春耕起圃地，每隔七公寸內外，作成畦幅，施基肥，條播種子於其上，發芽後，間拔之，使株間約爲一公寸，其後中耕除草施肥不可忽怠。以採葉爲目的者，於花穗將生之時刈取之。以採穗爲目的者。於花八、九分謝落時採收之。又或冬季或早春播種於苗床，本葉生一、二枚時，採摘者謂之芽紫蘇。又或十月、十一月頃播種於露地，來年三、四月頃可以採收。

第十一節 款冬

學名：Petasites japonicue 英名：Butter bur.

一、性狀及來歷　款冬爲日本原產，屬菊科植物。自生於山野者頗長大，莖高二公尺，直徑一公寸，風味佳，其莖可煮食鹽藏製菓子。花蕾稱爲款冬花，味苦芳香，可爲藥用及香辛料。其成分如下：

水分	九五・六〇%	蛋白質	〇・四〇%	脂肪	〇・〇四%
無氮化合物	二・七一%	纖維	〇・七一%	灰分	〇・五二%

二、品種　由莖之色澤分白款冬、赤款冬二種。白款冬莖身肥大，風味佳，赤款冬莖身細小而帶赤色，風味較劣，惟其萌芽甚多，宜於採收款冬薹。

三、氣候及土質　宜稍寒之地，暖地宜栽培於陰地以避夏季陽光之直射，土質喜富含有機質多濕之壤土。

四、栽培法　款冬乃利用地下莖以繁殖，五、六月頃，掘起老株，分出數多之新株，乃深耕圃地，施入多量堆肥、塵芥等物，作成幅八公寸之畦，每隔三公寸種一株，翌年可以採收。又若晚秋及早春之候，施以堆肥塵芥等物，夏季隨莖之伸長，周圍圍以蓆簣防陽光之直射，冬季撒布藁類以防寒風，即可得肥大之良莖。款冬移植後，生育未充分時，濫施肥料，則有枯死之虞。一回種後，四、五年間可以繼續採收。

第六章　芽菜類

此類蔬菜專取其嫩芽爲食用，故名芽菜類。凡植物之芽皆富於滋養分及刺激性，作爲蔬菜實甚貴重。

第一節　竹筍

學名：Phyllostackys Sp.　英名：Bamboo shoots.

一、性狀及來歷　我國原產。爲禾本科之多年生植物。竹稈直立地上，高達數丈，枝互生，其根莖謂之竹鞭。於三、四月頃自根莖發生之嫩芽，卽名爲筍。鮮嫩可口，乾製或罐藏可以久貯。其成分之百分比如下：

	水分	蛋白質	脂肪	澱粉	糖分	其他之無氮化合物	纖維	灰分
孟宗竹	九〇·二一	三·二八	〇·一三	一·三七	一·九三	一·一七	〇·九〇	一·〇一
眞種	九一·七九	二·五九	〇·一一	一·二三	〇·五〇	一·五八	一·一一	一·一〇

二、品種　竹之品種甚多。戴凱之竹譜云『竹之品類六十有一，』黃魯直以爲竹類至多，竹譜

所載皆不詳，欲作竹史不果成。茲舉其可採筍以供蔬菜者如左：

1. 孟宗竹　即江南竹，形最巨大，幹高十餘公尺，周圍有至一公尺者，筍亦大，多肉，二、三月頃採收。

2. 眞竹　形短而細，筍亦小，其肉薄，五、六月頃產生，風味佳。

3. 甜竹　竹葉偉大，葉長二公寸，闊五公分，筍最壯大，通常每根重二、三公斤，產量豐。

4. 大葉烏竹　莖亦偉，葉長三公寸，闊一公寸，可作編物之用。每筍重約一、二公斤，食味鮮滑，收量較少。

5. 其他如馬尾竹、魚肚腩、龐竹、坭竹等均爲產筍之良種。

三、氣候及土質　非極寒極熱之地俱可生育。我國南方各省隨處可種。土質則以肥沃之粘質壤土及砂質壤土，俱無不宜，如種於表土甚深排水佳良之地，則竹之生育必佳，而筍亦肥壯。

四、栽培法　竹類開花則死，故竹之繁殖鮮有用種子者，普通多用分根之法。茲述栽培之順序如左：

1. 整地　未栽之先，鋤鬆園地，除去雜草，每距約一公方丈掘一長方形之穴，以便根之分走。

2. 擇種　竹種須選擇隔年生大小適中而強壯者，掘時先去表土，察其根之方向若何，然後徐徐掘下。掘起後將竹頭之根，留存五公寸長，截去其餘，竹稈可留二公尺長，而截去其上部。

3. 栽植 古昔以五月十三日爲竹醉日，爲栽種之好時期。然以九月下旬至十月頃爲最良。春季雖可移植，因適值發筍時期，活着困難。栽植時先在穴中施以堆肥等爲基肥，栽後覆土踏實可矣。但此時宜注意者有二事：(一)掘竹時須記明竹根係向何方生長，栽植時依照原來方向栽之；(二)宜用木柱三根作三杈式，支扶竹稈，以免動搖；(三)當選無風及陰天栽種。

4. 管理 竹園管理其主要者有下列數端：(一)注意中耕除草；(二)每年在竹林上添土一次；(三)如有開花之竹應伐去，其左右前後相離較近者亦伐去之，付之一炬，但在搬出園外時勿得遺花林內，以防傳染，焚毁時之烟氣亦不可燻及竹林；(四)留新去舊，即留存三年以內之新竹，而伐去四年以上之老竹，蓋因老竹不生筍故也。

5. 施肥 施肥方法分春、秋二季。春季在五、六月之頃，於掘過筍穴中施下之，秋季則穿穴施下，並覆麥稈等於其上，以改良其理化學的性質。肥料種類普通用人糞尿、油粕等充之。又每年冬季掘取河泥堆於竹林，可產良筍。

6. 掘筍 筍以春、夏爲最多。惟冬筍則於冬季掘取之，風味最佳。筍以未露地者爲上，故宜早行掘取。每至秋、冬之間，巡視園內，見地上墳起作裂狀者，即爲有筍之徵；又可看竹梢而知其方向，卽竹梢向左者筍亦向左，向右者筍亦向右；又或於筍芽稍露時，覆土軟化而後採之亦可。

7. 貯藏　冬筍經過貯藏品質愈形優美。其法選完全無損傷之筍，排列甘燥之室內，以蒸發其水分，再用乾燥細砂，將筍壅埋，藏於通風乾爽之室中，卽可久貯。

附錄

我國古書種竹法：

農桑通訣曰：『種竹宜去梢葉，作稀泥於坑中，下竹栽，以土覆之，杵築定，勿令脚踏，土厚五寸，竹忌手把，及洗手面脂水澆着卽死。』

月庵種竹法：『深闊掘溝，以乾馬糞和細泥塡高一尺；無馬糞，礱糠亦得；夏月稀，冬月稠。然後種竹。須三、四莖作一叢，亦須土鬆淺種，不可增土於株上，泥若用钁打實則筍不生。種時斬去梢，仍爲架扶之，使根不搖，易活。又法，三、二竿作一本移，其根自相持，則尤易活也。』

夢溪云：『種竹但林外取向陽者向北而栽，蓋根無不向南，必用雨下，遇有西風則不可，花木亦然。諺云「栽竹無時，雨下便移，多留宿土，記取南枝。」』

志林云：『竹有雌雄，雌者多筍，故種竹當擇雌者。欲識雌雄，當自根上第一節觀之，雙枝者爲雌。宜取西南根，栽向東北隅，蓋竹性西南行，西南乃嫩根也，其東北老根，種亦不茂。』

羣芳譜云：『凡栽竹須向陽爲茂，先鋤地令鬆且闊，沃以河泥，臨時用馬糞拌濕土栽，不用作泥漿水。最忌猪糞。勿用脚踏及鋤杵。築實則筍生遲，蓋土虛鬆則鞭易行也。種竹處，須當積土令高於旁地一、二尺，則雨潦不能浸損。錢塘人謂之竹脚。用舊茅茨夾土，則竹根尋地脈易生，竹要留三去四，蓋三年者留四年者去。諺云「公孫不相見，母子不相離，」謂隔年竹可伐也。凡竹未經年不堪作器，若老竹不去，竹亦不茂，但伐之有時。竹之滋澤，春發於枝葉，夏藏於幹，冬歸於根。冬月伐竹，經日一裂自首至尾，五月以前代竹，則根紅而鞭爛，盛夏伐不蛀，但於林有損，七、八月猶可，過此不堪用矣。』

第二節 石刁柏

學名：Asparagus Officinalis. 英名：Asparagus.

一、性狀及來歷 石刁柏爲歐洲南部及亞洲西部之原產物。屬百合科多年生植物。在二千餘年前已栽培之。雄雌異株，其嫩芽味甚美，可生食或漬食。葉似杉葉，沿葉脈以叢生，形甚細，色綠。俗名蘆筍，又名龍鬚菜（第六十二圖）。

第六十二圖 石刁柏

二、氣候及土質 好溫涼氣候，及濕潤肥沃之輕鬆土。

三、栽培法　石刁柏之繁殖，有播種及分株二法。分株之法通常欲圖早收或老株更新時用之，卽掘起苗根以行栽植是也。播種者於先年秋季果實呈赤色時，採落，於水中揉去外皮，取出黑色種子，乾燥貯藏；翌年四、五月頃，設置苗床，施入堆肥；以一公寸餘之距離，條播種子，覆土二、三公分。管理得宜，一月左右發芽，施行間拔，使其距離約爲一公寸，并行中耕、施肥、除草等事。至秋莖葉全枯，則於離地半公寸處刈割之，根際覆堆肥以防寒，翌春可定植之於本圃。圃地宜預施肥料而深耕之。用條播者畦幅二公尺，每畦以七公寸距離而植三列，此法收量多而軟化不便，難得良好之產品。若株植之法則先作幅一·三公尺之畦，畦中作溝，每隔一公尺而株植之。此法自栽植以至採收之年，有多耗地積之弊，宜間植他作物以補救之。通常每公畝以廐肥二十公斤、油粕一公斤、藁灰〇·六公斤、過磷酸石灰一公斤爲基肥，生長期間，再施以多量之苦鹽以刺激其生機。自播種三年後，生長漸盛，始可着手採收，以小刃插入土中割取之。其生長年限可達十年，又在採收之年宜在早春預培以土，待其嫩莖將出於地面時卽採收之，不可失之過晚，否則品質變劣矣。

第三節　塘蒿(洋芹)

學名：Apium graveolens L.　英名：Celery

一、性狀及來歷　原產地在瑞典。屬繖形科二年生植物。形態似水芹，故亦有洋芹之名。葉柄濃綠而多肉，翌春抽花梗，頂端分歧，開花色黃，其軟白部之莖與肉類共煮，質味香滑，可爲腦之強壯劑（第六十三圖）。

二、氣候及土質　塘蒿生長遲緩，故需要冷涼之氣候，及濕潤而排水良好之粘重土質。

三、栽培法　栽培塘蒿宜先育苗而後移植。播種期早種一月頃，晚種三月中旬，用溫床下種，種子宜和以砂，種量不妨稍多，蓋土要薄，並覆藁類以防乾燥。發芽後去藁間拔，俟本葉生三、四枚時施行假植，株距爲一公寸內外。假植後發生新莖葉時，可速行定植。定植之時期，早種四月，晚種六月。塘蒿非經軟化，不適食用，其定植之距離，因軟化法而異。圃地須預爲深耕，每公畝施堆肥百公斤、油粕二公斤、人糞尿四十公斤爲基肥，生長中再施稀薄液肥若干。茲將軟化方法述之如左：

1. 夾板軟化法　行此法時畦闊七公寸，株間約二公寸，待塘蒿長至半公尺高時，用板夾於株之二側，內充以土泥或砂粒，微露出其葉尖，約經二旬則莖自然軟白矣。此法多行於夏季。

第六十三圖　塘蒿

2. 堆土軟化法　此法於一公尺闊之畦上，作深二公寸之縱溝，每距三公寸，定植塘蒿一株，俟莖高至半公尺時，用藁類束縛其端部及中部，俾勿散開，然後將畦間之土，培於株之兩側，約及其莖之一半，再過十數日再復培之，以不見葉柄微露葉尖爲度。如是約經一月，莖已軟白，卽可採收。此法僅行於秋季，否則有腐敗之虞。

3. 窖室軟化　此法因寒冷地方冬季在場圃不能軟化時行之。其法先在本圃將預備用爲窖內軟化之塘蒿，培以相當之土，以防受冷，迨至施行軟化時，始行移植於窖內，將菜陳列整齊。窖室溫度須在攝氏二十度左右，灑水得宜，則數日之後，莖葉便軟白矣。

第七章　花菜類

凡植物之花可供蔬菜用者，謂之花菜類。多屬十字花科植物。然就植物學原理而論，花係葉之變形物，故園藝學者亦有以之歸入葉菜類者。

第一節　花椰菜

學名：Brassica Oleracea, Var Bolytis, D. C.　英名：Cauliflower.

一、性狀及來歷　花椰菜爲歐洲原產，屬十字花科，乃甘藍之一變種也。一年生或二年生，花蕾肥厚，可供食用，或煮或炒，味極佳美。

二、氣候及土質　花椰菜之花蕾一見強光，則變黃色而損其品質，故好冷涼之氣候，而其開花之期尤須避去夏季。土質則以濕潤之砂質壤土爲最宜。

三、栽培法　花椰菜之栽培法與甘藍相同。其播種期有三：第一期，二、三月播種於溫床，發芽後，假植於冷床，四、五月頃定植，夏季可以採收，但非在寒冷地方不適用之。第二期，三、四月播種於冷床，至五、六月定植，秋季採收，晚熟種最宜。第三期，九月頃播種，十一月、十二月頃定植，翌年四、五月採收，此法專行於暖地。如在寒冷之地宜設法保護，至三月頃定植。定植之距離畦幅一公尺株距八公寸。及成熟期宜常檢查心部，有花蕾發生者將外葉用繩束縛，免得花蕾被陽光照射而損品質。其他如中耕、施肥等事均與甘藍無異。

第二節　木立花椰菜

學名：Brassica Oleracea, Var. Botrytis.　英名：Broccoli.

一、性狀及來歷　爲意大利原產。性狀與花椰菜相似，莖及葉柄較長，花蕾發生時莖高可達五公寸。茲將二者不同之點列表如下：

種類	耐寒暑性	株之大小	生育期	一般環境之感受性	品質
花椰菜	弱	小	短	銳	優
木立花椰菜	強	大	長	鈍	劣

二、栽培法　此菜之栽培法與花椰菜相同。惟其葉莖較大，故定植之距離宜寬廣。

第三節　朝鮮薊

學名：Cynara Scolymus. 英名：Artichoke.

一、性狀及來歷　朝鮮薊係菊科宿根植物。原產地在地中海沿岸。其花蕾多肉，可採取以供食用。俗名洋百合（第六十四圖）。

二、氣候及土質　喜溫暖多濕之氣候，寒地非有充分防寒之設備，則易枯死。土質好富含有機質之肥沃壤土。

第六十四圖　朝鮮薊

三、栽培法　繁殖方法有分蘖、播種二種。播種者，易於變種，故普通多行分蘖法。即於春季切取根部之萌蘖，插植於沃地，翌春乃定植於本圃。圃地須預為耕鋤，施多量堆肥，作成幅八公寸乃至一公尺之畦，每隔八公寸，定植一株，爾後中耕培土施肥除草宜勤。翌年結花蕾時可以採收。冬季根邊厚為堆土，以防寒害。

第四節　蘘荷

學名：Zingiber mioga.

一、性狀及來歷　我國原產。為蘘荷科之多年生植物。其嫩芽及花蕾有一種香味，可煮食或浸漬，及香料用。

二、栽培法　性質强健不畏寒暑，喜含有多量有機質之肥沃壤土，陰濕地方爲其所好。栽植法於四月頃採掘地下莖，切爲二公寸之長，每片需有一芽，圃地預爲深耕，施以多量之堆肥塵芥等，作成幅一公尺之畦，每距三公寸種一株，發芽後常施人糞尿，秋季及早春又用堆肥塵芥等施之，爾後春季發生之嫩芽及秋季之花蕾，均可採收以供食用。五、六年後次第衰弱，宜另植新莖。

參考書目

農政全書

廣羣芳譜

授時通考

嘉祐本草

本草綱目

前北京中央農事試驗場報告

蔬菜栽培敎科書　大脇正諄　六盟館

Botany of Crop Plants, W. W. Robbins Blakiston

A Manual of Cultivated Plants, L. H. Bailley Macrmillan

中文名詞索引

一畫

二畫

三畫

四畫

五畫

二十一至二十五畫

4　蔬菜园艺

西文名詞索引

一九三九年十一月初版
一九四九年十二月五版

農業叢書 蔬菜園藝（全一冊）

◎ 基價七元五角
（郵運匯費另加）

編　者　陸費執　顧華孫
發行人　中華書局股份有限公司代表　李虞杰
印刷者　上海澳門路八九號　中華書局永寧印刷廠
發行處　各埠中華書局

（一二四一一）（海）

滿洲蔬菜提要

（日）柏倉真一 著

滿洲書籍株氏會社
民國三十三年

柏倉眞 著

滿洲蔬菜提要 全

滿洲書籍株式會社發行

柏倉眞一著

滿洲蔬菜提要 全

滿洲書籍株式會社發行

序文

金州農業學校教官柏倉眞一君於昭和二年六月奉職該校爾來十有七年對生徒教育誠懇努力傾注心血今著滿洲蔬菜提要一書言簡義明法良意美合乎滿洲之實情純爲該君之體驗誠可爲各學校之好參考又可爲園藝家之好指南也茲當其出版聊綴數語對江湖諸君表示推薦之微衷並對該君勞苦表示深甚之敬意此序

康德十一年六月

盧元善

例言

一、本書、乃充爲中等農業學校之副教科書、並開拓地以及社會・家庭諸園藝家之參考書、而編著者。

一、爲便於初習園藝者起見、本書之記述、無不按照滿洲之實際。

一、時際紙張缺乏、意在節省消費、故縮小本文之鉛字、力圖內容之充實。

一、編著本書時、其負於前關東農事試驗場技手秋山松太郎君之贊助者、至多且大。至於繙譯、則蒙教科書編輯部之由君爲之執筆。合誌於此、謹表謝忱。

滿洲蔬菜提要　目次

第一編　總論

第二編 各論

滿洲蔬菜提要

第一編 總論

第一章 蔬菜

一、**定義** 草本植物而其根・莖・葉・實可以供爲食用者、叫做蔬菜。大抵的蔬菜、都是在他的生長期間裏、採摘柔嫩多漿者、供爲食用、而等到他完全成熟後纔採摘者、是絕無而僅有的。至於雖屬同種作物、倘爲用做家畜飼料或工藝原料而栽培者、便不屬於蔬菜的範圍內了。

二、**效用** 蔬菜爲吾人平日所需之副食物、不但含有無機鹽類・炭水化物・脂肪・蛋白質以及維他命等成分、且有特殊的香味、增食欲、助消化、原是可以直接或間接供給於營養的。食用時則或者熟食、或者生食、又或者如法調製、而做成腌漬的罐頭以及便於收藏的乾菜等了。

三、**類別** 蔬菜種類、爲數繁多、分類方法、亦有種種、現在且將一般所通行者、舉示於下。

1、果菜類…如茄子・黃瓜・雲豆等、以其所結果實爲食用者。

茄科類…茄子・洋柿子・辣椒等。

瓜果類…黄瓜・倭瓜・西瓜・甜瓜・扁蒲等。
豆果類…蚕豆・豌豆・毛豆（枝豆）・豇豆（ささげ）等。
雜果類…洋苺・秋葵（オクラ）・包米等。
2、葉莖菜類…如葱・白菜・龍鬚菜（アスパラカス）等、以其莖・葉爲食用者。
鱗莖類…葱・洋葱・冬葱（分葱）・韮菜・蒜・薤葱（リーク）等。
嫩莖類…龍鬚菜・土當歸（うど）・蘇鐵菜（コールラビー）等。
葉菜類…白菜・洋白菜・菠菜・款冬・萵苣等。
3、根菜類…如蘿蔔・地豆子・洋葱等、以其根或地下莖爲食用者。
直根類…蘿蔔・胡蘿蔔・牛蒡・火焰菜（ビード）等。
根塊類…地瓜・山藥等。
地下莖類…地豆子・芋頭・薑・藕根等。
4、雜　類…如花椰菜・洋菌（マッシュルーム）等、不屬於上示之某類者。
花菜類…花椰菜・朝鮮薊・甘菊（料理菊）等。
香辛類…藿香（セイジ）・麝香草（タイム）・洋茴香（ジル）・香菜等。
菌　類…洋菌・香蕈（しひたけ）・冬菇（なめたけ）等。

四、栽培法的種類．　栽培蔬菜、依其時期・方法、可以大別如下。

1、普通栽培　於普通時期播種栽培者。

2、早熟栽培　比普通時期早、而於溫床內播種育苗、再定植於本圃者。

3、晚播栽培　比普通時期晚播種、而晚收穫者。

4、促成栽培　栽培於溫床或溫室內、而提早收穫者。

第二章　滿洲之蔬菜園藝的特徵

滿洲之自然的及經濟的條件、和日本本土截然不同。因此、滿洲的蔬菜園經營、便亦有其特殊的發達。有心在滿洲從事蔬菜園藝的人、須將舊日的園藝悉心考究、然後、更加以改善、是不得疏忽的。

一、防風牆　春暖凍解、滿洲常颳南風。因之、太陽的輻射熱、便極力發揮。於是、不但作物的生長因以遲滯、作物的幼苗亦或者折損、或者偃伏、爲害頗大。有此等原因、蔬菜園都有防風的設施、而或用秫稭築成防風壁、或用甎・石築成防風牆。用秫稭的防風壁、普通是在園地周圍、挖上寬二〇糎深三〇糎的溝、便把成捆的秫稭排成一列豎在溝裏、再往溝裏傾土、鎮壓而使其鞏固。上部則於兩側夾以秫稭、束以細繩即成。由於園地的面積廣狹、風向如何等、僅於園地周圍築有防風壁、有時並於不能達成防風的目的。於是、便須在外壁的內方、更築一適宜的內壁了。

二、畦子栽培　爲南滿一帶地土乾燥之處所常用的方法。這是把日本本土一米寬的高壠，使其寬仍舊而做成低壠、叫做畦子。像黄瓜・白菜・葱秧等需要多灌水的蔬菜、便用畦子栽培。此爲防止水分蒸發、故使栽培床低下、乃乾燥地帶所考究之獨特耕作法。因此、栽培作物適値雨季、或如東北滿之雨量較多處及潮溼地帶、便和日本本土無異、也是做成高壠的。畦子的築造、先把地耕好耙平、就按一米左右的當兒用草繩隔開。其次、以草繩爲中心、往兩側掘土、而築成地格以爲境界兼步道。地格寬以一〇—三〇糎、高以一〇—二〇糎爲宜。因爲、過寬則耕作面積狹小、所以、要程度適宜、使其寧窄勿寬。但採收蔬菜時、畦內不能出入、普通便把需要步道之雲豆・黄瓜・白菜等的地格稍寬、而於菠菜・紅水蘿蔔・葱秧等出入畦內無碍的、便使地格盡量窄狹了。

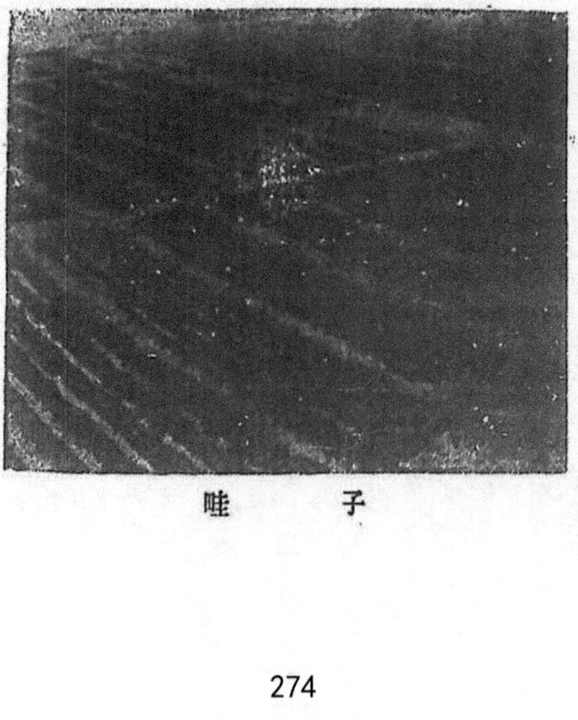

畦子

三、播種法

1、畦子的播種法

肥料是在畦子築成後、就撒布於畦子全面、而把他和表土混和起來、各處無多寡不均之弊爲要。

甲、摘播法　下雨以後、地土滋潤時、使一畦分爲兩行、照所定株間挖坑、而播種於其中。但地土乾燥時、則須灌水坑內、以後播種。

乙、條播法　這是在每一畦內、播種兩行以至四行的。像白菜・甜菜・蘿蔔等、在地下或空間、

金州附近的滿人、以五畦爲一單位、如左圖所示依次播種。

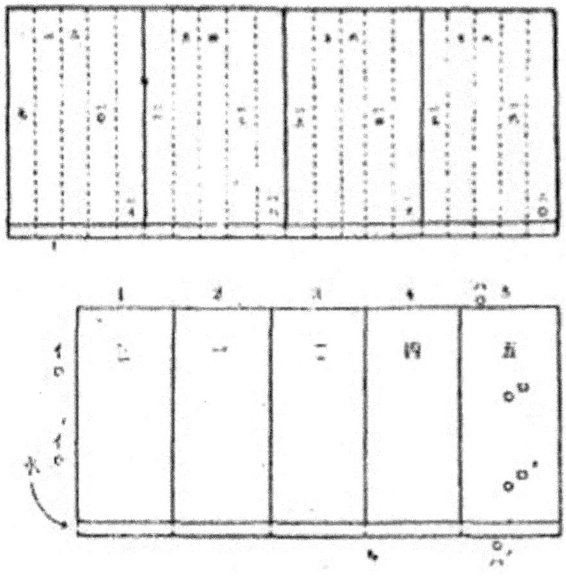

阿剌伯數字、表示畦子號數

漢文數字、表示播種的次序

イイ′……1的畦子所用的覆土

ロロ′……4的畦子所用的覆土

ハハ′……5的畦子所用的覆土

播種的順序

第一回……2的畦子……用1的畦子的土爲覆土

第二回……3的畦子……用4的畦子的土爲覆土

第三回……1的畦子……用イイ′的土爲覆土

第四回……4的畦子……用ロロ′的土爲覆土

第五回……5的畦子……用ハハ′的土爲覆土

占用面積較寬的蔬菜、要種兩行。像紅水蘿蔔・蕪菁・菠菜等、就種四行了。播種時、先從溝的一端往溝裏放水、待水滲入地中、以後下種、再把溝兩側的土覆於其上。

丙、撒播法　這是從某一方的畦子起、依次播種的。先從要播種的畦子裏、把用爲覆土的土移往其次的畦子裏、就刨好耙平、往畦子的全面放水。待水已滲入土中後、就往全畦裏播種、再把預備於其次的畦子裏的覆土、覆於其上。

2、高壠的播種法

像蘿蔔・地瓜等、以利用其地下部分爲主的蔬菜、可以應用此法。此法、先在所定的壠寬上、或用鎬頭、或用犁杖、打成一〇糎內外的淺溝、溝裏施以肥料、再把兩側的土壅築成爲高壠。其後、就按著所定的株間挖坑、坑裏澆上水、再播種覆土。

3、平壠的播種法

地豆子・芋頭等物、雖然亦以利用地下部分爲主、但最忌乾燥。此等蔬菜、可以用平壠的播種法從事。此法、於整地以後、就在所定的壠寬上、用鎬頭挖上一〇至一五糎的溝、同時、按著所定的株間、下種於溝內、再施用肥料、並覆以覆土。

四、灌水　在大陸乾燥地帶的蔬菜栽培上、灌水爲重要的作業。倘不灌水、則欲產生良質的蔬菜、是絕對不可能的。不過、滿洲地方、江河殊少、因之、利用江河的水以從事灌溉、亦極不多見。大抵於蔬菜園內、掘井汲水、以從事於灌水的。汲水方法、普通均用轆轤、而以人力轉動、但至中農或大農等、就使用畜力汲水器或電力汲水器了。灌水方法有二、一爲境界法、一爲畦間法。境界法是往畦子裏全面澆水的方法、而爲紅水蘿蔔・菠菜・黄瓜・葱秧等需要水分較多的蔬菜所用的。畦間法是把水流入畦溝以灌水的方法、而爲韮菜・芋頭・茄子・蘿蔔等需要水分不似前者之多的蔬菜所用的。

五、鋤地、 鋤地雖爲中耕方法之一、但鋤地的目的、是在防止土壤乾燥以協助作物之成長外、並兼爲除草所行的作業。普通均用除草機（ホー）把表土淺淺的搔耙一下、以防止土壤的固結、同時、截斷土中的毛細管、而使其保持水分。

滿洲的土壤、大抵屬於粘質、下雨之後、倘擱置不管、便固結如岩盤。因此、每逢雨後一―二日、必須鋤地、而於每一作物的收穫期裏、須鋤地五回至一〇回爲要。

第三章　氣候和蔬菜

一、滿洲氣候之特徵

1、春秋兩季期短、夏冬兩季期長、寒暑之差極大。

2、地下的凍結、雖因地點殊、但大抵爲一米至二米。

3、雨量稀少、約當日本本土一年總雨量的約三分之一。

4、溼氣少而蒸發量大。

5、日光照臨時多而雲量少。

6、春多南・西風、冬則北風、而其風速則大於日本本土。

7、見霜期早、斷霜期晚、而無霜之時期較短。

二、氣候和蔬菜的關係　由於蔬菜之種類不同、其對於氣候的要求、亦因之各異。大約著說、屬於果菜類的、愛好氣溫高、日光的照臨多、以及溼氣的薄少。屬於葉莖菜類的、適宜於淸涼的氣候、和均勻的溼氣。至於屬於根菜類的、其中雖然也有愛好高度氣溫的、但最多數者、則愛好中和的氣候和適度的溼氣。現在更把此項關係具體的揭示一下時、則其事實如下。

愛好高溫乾燥的蔬菜…地瓜・西瓜・甜瓜・落花生等。

愛好高溫適溼的蔬菜…茄子・芋頭・薑・刀豆等。

愛好中和適溼的蔬菜…蘿蔔・葱・蕪菁・胡蘿蔔・牛蒡等。

愛好冷涼適溼的蔬菜…菠菜・白菜・洋白菜・萵苣・大根菜（不斷草）等。

三、滿洲的氣候和蔬菜

1、須利用夏令高溫的蔬菜

地瓜・芋頭・西瓜・露地種西洋甜瓜（露地メロン）・冬瓜・茄子・洋柿子・辣椒等。

2、夏令高溫至於受害的蔬菜

花椰菜・球高苣・洋葱・薤(らっきょう)・豌豆・蠶豆・西洋甜瓜（メロン）・菠菜・茼蒿・蘘荷・蕪菁・蘿蔔・等。

3、空氣乾燥翻有效益的蔬菜

地瓜・落花生・毛豆・包米・西瓜・露地種西洋甜瓜・甜瓜・越瓜・扁蒲・洋柿子・茄子・辣椒・洋白菜・蘇蕪菜（コールラビー）以及蔬菜的採種等。

4、空氣乾燥至於受害的蔬菜

款冬・蘘荷・洋葱・薤・芋頭・地豆子・鴨兒芹（三葉(みつば)）・蠶豆・西洋甜瓜等。

5、雨季裏至於受害的蔬菜

花椰菜・露地種西洋甜瓜・秋蘿蔔・白菜的播種等。

6、由於嚴寒而必須春播的蔬菜

蠶豆・豌豆・二年子大根(にねんごだいこん)・花椰菜・洋白菜・隼人瓜(はやとうり)（チヤヨテ）・播種用的母本等。

四、適否於南滿洲的蔬菜種類

1、最適宜的種類

根菜類…中國秋蘿蔔・中國春蘿蔔・芥菜疙瘩・胡蘿蔔・地豆子・山藥・草石蠶（甘露兒(ちょろぎ)）・山薮

菜（山葵）・蘿蔔等。

葉菜類…白菜・油菜（體菜）・洋白菜・芹菜・香菜・菠菜・葱・韮菜・蒜・大根菜・搖萵苣・蕓薹菜・茼蒿等。

果菜類…甜瓜・黃瓜・茄子・洋柿子・辣椒・雲豆・豇豆・豌豆・鵲豆・毛豆・包米等。

2、適宜的種類

根菜類…日本蘿蔔・疙瘩水蘿蔔（二十日大根）・日本蕪菁・牛蒡・火篠菜・白胡蘿蔔（パースニップ）・西洋白牛蒡（ばらもんじん）・菊芋・地瓜等。

葉菜類…鴨兒芹・紫蘇・西洋芹菜（パーセリー）・茴香・大芥菜（高菜）・瓢兒菜・冬葱・蕨・十大黃（食用大黃）・土當歸・龍鬚菜・野生苦苣（チコリー）・苦苣（エンデーブ）・卷葉菜（ケール）・雀香・麝香草・蓼、獨行菜（胡椒草）・蘿蓬（まつな）・食用蒲公英・洋菌等。

果菜類…西瓜・越瓜・絲瓜・洋苺・秋葵（オクラ）・雪豆（ライマ）・朝鮮薊等。

3、稍不適宜的種類

根菜類…芋頭・藕根・慈姑・用根荷蘭鴨兒芹（セルリーアック）・百合等。

葉菜類…花椰菜・荷蘭鴨兒芹（セルリー）・韮葱（リーク）・水芋・印度芋（蓮芋）・秦椒（山椒）・廿菊（料理菊）・水菜・蘘荷・珊瑚菜（濱防風）・球萵苣・款冬・水芹菜等。

果菜類…豌豆・蠶豆・刀豆・紅花菜豆・扁蒲・冬瓜・蔓瓜（苦瓜）・溫室種西洋甜瓜・露地種西洋甜瓜等。

4、不適宜的種類

根菜類…芋魁（親芋類）・薑・山萮菜等。

葉菜類…蕹・洋葱・簇生洋白菜（子持甘藍）・樹狀花椰菜・竹筍等。

果菜類…隼人瓜。

五、南滿洲之蔬菜種類及灌水多寡

1、需要灌水極多的蔬菜

根菜類…藕根・慈姑。

葉菜類…水芹菜・芹菜・香菜・菠菜・茼蒿・萵苣・款冬・鴨兒芹・獨行菜・白菜・大芥菜・油菜・瓢兒菜・水菜・水芋・印度芋等。

果菜類…黃瓜・蠶豆等。

2、需要灌水稍多的蔬菜

根菜類…疙瘩水蘿蔔・春蘿蔔・夏蘿蔔・生食秋蘿蔔・小蕪菁・芥菜疙瘩・胡蘿蔔・地豆子・牛蒡・薑・芋頭等。

葉菜類…洋白菜・洋葱・韮葱・冬葱・豆葱・蕹・花椰菜・蘇鐵菜・蘘荷・荷蘭鴨兒芹・苦苣・卷葉菜・大根菜・西洋芹菜・土大黃・茴香等。

果菜類…辣椒・雲豆・豇豆・豌豆・冬瓜・扁蒲・洋莓等。

3、需要灌水極少的蔬菜種類

根菜類…百合・蕪菁・洋白菜・用根荷蘭鴨兒芹・山藥・火蓧菜等。

葉菜類…紫蘇・秋葱・蕨・土當歸・龍鬚菜・珊瑚菜・鹹蓬・秦椒・野生苦苣・蓼等。

果菜類…洋柿子・茄子・越瓜・西瓜・露地種西洋甜瓜・秋葵・毛豆・刀豆・朝鮮薊等。

4、不需要灌水的蔬菜種類

根菜類…地瓜・菊芋・草石蠶・山蒿菜・蘿蔔・中國秋蘿蔔・辣馬蘿蔔等。

葉菜類…香椿等。

果菜類…甜瓜・倭瓜・絲瓜・癩瓜・葫蘆科・稨豆・蚕豆・包米等。

六、南滿洲之露地過冬的蔬菜種類

根菜類…牛蒡・白胡蘿蔔（パースニップ）・山蒿菜・蘿蔔・菊芋・草石蠶・百合等。

葉菜類…葱・韮葱・洋葱・冬葱・韮菜・菠菜・水芹菜・土大黃（ルバーブ）・蕨・甘菊・龍鬚菜・土當歸・款冬・鴨兒芹・蘘荷・秦椒・芹菜等。

果菜類…洋莓・食用薊等。

第四章 土質和蔬菜

一、滿洲土壤的特質

1、從土壤的構成上看、滿洲的土壤、多爲壤土或壤質壤土。大抵由於粘土多、故土質重粘、凝集力極大。由於土壤的粒子微細、故缺乏孔隙量。因之、空氣和雨水的滲透、便不能充分。但其保水力則頗强、養料的吸收亦較大。

2、從肥瘠上看、南滿一帶地土大抵磽瘠、中・北滿一帶地土則頗肥沃。北滿的表土深、且富於有機質、呈黑色、極其肥沃。中滿的表土亦較深而頗爲肥沃。但南滿則表土淺薄、缺乏有機質、呈褐色而多瘠土。

3、從化學成分上看、缺乏窒素、富於燐酸和加里。

4、因爲降雨稀少、故大部分爲鹽基性土壤（アルカリ土壤）。

二、土質和蔬菜 如果是壤土或砂質壤土、而其表土深厚、排水良好、且含有有機物的話、則不論何種蔬菜、無不適宜。粘重的土質、雖大抵肥沃、但因排水不良、在蔬菜的生育上遂能與以不良影響。因此、倘能講求排水法而使其適宜、便能適於洋白菜・葱的栽培。砂質壤土、由於空氣和水的流通良好、容易增高地溫、故適於早熟栽培。至於表土深且富於腐植質的砂質壤土、則適於蘿蔔・胡蘿蔔・牛蒡等長根蔬菜的栽培了。

三、滿洲的土質和蔬菜

1、粘土…蔥・鴨兒芹・蘘荷・韮菜・葱・薤葱・冬葱・蒜・白菜類・朝鮮薊・芋頭・冬瓜・蠶豆・大豆・包米等。

2、粘質壤土…百合・蕪菁・大根菜・土當歸・荷蘭鴨兒芹・菠菜・洋白菜・花椰菜・款冬・越瓜・茄子・辣椒・豌豆・洋莓・龍鬚菜等。

3、壤土…地豆子・蘿蔔・胡蘿蔔・山藥・甘菊・洋柿子・黄瓜・倭瓜・扁蒲等。

4、砂質壤土…牛蒡・萵苣・甜瓜・芸豆・地瓜等。

5、水田…藕根・慈姑・水芹菜・水田芥(ウオターークレス)・山葵菜等。

6、瘠土…地瓜・落花生・豆類等。

7、各種土壤…菊芋・茼蒿・紫蘇・冬瓜・西洋芹菜等。

四、土壤反應和蔬菜

1、對於酸性土壤強健的蔬菜…疙瘩水蘿蔔・地瓜・芋頭等。

2、對於酸性土壤稍弱的蔬菜…蘿蔔・葱・西瓜・洋柿子・地豆子・蠶豆・小松菜(こまつな)等。

3、對於酸性土壤頗弱的蔬菜…茄子・辣椒・豌豆・胡蘿蔔・牛蒡等。

4、對於酸性土壤最弱的蔬菜…菠菜・葱類・萵苣・大豆・小豆・菜豆等。

5、加用石灰有效的蔬菜…菠菜・萵苣・蘿蔔・秋葵、荷蘭鴨兒芹・葱・茄子・洋柿子・辣椒・洋白菜・花椰菜・豌豆・落花生・黃瓜・龍鬚菜等。

6、加用石灰不見效的蔬菜…地瓜・胡蘿蔔・包米等。

7、加用石灰有害的蔬菜…西瓜・山羊蹄(酸模)等。

五、土質和氣候　土質之對於蔬菜的適宜與否、和氣候亦大有關係。大抵的蔬菜、氣候果能適宜良好、雖不選擇土質之如何、但氣候愈不適宜、則選擇土質的必要、便愈爲嚴重。

例如洋白菜和葱、適於滿洲的氣候、所以不論何種土壤、都可栽培。但在南方的暖地、則非屬於稍重粘的土質、是不易產生良品的。反之、地瓜等物、栽在暖地、大抵不論何處均能生產、但在寒地、便非砂質土不行了。

第五章　種　子

一、選擇種子的必要　種子爲作物的根本、種子不良、則土質如何肥沃、栽培如何得法、亦不能產出優良的東西。尤其因爲多數蔬菜、均爲一二年生的草本、大抵由於種子生長繁殖。又加上蔬菜種子普通容易變性、因此、在他的選擇上、最須注意。

原來、蔬菜的品種、既有隨同栽培的回數而至於適應馴化其風土的性質、又由於人爲的淘汰和自然的雜種等、而其形與質遂於不知不識中至於變性、並且此種變性、又大抵是屬於退化的。因此、對於採種、不斷的加以注意、而努力於其品質的保持與增進、是不可疏忽的。

更因近年、所有的東西、統制日益強化、而種子一類東西、亦不易求得個人所希望之品種。因此、在可能範圍內、應由自家採種或共同採種、以充當自己之需要、是切須留意的。

二、種子良否的鑑別法　種子良否的鑑別、倘列示其要點、則大致如下。

1、品種正確純良者。

2、不攙有夾雜物者。

3、發芽率多者。

4、充實而且重量大者。

5、具備其固有的形狀而色澤艷麗者。

三、品種的改良　選擇優良品種與否、在栽培上利用上以及經濟上、能發生非常的差異。所以、古來稱爲篤農家者、均於作物品種加以注意而圖謀其改良了。

但至近年、由於實驗遺傳學和育種學的進步、於是應用此等研究而使舊有品種的改良和新品種的育成、都有其合理化、在農業界、遂與以驚異的進步。現今所行的品種改良法、其主要者有下示數種。

1、純系淘汰法　向之被視爲一品種的作物、倘把他分離一下、便能分出種種不同的遺傳單位。於此、人就其中、各對於適於自己之栽培目的的優良系統、分離而栽培之、這叫做純系分離或純系淘汰。此項方法、應用於茄子・洋柿子・黃瓜・白菜・蘿蔔等的改良、頗收其效。

2、集團淘汰法　向來所栽培之種種的蔬菜類、雖其稱爲同一品種者、倘仔細觀察一下、便能發見其中實含有種種不同之點。因此、於自己的菜圃中、以自己的觀察而認爲優良品種者、便選拔出來集團栽培、以爲明年用之種子、這叫做集團淘汰。

此種淘汰法、所行者只係優良系的交配。因此、這不是自花交配、實爲他花交配。有此等原因、不但完全的種子、自然可以獲得、而且與自己的要求目的略能相近的種子、亦能採種、在實際的品種改良上、是一種不可或缺的方法。

此法、是行之於葱・菠菜・豌豆等的。

3、雜種育成法　以人工交配而育成新品種、叫做雜種育成法。向來之固定的品種、倘維持現狀一仍其舊、便永久不發生變化。因此、破壞此種固定狀態而使之發生動搖、便有所必要。於是、把某種的兩個不同品種交配起來、而製作雜種的話、則以其兩親的遺傳因子、由於種種的不同配合而所希冀的優良品種、便可資以選出。更使之固定不變、而新品種的育成、遂能因以實現。

不過、欲其品質固定不變，僅有第一次尚屬不可能。必須第二次第三次這樣、行過數次方可。因此、這是極費手續又費年數的。

倭瓜・西瓜・茄子等、可以應用此法從事。

4、一代雜種法　這並不是創造純粹的新品種的方法。不過、此法能在作物的性態品質上、與以種種變化、因之、和純粹種比起來、反能强健豐產者居多。所以、此從事品種的改良、所得效果、頗爲良好。

由於此種原因、於是、利用作物的此項特性、而應合自己的需要目的、把他配合起來、做成一代雜種、以用爲改良品種的一項手段、底確是一件不可少的工作。

茄子・倭瓜・黃瓜等、由於一花的交配、便可獲得多數的種子。對於此等作物、利用此法、頗爲有效。

第六章　肥　料

一、肥料的三成分和各個的特質　在吾人生活上、營養素不可或缺。蔬菜生長之需要營養素、亦與此同。蔬菜的營養素爲窒素・燐酸和加里，這叫做肥料的三要素。於此更加以有機質、便叫做四要素了。

1、窒素肥料　是肥效最顯著的肥料，倘施用可溶性的窒素肥料的話、則不出幾天、便能見效、而植物的葉變爲濃綠、生長還是旺盛。但此種肥料施用過多時、則莖葉過於繁茂、植物體衰弱、便有害於開花結實肥根等成熟作用、同時、對於風雨病害的抵抗力亦弱。更以此種肥料易於流失、所以、施用之際則須注意。

2、燐酸肥料　此種肥料的特性、幾乎和前者相反、是具有促進植物的生育、提高植物的開花和成熟、鞏固植物體、充實根・莖和種實、以及增進對於病蟲害之抵抗力等作用的。因此、使用過多時、則有過於促進生育、以致陷於早熟而減少收穫的缺點。

此種肥料、以其易爲土壤所吸收、所以沒有流失之虞。

3、加里肥料　是和炭水化物以及蛋白質的生成移轉有關係的肥料、能協助植物的生育、並使其品質良好。卽能使作物的莖質强韌、而增加其糖分和澱粉等的含有量的。

此種肥料、亦易爲土壤所吸收、而無流失之虞。

二、窒素肥料的種類和特性

1、人糞尿　都市附近、最易購得、更以價廉、故爲一般所多用。此項肥料、含有三成分而屬於速效性、所以、不論施用於某種作物無不可者、而用爲追肥亦宜、用爲底蓑亦宜。惟其性質供不潔、故爲生食之二十日大根・萵苣等一類東西、僅可施用於生育之初期、其後則須廻避。

2、蓖子油滓子　以其功效緩和、所以、用爲底蓑或追肥、無不適宜、而施之於何種蔬菜皆可。尤其如茄子・黃瓜等要求色澤和甘味的蔬菜、最爲有效。

3、豆餅　功效稍緩、故宜於用爲底糞、而於白菜・茄子・黃瓜等須期其生育旺盛的一類蔬菜、最爲適用。

豆餅的施用、最好碎成細粉、而做得到的話、把他用水浸漬、使其大半腐熟以後再用爲宜。

4、硫酸アンモニア　是純粹的窒素肥料、而爲屬於速效性的。適用爲底糞或追肥。質濃厚而容積少、所以、對於二〇立（一斗）的水、溶以三七五瓦（百匁）的硫酸アンモニア使用可也。

此種肥料、宜於各種蔬菜、而以葉菜類・根菜類爲最。不過、以其並不含有有機物、故必須併用其他有機肥料方可、注意爲要。

三、燐酸肥料的種類和特性

1、米糠　是植物性中的唯一燐酸肥料、功效緩和、可用爲底糞、尤以西瓜等要求甜味的東西、最爲適宜。施用之際、可先混以人糞尿・水等、而使其腐熟纔好。

2、骨粉　這是把動物的骨頭研成細粉的肥料、以其所含成分不易溶解、故須混入底糞或人糞尿裏、而使其醱酵腐熟爲要。

3、過燐酸石灰　是純粹的燐酸肥料、並且是濃厚的速效性肥料、故用爲底糞・追肥、無不適宜。施用之際、可與他種有機質肥料併用爲宜。

四、加里肥料的種類和特性

1、草木灰　這是薪炭草木等燃燒淨盡的灰燼、所以、帶灰色、重量大、是屬於成分濃厚的速效性肥料。用爲底糞極佳、亦有防除病蟲害之效。

2、硫酸加里　是純粹的加里肥料。惟其功效緩慢、故可用爲底糞。且以其不含有有機物、故以與他種有機質肥料倂用爲宜。

五、有機質肥料的種類和特性

1、廐肥　是家畜的糞尿和舖墊的草、堆積腐熟所成的肥料。把他施用於作物上、能向土壤中供給有機物、使土壤膨鬆柔輭、並使水力保持良好、而有使他種肥料的功效異常顯著的作用。

2、堆肥　這是雜草・塵埃・厨房的殘滓等堆積腐熟所成的肥料、功效與廐肥同。

第七章　農具

滿洲地方、雨水稀少、地土乾燥、土壤又爲粘質、因此、所用農具亦有其特殊的構造、而與日本本土的農具、截然不同。即以鏝頭一項說、日本鏝頭的構造、是在鐵刃上部更附以木板的、而滿洲鏝頭便除掉木柄之外、完全由鐵製成。

現在且把菜園中所使用的主要農具揭示於下。

1、刨耕用具…中國钁頭・中國大钁頭・犁杖等。

2、耙耕用具…鐵耙子（レーキ）・耮子・耙耮（ハロー）等。

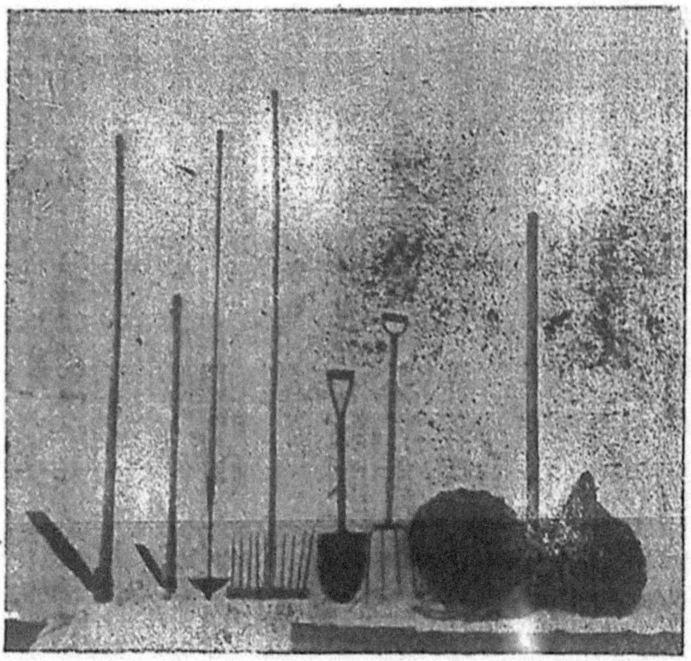

自右而左

糞撮子　扁擔　挑筐　鐵杈子　鐵鍬　鐵齒耙子　鋤子　中國钁頭　中國大钁頭

3、播種用具…中國钁頭・糞撮子・鐵鍬・畜力用播種器等。

4、除草中耕培土用具…鋤子・中國钁頭・犁杖・畜力用除草中耕器等。

5、灌水用具…轆轤・畜力揚水器・電力揚水器等。

6、施肥用具…糞桶・糞杓子・糞撮子・鐵鍬等。

7、收穫用具…扠子・鐮刀・中國钁頭・犁杖・畜力用收穫器等。

8、搬運用具…挑筐・扔筐・大車・載重汽車等。

第八章　藥　劑

一、防除病蟲害的必要　蔬菜的性質、大抵柔輭多漿、所以、對於病蟲害的抵抗力、一般便均薄弱。因之、防除一事、便須有切實的注意。

撒布藥劑、雖爲防除病蟲害的直接手段、但僅有此舉便欲期其完全、則所難能。因此、常須講求根本的預防、而將左開之栽培要素、得其完善、使作物的生育强健旺盛爲要。

甲、窒素過剩則莖葉的發育輭弱、爲防止此項弊害、須注意於三要素之配合。

乙、壠寬與株間均要廣濶、以便於通風・採光。

丙、爲減少忌地的被害、須從事適當的輪作。

丁、爲排除過乾過濕的障害、須從事適宜的灌水或排水。

戊、常使地裏清潔、而注意於被害作物之根蔸的處理。

己、種子須行消毒。

庚、土壤須行消毒。

努力於上述之間接的防除、同時、更撒布藥劑而加以直接的防除、務使被害程度、以最低極少爲止、是最要緊的。

二、主要的殺蟲劑　殺蟲劑爲驅殺害蟲所用、有毒劑和接觸劑等。

1、毒劑　是撒布於食草之上、而由於食此附有毒素之食草以毒殺害蟲的藥劑、只適用於驅除有咀嚼口的害蟲、如螟蛉等物之所用的。

(1)　砒酸鉛

甲、單用砒酸鉛　砒酸鉛…二·五—五瓦　水…一立

乙、加用生石灰或カゼイン石灰

砒酸鉛…二·五—五瓦　生石灰…二·五—五瓦

（カゼイン石灰是爲砒酸鉛的二〇%）

丙、混用石灰ボルドー液　砒酸鉛…二·五—五瓦

石灰ボルドー液…一立

(2) 硫酸石灰(用法即準擬砒酸鉛)

2、接觸劑 是撒布而使其附於害蟲體上、更經由氣門或皮膚、發生作用、以死滅害蟲的藥劑。

(1) 硫酸ニコチン石鹼合劑

調合量
- 硫酸ニコチン……一—一・二瓦
- 石鹼……一・二—二・四瓦
- 水……一立

(2) デリス石鹼

調合量
- デリス石鹼……二—五瓦
- 水……一立

三、**主要的殺菌劑** 用爲預防作物病害的殺菌劑、須具有下述之三條件、即、(一)原料價廉易得、(二)殺菌力强且無害於作物、(三)製造使用、方法簡易、且於衞生上少危險等是也。

1、石灰ボルドー液 是把硫酸銅液用生石灰乳中和出來的藥液、在預防空氣傳染諸病害上利用最多。

硫酸銅…一瓩 生石灰…一瓩 水…一〇〇立

在一〇〇立(一〇〇瓩)的水裏、含有硫酸銅一瓩的藥液、叫做一・式(二斗五升)ボルドー。

普通以此爲標準、而叫做〇・八式（三斗式）ボルドー、〇・七式（三斗五升式）ボルドー、以及〇・六式（四斗式）ボルドー等的。

2、銅石鹼液　這是把硫酸銅、用石鹼中的脂肪酸曹達中和出來的藥液。因爲、此種藥液、沾汚作物和藥害的弊病既輕、而於調製之後、又較能便於長期貯藏、故近年至於用者日多。

調合量
- 硫酸銅……二〇—三〇瓦
- 石　鹼……六〇—九〇瓦
- 水……一八立

3、石灰硫黃合劑、這是介殼蟲的驅除劑。但是、他的稀薄液、既有殺菌力、且影響於作物的藥害亦少、所以、也用爲他種病害的預防劑。

調合量
- 生石灰……二・二五瓩
- 硫黃華……四・五瓩
- 水……一八立

4、硫化加里液　此種藥液、對於露菌病類以及白澁病類之預防、是最適宜的。

調合量
- 硫化加里……三七・五瓦
- 水……一八立

四、土壤消毒劑　把土壤消毒一下的話、不但能殺却土壤中的病原菌、而有益於病害的預防、並且可以防止雜草和害蟲等的發生、又能改良土壤的性質而使作物的生育良好。

1、フォルマリン　把フォルマリン一%液用噴霧器撒布、同時、把土壤上下反復翻動、最好把他堆積在一處、用草簾子蓋着兩三天、以後、把他薄薄的攤開而使フォルマリン發散。等到フォルマリン的臭氣消失之後、再栽植種苗。一坪地面、約需フォルマリン半磅至一磅。

要把濃厚的フォルマリン使之稀薄時、其所需水的分量、可按下示算式以從事其計算。

$$\text{原液的分量}\times\frac{\text{原液的濃度\%}-\text{所用的濃度\%}}{\text{所用的濃度\%}}=\text{所用的水的分量}$$

2、二硫化炭素　用木棒在土壤上面、各處插一孔穴、在孔穴裏注以少量的二硫化炭素、再以土壤速塞其孔穴、而使藥氣充分滲透於土壤之中。更於經過數日後、栽植種苗時、便可從事完全的消毒了。一坪地面、用約三磅的二硫化炭素即可。

3、石灰硫黃合劑　照著三・三平方米（一坪）的地面爲比重四度的ボーメ二立（一升）的比例、用噴霧器把他一邊撒布一邊翻動土壤、經過兩天後、再栽植種苗即可。做得到的話、再把比重〇・三度的藥液每三・三平方米(一坪)的地面用一立(五合)、而撒布兩回的話、則其效益更爲確實。

此種藥液比フォルマリン雖然簡單、且無藥害、所以、簡便適用。

五、種苗的消毒劑 種苗消毒所用的藥劑，雖有種種、但其普通者、則爲フォルマリン液、硫酸銅液和生石灰液等。

1、フォルマリン液 預防麥類的堅黑穗病和斑葉病等，即將種子浸漬於フォルマリン二%液中，約五—六小時，而地下莖類之消毒、是浸漬於一%液中約十分鐘即可。浸漬以後、種子要用淸水洗淨晒乾、地下莖類則不必用水洗而使其風乾的。

2、硫酸銅液 把麥類的種子、在〇·五%的硫酸銅液中浸漬三—四小時、以後 用淸水洗淨播種、便能預防堅黑穗病和斑葉病等。

3、生石灰乳 把六瓩生石灰溶解於二〇立的水中 便成爲生石灰乳、而於其中把落葉果樹類浸漬一小時，地下莖類浸漬一〇分鐘，便能消毒。

此外、石灰ボルドー液和昇汞水等、也有使用的。

第九章 苗床

一、直播和床播 蔬菜的種子、有逕種於本圃者、叫做直播。有先試種於苗床而後定植於本圃者、叫做床播。忌移植者、强健而易於發芽者、可用直播從事。不容易發芽者、由於移植結果纔能良好者、以及有在早春寒冷時培養秧苗之必要者、便須以床播從事。

二、苗床的種類　苗床有冷床和溫床的區別。

1、冷床　雖有放散太陽熱以及防止床內溫度激變所需要的裝置、但無特別加熱的設施、而專賴自然的太陽光熱以培養秧苗者、叫做冷床。

2、溫床　用種種方法、施行人工的加熱、兼有放散太陽熱之設施者、叫做溫床。

三、苗床的位置　培養秧苗或促成栽培等事、時期都是在從冬到春、而爲勢須行之於氣候猶寒時的。因之、苗床的位置、便須選擇具備下述諸條件之處纔好。

1、溫暖且不受風之處。

2、土質爲排水良好、乾燥而水分不停滯之處。

3、在井或流水附近之處。

4、便於管理之處。

四、防風牆　圍繞苗床四周的障壁、須用經濟價廉的東西構築、因此、以當地所易得而且價廉的材料爲最適用。滿洲地方、普通則用秫稭。

此種障壁的高、由於苗床的面積廣狹、固然不能一律、但大抵北面爲二—三米許、而南面稍低爲一—二米的。

五、溫床的種類　照著構築的材料說、有木框溫床・洋灰溫床・甎框溫床・土壁溫床・秫稭溫床和草園溫床等。照著床底的位置說、有高設溫床和低設溫床。至於、照著上蓋的構造說、則有單屋頂式溫床和雙屋頂式溫床了。上述之中應該採用那個溫床、是照著氣候·蔬菜種類以及經濟關係等而異的。

第十章 木框溫床

一、構造

1、概說 在防止床溫發散上、在防止外氣侵入上、木框最爲輕便而且價廉易得、因之、不論任何地方都能利用、是最普遍的。

木框的大小、雖有種種、但普通爲寬一·二米（四尺）、長三·六米（一二尺）、而其前高爲二四糎（八寸）、後高則爲四五糎（一·五尺）。不過、金州附近滿人所用的木框、卻是寬爲一·五米（五尺）、長爲七—一三米（二四—四二尺）、而哈爾濱附近滿人所用的木框、卻是寬爲二米（六尺）、長爲一二米（三九·六尺）的。所用木料、務須選擇耐久價廉者爲宜。而在滿洲地方、則以松木而其厚爲三—四·五糎（一—一·五寸）許者、最爲適當。

木框的構造、其板與板的結合、不用洋釘、而爲裝插式或嵌板式、是爲的使用之後可以拆散、而移置於他處的。前後框板的四隅和每隔九〇糎（三尺）處、都用六糎（二寸）角的方木、插入地下四五糎（一·五尺）許、做爲支柱。木框上面、因爲要覆以四扇寬九〇糎（三尺）的玻璃蓋、所以在兩扇玻璃蓋的中間、就是在每隔九〇糎處、安上三根寬四・五糎（一・五寸）厚三・六糎（一・二寸）的縱梁、以爲承受玻璃蓋並防止前後框的木板伸縮之用。調節床內溫度、可用刻著四道橫格的木條 嵌其下部於後側框板上、以便按著床內溫度高低、而酌定玻璃蓋的開閉程度。

2、蓋 有油紙蓋（油障子）和玻璃蓋（硝子障子）。從可以利用陽光的一點上看、以玻璃蓋爲最適用。油紙蓋在節期尚早時的保溫能力、雖然不如玻璃蓋、但至四月較爲溫暖時、用以育苗的話、結果反比玻璃蓋好。只是一遇雨雪、容易破損、爲其缺點。

甲、玻璃蓋 普通寬爲一米（三尺）、長爲一・二米（四尺）。周圍的框、用寬六糎（二寸）長三糎（一寸）的木料裝插而成。框裏縱則安上一條縱木、橫則安上三條橫木、縱木和橫木的寬、均爲三糎（一寸）。於此縱・橫木所成之方框內側、刨成寬・深各一糎的凹部、便將玻璃嵌置於其上。玻璃寬爲二七糎（九寸）、長爲三〇糎（一尺）、每列四塊。

木框溫床

乙、油紙蓋　構造雖有種種、但普通則如玻璃蓋一樣、先做成外框、縱則安以一條縱木。以後，在縱木上、把寬二糎（六分）厚一糎（三分）的木條、照著一五糎（五寸）的距離釘上而爲橫木，更糊紙於其上。紙則須用强韌而不易破碎者。梳糊亦以使用白麪糊子、或蕨粉糊子爲宜。倘更欲使紙質之强韌增加並光線溫度之透射良好時、可把蘇子油或桐油等物、攙和一成左右的火油、用火稍一煮沸、更待其冷後、就用布片等物把他塗於紙上、而經日光一晒、便能滲漫全紙　使其成爲半透明了。

近年有特製出售的極其强靭的紙、其大與此溫床的油紙蓋相等、而專爲溫床的油紙蓋用者。利用此紙、最爲方便適宜。

溫床的安設

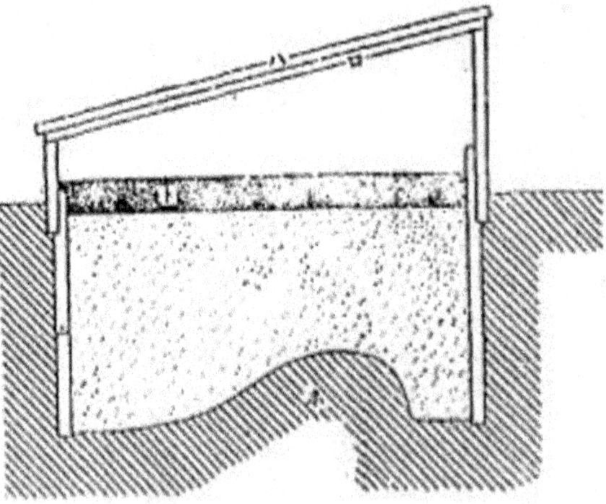

ト、床土
ヘ、釀熱物
ホ、床底
ニ、支柱
ハ、玻璃蓋
ロ、縱梁
イ、木框

3、覆蔽具　爲防止溫度的下降、以及雨水的侵入等事、在玻璃蓋或油紙蓋上、尚須施以覆蔽具、如盛大米的草袋、或草蓆・蒲包等物。

二、溫床的安設　溫床普通東西長而南北短、寬爲一・二米(四尺)、長爲三・六米(一二尺)。最初、先照著規定的大小、四面圍以草繩、沿著草繩以掘床坑。床坑之深、可按當地的氣候節季等、而酌量增減。但倘在二—三月時、則床坑之深、爲一米—六〇糎(三—二尺)卽可。不過、床坑的底面、是南側深、北側略深、而中央部高的。

三、熱源　利用火力・溫水・蒸氣・電氣等、做爲溫床之熱源、固屬最進步的方法、但在設備上、所需資本至鉅、因之、欲應用於一般、是頗難的。利用溫泉等事、亦爲屬於特殊而非普通的。其使用最簡易花錢最經濟的方法、實以利用化學熱、最爲得計、卽堆積植物質而使其醱酵生熱者是也。今將此種釀熱物的特性分述如下。

1、廐肥　由馬廐豚欄中所產生的廐肥以及其糞尿等、是最有效的釀熱料。尤以於所鋪墊的新草上混以二—三成的糞尿者、發熱量最多、持續時間最長。但及其腐敗、則功效隨之漸減。

2、紡績屑　乃紡績棉線之際所生產之副產物也。價值既廉、使用簡便、而發熱量又多、耐久力亦强、是最有效的釀熱料。此種釀熱料、單獨使用不如適宜的與乾稭・落葉等攙和起來、尤爲適用。此外則以其乾燥太甚、故水分之需要量亦多。

3、乾稭　各種乾枯的莖稭中、發熱力最强者、便是稻稭、尤以越是新鮮的、功效越大。反之、陳舊的就不但發熱量少、又不能持久、因之、功效便極其微弱。麥稭・穀草等、雖然也能發熱、但其效果無幾、故不適用。以乾稭爲釀熱料、單獨使用、不如和米糠・人糞尿等一同使用、效益尤大。

4、落葉　白楊・刺槐等濶葉樹的落葉、亦多有鋪墊於溫床內面用為釀熱料者。此種東西、單獨雖亦略能發熱、不過普通大抵是把他用為別個强烈急劇發熱物的緩和材料。要備用此種東西教他發熱的話、須將米糠・人糞尿的一類東西、加以適宜的補給。但亦不能發生强烈的溫熱。惟其發熱力頗能持久、所以、是不失為良好的釀熱料、而為人所重視的。

5、其他　如青葉・枯草・大豆或小豆的莖葉・高粱箆子・打場時的餘屑以及塵埃等物、亦可利用為釀熱材料。但是、此等東西、是和米糠・麥糠等混和起來用的。

四、鋪墊的分量　一個溫床裏所鋪墊的釀熱料、其分量該是多少、是按著季節・材料的若何以及所育成的作物種類而異的。

倘在二—三月時、鋪墊釀熱料以育成作物的話、則需要攝氏二五度乃至三〇度的溫度。現在且將各種主要作物、在二—三月育成時、所需要的溫度、表示如下。

茄子	二三—二八度	倭瓜	二〇—二五度
辣椒	二〇—二五度	雲豆	二〇—二三度
黃瓜	二〇—二五度	萵苣	一五—一八度

在二月時、要獲得以上的溫度、並且要使熱量持久的話、照著所用的釀熱料是甚麼、其分量若何雖須加以增減、但在南滿、像茄子・洋柿子等、要獲得二五度內外的熱量、並且使其持續四〇—五〇日

間的話、則對於寬一·二米（四尺）長三·六米（一二尺）的木框、可以左示分量爲標準。

釀熱料的種別	釀熱料的分量	鋪·墊的厚
以廄肥爲主者	新鮮廄肥 七五〇瓩 落葉 一二四瓩 水 六〇〇立(三石)	六〇糎
以精糠屑爲主者	精糠屑 二六〇瓩 乾草 五六瓩 水 五〇〇立	三九糎
以乾草爲主者	乾草 二九〇瓩 米糠 四五瓩 人糞尿 六七瓩 落葉 八二·五瓩	三九糎
以落葉爲主者	落葉 三三五瓩 乾草 八二·五瓩 米糠 三四·九瓩 人糞尿 六七瓩	三三糎
以鷄糞爲主者	鷄糞 二九〇瓩 乾草 七九瓩 米糠 二三·五瓩	二七·二糎

五、鋪墊的方法 鋪墊的事、是將各種釀熱料按著適宜的厚薄、踏壓於床內、而欲使其發生醱酵熱、以獲得適宜溫度的技術。因此、對於繁殖細菌所需要的養料·水·空氣三者、須常有適當的按排、是不可忽略的。

1、以廄肥·落葉爲主的鋪墊法

甲、廄肥一類東西、醱酵熱最盛、必須加上落葉·牛糞的一類東西、以抑制其急劇的醱酵、同時、要延長其保存日數。

乙、把各種釀熱料準備於木框外邊、要從事均勻的混合。

丙、最下的底部直接於地面、溫度因之有被攝取之虞、故須鋪墊落葉·高粱秸子等物、而其厚爲五—六糎。

丁、其次、要把所預備的釀熱料、分爲數回、以鋪墊於床內。

戊、米糠一類東西、可在每次灌水之後撒布。

己、鋪墊之際、倘四凸不平、發熱便因之將有高低之差、故須十分平坦、尤以木框周圍、鋪墊更須慎重。

庚、灌水程度、以鋪墊之後、用脚踏之、脚前尖稍能浸水爲止。

2、以紡績屑爲主的鋪墊法

甲、先把乾草、在木框外邊切斷、而其長爲二〇糎許。以後、一邊用扠子把他攪拌起來、一邊往上撒水、而與以適度的水分。所用的水、爲全量的三分之一左右。

乙、其次、把紡績屑取出、撒布在乾草上、再用扠子一邊攪拌乾草、一邊往上撒水、而使紡績屑都附著於乾草上。

丙、全部的釀熱料、要分爲數次鋪墊、並須慎重、使其比木框的周圍無厚薄之差。

丁、紡績屑發熱急驟、有發生過高的溫熱的傾向、故以混用落葉一—二成爲宜。

戊、灌水程度、可以遵據以廐肥爲主時的分量。

如以上所述鋪墊既畢、就把玻璃蓋覆於其上、而使其於白天充分透射太陽熱、夜間則覆以草簾子等。

六、床土

1、床土之所須具備的條件　苗床中所用床土、照著所栽培的作物種類以及時期等雖稍有差異、但其一般的必須具備條件如左。

甲、土質肥沃、可以促進作物之生育者。

乙、土質膨鬆、既能涵蓄水濕、且爲排水良好者。

丙、富有吸熱力者。

丁、沒有發生病蟲害之危險者。

一般廣行使用的培養土、爲把田土・堆肥・河砂・土糞等、適宜的配合起來、更將人糞尿・油滓子・木灰等混入其中、而使其堆積腐熟的。

2、配合例

	播種用	試栽用
堆肥	四	二二
田土	四	六八
河砂	六	二〇

3、調製培養土的注意

甲、堆肥須用完全腐熟者。

乙、用五分孔的篩子過一下、而取出其中之石片・土塊。

丙、早用者、須於頭一年秋令調製貯藏。

丁、要好好混合起來、而使其成爲均勻的培養土。

戊、茄子・洋柿子用的床土、要施行土壤的消毒。

4、床土的移入　床土的移入、有兩種方法、一個是鋪整一完就移入的、一個是鋪墊已畢、更經過一星期左右、等到發生攝氏三〇度左右的高熱時纔移入的。

5、表土的用量

播種用……六糎(二寸)　　移植用……一〇糎(三寸)

第十一章　溫　室

一、**意義**　在玻璃室內、施以煖房裝置的、叫做溫室。和溫床比起來、溫室所受的天候以及其他外部的影響既少、而爲最適宜的育苗處、並且容易育成好苗、是不消說的。惟其建築、所費頗多、因之、僅以育苗爲目的之溫室、殊不多見。普通大抵爲栽培各種花卉和蔬菜、而只將其一部分充當爲育苗之用罷了。

二、**所在**　建築溫室的所在、須日照・通風・排水三者均稱良好之處、冬令既然溫暖、適於栽培蔬菜之土壤及水、又能容易充分的獲得纔好。此外、從經濟上說則須爲大都市附近之地、以便於購買材料及販賣生產品者爲要。

三、樣式　從屋頂的形式說、有單屋頂式・四分三式・雙屋頂式以及連結式等的分別。小溫室而其煖房裝置不完全者、均用單屋頂式或四分三式建築。大溫室而其煖房裝置完備者、則多用雙屋頂式。至於連結式者、建築和煖房諸費、雖可省儉、但日照和通風不佳、修繕所費亦多、却是他的缺點。

四、構造　建築溫室、須用最能耐受水溼的木料、而日照・保溫・換氣・排水諸事、既稱良好、從事灌水等作業時、又能便利者方可。基礎部分、須用洋灰・甎和石料等、骨架則小溫室可用木架、大溫室可用半鐵架。爲防止腐蝕、木料則塗以白洋漆、鐵材則先塗以鉛丹、再塗以白洋漆。玻璃、以厚三粍者爲宜。屋頂

イ、改良單屋頂式溫床
ロ、洋灰溫床
ハ、單屋頂式溫室

的角度、使其爲三〇—三二度。內部、倘就地栽培蔬菜時、可設置地床或高設溫床、以盆栽從事時、則須架設盆架。

五、煖房 溫室內的煖房、普通是用煤爲燃料、以氣罐沸水、而使沸水循環於室中所配置之鐵管內的。惟三〇〇坪以上的大溫室時、則以沸水循環不良、便須利用蒸氣。利用蒸氣、是得有特別完全的設備的。倘屬於小溫室時、便以煤・雜草・馬糞等爲燃料、而由煙道通煙以煖床、不然、便可用洋爐等物了。至於利用電氣・煤氣・溫泉的熱湯等、則爲屬於特殊的。

六、溫室蔬菜的種類 爲萵苣・白菜・黃瓜・菜豆・茄子・洋柿子・發芽葱・韮菜・蒜以及荷蘭鴨兒芹等。

第十二章 播種和溫床管理

一、播種 播種時、普通按著六—九糎的距離、打上淺溝、用條播或點播的法子把種子撒上、就蓋上土。其後、更在上面薄薄的鋪上一層稻草、再澆水、接著就蓋上玻璃蓋和蒲包等物。

二、減苗 爲防止苗的密生和徒長而與以發育上所需要的餘地、要施行幾回減苗、而拔去劣苗、存留良苗。

三、移植 床溫冷卻之際、或爲與小苗以發育之餘地而圖謀其細根之發達時、則須從事移植。移植的目的、是爲獲得强健之良苗的。移置的時期和回數、照著蔬菜種類和育苗期間的長短而異、但通常爲兩三回、而以下述之時期從事。

第一回以早爲宜、卽於發芽後一〇日以內、甲拆葉大見張開、而始見本葉時行之卽可。

第二回可於第一回的二〇日乃至三〇日之後從事、卽生有本葉三—四枚時是也。

第三回是從事於第二回移植後二〇日內外、而發出六—七枚本葉時的。

移植之際、特別須注意的事項、則爲以下所述的幾點。

甲、移植須選擇睛明溫暖而且無風之日從事、並於移植的一小時以前、要往苗床裏充分的灌水。

乙、嚴寒時的移植、特別要注意防寒、而使苗子不至於凍壞、故須自午前一〇點左右開始、至午後兩點左右完畢。

丙、移植以後、往根部充分灌水、而使土粒流入根間。

丁、爲防止移植後的苗子萎凋及使其早活、可施以蔽日之具、但日期不得太長。

戊、移植以淺栽爲宜、根部的土、不必特別鎮壓。

己、移植的適宜時期、切勿錯過、而爲不使苗子徒長起見、莫若早日從事。

庚、移植之際、須鄭重選別苗的優劣、而棄去劣苗、專留良苗。

四、蔽日具　爲增減日照的程度及防止苗子的萎凋、需要施以蔽日具。尤其是移植當時的苗子、和容易受日害的苗子、直到他恢復常態為止、須施以適當的蔽日具為要。

五、灌水 灌水為育苗時的最重要作業、而此種作業欲其無過不足之弊、是頗難的。灌水不足、則苗萎凋、以致有碍於發育。灌水太多、則或使床溫發生急劇的變化、或使釀熱物過濕以致有碍於發熱、又或者使作物軟弱的。灌水的作業、總要不使地溫低下、而在容易速復原狀的時刻從事、即自午前一〇點到午後一點之間從事者是也。此外、則早春時的灌水、以用微溫水為宜。

灌水的分量和回數、是在苗子小、溫度低、日照少、以及滋潤的時候、必須減少、不然的時候、便必須增多的。至於、照著作物的種類和發育的程度、而灌水的分量和回數、不消說是亦因之各有其不同的了。

六、陽光和通氣 使陽光照進床內以提高床溫而使其同化作用旺盛、由於通氣以乾燥床內而於溫度加以適宜的調節等等、其目的所在、都是為的使苗子健壯的。床內的換氣如果不良、則有害的惡氣、存貯其內、便有害於苗子的健康。在促成栽培時、當開花期裏、切須打開玻璃蓋、而使床土乾燥、花粉的支配完全、是最要緊的。陽光的照臨和通氣、都要緩緩徐進、漸漸從事、而最忌急劇。尤其是、天候不良連亘數日之後、倘使其驟與晴天的乾燥空氣相遇、則或者有至於使軟弱的莖葉萎萎、而最後便至於枯死的事。

七、床溫的調節 要常檢查床內溫度、而使其保持適宜的狀態。早春時候、外氣寒凉、所以、夜間不消說、就是白天、倘特別寒冷或雨雪等時、均須關閉玻璃蓋、更覆以草簾子・蒲包等物、以防止床溫的冷却。此等覆蔽的厚薄、是要照著寒氣的程度、作物的種類以及床溫的高低等、加以斟酌的。至於釀熱物、鋪墊之後經過的日期一長、床溫必至於冷却、所以、便須把釀熱物的全部或其一部、另行鋪墊。如果床溫太高時、則須打開玻璃蓋、夜間亦須用那對著橫格的木頭、把木框和玻璃蓋之間、開一微隙、而於其上、覆以蒲包。低溫的時候、便須置炭火等物於床內、而加以應急的補溫了。

八、病蟲害的防除　這是管理上一件最重要的事。主要的害蟲、爲蜜蟲・蜈蚣・赤壁蝨（アカダニ）等、驅除此等害蟲、可用デリス石鹼・硫酸ニコチン・砒酸鉛・石灰硫黃合劑等。主要的病害、爲露菌病・立枯病等。預防此等病害、則須撒布ボルドー液或硫黃華等了。

所有的病蟲害、都是由於床溫的不適宜、通氣的不良、乾溼的過不足而生。因此、只消溫床的管理周到、是無不可以防禍於未然的。

第十三章　促成栽培

一、意義　自然的環境倘不適於作物的栽培、而以人工的技術、與作物以愛好的環境、以從事作物的栽培者、叫做促成栽培。促成栽培雖比普通栽培多費勞力與資本、並需要對於自然現象及作物的豐富智識、以及熟練的技術等、但可利用冬季的農暇期、而由面積無多的地面、可使出產既多、又能及早收回所投下的資本、則其特長也。以此種栽培法從事營利時、其是非可否、第一須以經濟情形、加以決定。因此、便是不能受到自然的條件的地方、也不是便不能從事促成栽培的。所以、雖在零下三〇餘度的北滿地方、或南風屢起的暖和地方、都可從事促成栽培、其設備式樣、雖各地不同、但略可區別如下。

1、利用溫室者…茄子・黃瓜・雲豆・萵苣・發芽的菜類等。

2、利用溫床者…蒜・荷蘭鴨兒芹・萵苣・黃瓜・豌豆等。

3、利用釀化窖或釀化溝者…韭菜・土當歸・龍鬚菜等。

4、其他利用簡單的太陽之幅射熱者…韭菜・蒜等。

現在的滿洲栽培家、對於生產期間的短促、勞力的分配閑忙不均、一年的進項寥寥無幾、以及以己力供給肥料等事、都棄置不顧、等閑視之。此等困苦、以為不但由於促成栽培可以完全解消、而且以促成栽培從事時、便是估計其生產費當不在少數的話、亦預想其決為獲益匪淺的事業。現下在全滿各地、除掉哈爾濱附近的郊外一帶、其他各地之此種促成栽培、大抵猶爲極其不振。因此、滿洲的蔬菜栽培家、亦應採用促成栽培、而一面潤澤自家之經濟、一面不斷供給消費者以新鮮蔬菜、以享樂滿洲的冬日生活、是切須致力的。

二、促成場的位置及方向　在從事促成栽培上、關於促成場的位置及方向的決定、是所關綦重的事、現在特將切須注意諸點記述於下。

甲、須面南而且溫暖之地　促成栽培固然是以人工供給溫度、但其大部分的溫度仍然是利用太陽熱、而人工熱不過只是補助其不足罷了。雖然、冬令太陽南下、照射力弱、尤其是滿洲地方緯度頗高、因之、此種現象便愈加顯著。於是、欲將此貴重的太陽光線利用無餘　第一着宜以選擇日光照射極其良好之地、是既重且要的了。又因從冬到春、凛冽的西北風不斷的吹動、遂使地上的建築物亦皆通體涼透。所以、理想上的促成場位置、實以西・西北一面控有丘陵、而往南則稍帶傾斜之處、是最適宜的。不過此種自然天成的土地、普通極不易得。因此、也只消還一西北面能有房屋・土牆和防風林等、而向南則開放無阻之處即可。

乙、土質須輕鬆排水須良好　粘重的土質、大抵地溫低下、因之、要從促成處掠取多量溫度。至於輕鬆的土質、則較粘重土的地溫高、於維持促成場的溫度上、是向來被視為有效的。又如溫床的築造、其床穴是往地下掘到二—三尺深的。所以、倘排水不良、至於床穴內有湧水一類的事、則釀熱物的發熱作用便因以中止、豈不歸於失敗。有此種原因、選擇地下水排水良好之地、是最為重要的。不過、土地之屬於極端的砂地、地溫雖高、排水雖佳、然土壤易於崩壞、從事設備不免困難。然則、亦只消選擇其為砂質壤土或壤土者、便是適宜的了。

丙、須離住宅近俾便於管理　促成作物、在管理上、最需要周到綿密的注意、因之、其理想的所在、則以能設置於管理人以及家人輩常能容易看見之處、是最好的。尤以由於氣候的變化、雖在夜間、亦須急速與以各個不同的適當應急措置、所以、促成場是必須選定於與住宅相近之處的。

丁、水分的供給須方便容易　露地栽培的蔬菜類、雖然能利用雨水和地下水一類的天然水、但栽培於促成場內者、天然水的利用、殆屬於不可能、既然統須從事人工灌水、每日便需要多量的水了。滿洲冬令、所有的河水以及蓄積於水坑等處的水、全部結氷、於是、除掉利用井水以外、別無他法。因之、促成場的位置、要接近井邊、便是絕對必要的。加上、為保持床內溫度起見、冬令的用水、須為攝氏一五度內外的溫水、而便須把冷水用鍋溫過再用了。具備此等條件的理想的位置、委實不易獲得、所以、便須使其適合於此等條件、而預先從事設備。雖然、滿洲的原住農家、大抵均有廣濶的庭院、以為調製禾稼的場園、以為家畜的飼育場或運動場。而此種庭院、既然平濶、又接近住宅、並且面南、易受日光、周圍更環以高峻的牆垣以蔽寒風、故最溫暖、位置復為一極其便利的所在。因此、用為冬春兩季農暇期之副業、而利用此平曠之庭院以從事促成栽培或早熟用的育苗、以為不但有利、而且是促成場的絕好的地址罷。

三、培養土　培養土之性質如何、影響於作物之生育者、是既多且大的。尤以促成栽培、其育苗期的培養土選擇、最為重要。培養土之所須具備的條件以及調製法等、可參看育苗項中之記述、於茲從略。

四、可以利用為促成栽培的主要蔬菜類及其性質狀態　所有的蔬菜類、固然都可以用為促成栽培的作物、但在現下所栽培的蔬菜、則下述的各種、却爲其主要者、以爲這是由於種種理由、纔如此限定的罷。從利用方面著想、現下所栽培的蔬菜類、可以分類如下。

1、爲賣錢多而栽培者…黃瓜・茄子・洋柿子・西瓜・西洋甜瓜・倭瓜等。

2、爲可利用特殊的環境而用爲間作蔬菜以栽培者。

甲、因爲屬於矮性種、喜愛背陰處所栽培者…鴨兒芹・秦椒・發芽葱・罐菊甲拆菜等。

乙、因爲屬於矮性種而栽培者…雲豆・菠菜・小蕪菁・辣椒・芽麥等。

3、爲利用特殊的栽培法以增進其品質、而可以多賣錢所栽培者…軟化菜類・鴨兒芹・蘘荷・珊瑚菜・蕨・芽芋・龍鬚菜・土當歸・蒜・韮菜等。

在從事促成栽培上、對於上述各蔬菜類的性質狀態能一一通曉、是最要緊的。能通曉其性質狀態而與以適宜的環境、纔能産生優良品、纔能在販賣最適宜的時期從事收穫。於是、由此纔能獲得厚利的。通曉此等蔬菜類的性質狀態一事、原來和促成場的設備、同爲促成栽培上的重要基礎。

關於蔬菜類的性質狀態、將於第二編之各論項中、分別記述、現在僅將在促成栽培上有深切關係的各點、表示於下。

種類	適宜的溫度	到發芽的日數	到開花的日數	到收穫的日數	收穫期間
茄子	二六°C	七日	九〇日	一一〇日	九〇日

洋柿子	二四	五	八〇	一三〇	八〇
辣椒	二五	六	九〇	一二〇	九〇
黃瓜	二三	四	六〇	八五	五〇
倭瓜	二四	五	八五	一一〇	六〇
西瓜	二五	七	七〇	一〇〇	四〇
溫室種西洋甜瓜	二七	五	七〇	一一〇	三〇
蕓豆	二一	四	五五	七〇	五〇
洋莓	二〇	—	四〇	七〇	六〇
菜頭	一八	—	—	三〇—九〇	—

軟化蔬菜類

種類名	適宜的溫度	到採摘的日數	光線	濕氣	備考
鴨兒芹	18—二〇°C	二一—三〇	在可採摘時要	要多	冷凍根株、在適宜時期開始栽培
薹	25—三〇	四〇—五〇	同	要	同

蘘荷	23—二五	三〇—四五	常要	同	同
防風	18—二二	一四—二〇	同	同	同
蕺	18—二〇	一五—二〇	同	同	同
芽芋	23—二五	二五—四〇	不要	要多	同
龍鬚菜	17—二〇	二五—三〇	同	要多	同
土當歸	20—二五	三〇—四五	同	要	同
蒜	23—二五	二〇—三〇	同	要多	同
韮菜	20—二五	一五—二〇	要	要多	同。在露地的韮菜要覆以玻璃蓋

芽物蔬菜類

種類名	適宜的溫度	到採摘的期間	光線	備考
紫蘇	20°—22°C	二〇—三〇	要	長出三—四個本葉時收穫
發芽葱	18—20	三〇—四〇	少要	高二寸左右時收穫
秦椒	20—23	四〇—六〇	同	新芽展開時收穫
芽蓼	20—22	二〇—三〇	要	收穫甲拆菜

蘿蔔甲拆葉	20	五日內外	少	要	採摘二寸內外的甲拆葉

第十四章　連作和輪作

一、連作和輪作　在同一地面、每年繼續栽培同樣作物者叫做連作、每年更換栽培各種作物者叫做輪作。蔬菜由於種類之不同、有是可以從事連作的、有是不可以從事連作的。蘿蔔・胡蘿蔔等惟其連作、品質翻能良好、茄子・黃瓜等、却最忌連作、於是、栽培過一次的地、便須擱置數年了。

所有的同種蔬菜、在同一地面一個連作的話、於土壤中的理化學的性質、便漸次與以變化。因此、或者生育不良、或者發生病蟲害以致收穫量減少、實屬普通情形。有此種原因、所以除掉特別可以連作者外、一般於作物的性質、栽培的時期、病蟲害的關係、勞力和肥料的經濟的使用等、須加以斟酌而將數種作物、迭互數年之久、依次輪流更換栽種、即所謂以輪作法從事、是最要緊的。

二、連作的可否　現在且就各主要蔬菜、而示其連作之可否於左。

1、由於連作品質翻能向上者…蘿蔔・胡蘿蔔・地瓜・倭瓜等。

2、由於連作品質遂至惡劣者…西瓜・洋柿子・豌豆・結球白菜等。

三、輪作的適例　表示如左。

	第一年	第二年	第三年
1、	茄子—菠菜	地豆子—胡蘿蔔	倭瓜—秋蘿蔔
2、	紅蘿蔔—葱—白菜	黄瓜—胡蘿蔔	架豆—菠菜
3、	春洋白菜—秋黄瓜	茄子—菠菜	葱—白菜

四、輪作的不適例

前作	後作	不適的理由
茄子	洋柿子	以其爲同科植物、所以、易受青枯病。
茄子	牛蒡	多生根瘤。
茄子	地豆子	以其爲同科植物、所以、易受立枯病和青枯病。
茄子	地瓜	地土過於肥沃、結實不良。
地瓜	菜類	以其爲淺根植物、而土地貧瘠、故發育不良。
地瓜	山藥	加里分少、故發育不良。
倭瓜	菜類	土地貧瘠、故發育不良。
倭瓜	蕪菁	以其同爲淺根植物、故發育不良。

倭瓜	牛蒡	多生根瘤、以故不良。
倭瓜	葱	地質瘠薄、而發育不良。
倭瓜	荷蘭芹 鴨兒芹	地質瘠薄、而發育不良、害蟲亦多。
倭瓜	瓜類	忌同科。
黃瓜	胡蘿蔔	線蟲類繁殖、瘤亦加大。
葱	菜類	土地貧瘠、故發育不良。
豌豆	菠菜	同忌酸性土壤。
葱類	韮菜	忌同科。
白菜 蘿蔔	洋白菜	以其爲同科植物、故多罹敗病。
茄科	洋白菜	過於肥沃之處、結球不良。
豆科	西瓜	豆科之後、過於繁茂、不良。
豆類 芋	倭瓜	多施肥之地、不良。

五、混作 蔬菜的集約栽培、近年逐漸發達、於是、不僅單以輪作從事、而於作物之初期或收穫期之稍前、在壠間或者播種別種作物、或者移植別種作物以從事混作（間作）、俾耕作的集約益行强化的方

法、遂見於實行了。

六、混作的適例

1、牛蒡和春白菜的混播。

2、荷蘭鴨兒芹和疙瘩水蘿蔔的混播。

3、雲豆地裏、間種萵苣。

4、春洋白菜和夏黃瓜的混栽。

5、芋頭和雲豆的混作。

第十五章 蔬菜的貯藏

一、貯藏的必要　滿洲地方、從春到秋、各地雖然都產生極多的蔬菜、但到冬令、却是除掉溫室・溫床等之促成蔬菜以外、幾乎見不著他的影子。加上、在大東亞戰爭以前、從華北・臺灣以及日本本土、曾輸入多量的蔬菜、以供給滿洲的需要。但至最近、以戰時下的運輸、不免有些失於圓滑、因之、一般的需要、遂至於供給不周了。有此種原因、今後便非採取當地營辦的方針、而於可能範圍內、把秋令產生的蔬菜、預備爲冬令的需要了。

然則、每一人要貯藏多少蔬菜纔够用呢。據說、一個人平均一天是有攝取一〇〇瓦乃至五〇〇瓦之蔬菜的必要的。因此、一個大人、從一一月到五月的約七個月裏、亦即約二〇〇天的期間裏、所需要的數量、便是二〇瓩乃至一〇〇瓩了。日本本土的一個人平均一天的蔬菜食用量、雖爲二五〇瓦、但以滿洲的水果蔬生量不多、所以、一個人平均一天以五〇〇瓦爲標準、而有一〇〇瓩的貯藏就可以了罷。

二、貯藏法的種類

貯藏法雖有以下所述的各種、但在本章却是僅就原形貯藏法分別加以說明的。

貯藏
- 原形貯藏
  - 食用
    - 倭瓜・蘿蔔・胡蘿蔔・牛蒡・地豆子・地瓜・蒜・百合・白菜・洋白菜・
    - 荷蘭鴨兒芹・菠菜・豆類等。
  - 種子用
    - 地瓜・地豆子・豆類・蒜等。
- 加工貯藏
  - 乾燥
    - 根菜類……蘿蔔・胡蘿蔔・牛蒡・地瓜等。
    - 塊莖類……地豆子・薑・芋頭等。
    - 葉菜類……芋莖・菠菜等。
    - 果菜類……扁蒲・倭瓜・茄子・辣椒・黃瓜・雲豆・豇豆等。
    - 其他……甘菊・黃花菜等。
  - 漬物
    - 鹽漬……蘿蔔・蕪菁・菜類・洋白菜・茄子・黃瓜・越瓜等。
    - 醋漬……草石蠶・薑・紫蘇・蘘荷・洋白菜・花椰菜・甘菊・黃瓜・辣椒等。
    - 糟漬……蘿蔔・蕪菁・越瓜・黃瓜・西瓜等。

- 麴　漬……蕪菁・蘿蔔・白菜等。
- 芥子漬……蘿蔔・越瓜・茄子等。
- 醬　漬……蘿蔔・胡蘿蔔・牛蒡・越瓜・茄子等、
- 製　果
  - 糖　漬……款冬・薑・蘿蔔等。
  - 果醬（ジャム）、果汁凍（ゼリー）……西瓜・倭瓜・洋莓・大黃等。
  - 其　他……洋醬油（ソース）・果子蜜（シロップ）等。
- 罐　頭（龍鬚菜・豌豆・雲豆・包米等。
- 澱　粉（地豆子・地瓜・菊芋・包米等。

三、貯藏庫的種類　南滿地方所利用的貯藏庫、就是窖子、而其別有菜窖・溫窖・井窖等的種類。

1、菜窖　這是貯藏青菜的窖子。其構造是在露地挖坑、坑寬三米、長六—七米、（但可以適宜爲度）、深三米。上面縱橫架以木杆、而於木杆上面覆以秫稭、再在秫稭上面覆以二〇糎左右的土、便於其中貯藏胡蘿蔔・蘿蔔等的。

2、溫窖　這是滿人設在屋內炕前的窖子、深爲一米、寬亦一米、長爲二米（但可以適宜爲度）、大抵爲用以貯藏地瓜的。

3、非窖 是在露地掘一直徑一米深四米左右的坑、更由坑的底部往兩旁掘底寬三—四米高二米左右的大容洞、而貯藏蔬菜於此容洞內的。所貯藏者，以地瓜爲主。

附 貯藏溝 這固然不是貯藏庫、但亦類似貯藏庫者、利用價値頗有相當之大。卽掘成深六〇糎乃至七〇糎，寬二米、長一〇米（但可以適宜爲度）的溝、而貯藏日本蘿蔔・洋白菜・荷蘭鴨兒芹・香菜等蔬菜於溝中的。

四、菜窖構築法 現在且將便利適用，構築簡易的菜窖構築法、說明一下。

1、土質的選定 土質以屬於粘土質，而地下水之水位低處爲宜。更爲便於照看起見、可選定接近住宅之處纔好。

2、貯藏庫之大和蔬菜收容量 深三米、寬三・五米、長三〇米的菜窖、可以貯藏五萬斤許的蔬菜、就是能貯藏六〇〇至七〇〇人用的蔬菜的。五六口之家用者、則只須深一・五米、寬一米、長二米、便足於用。

3、掘坑法 照著規定的大、先圍以草繩、其次、便在繩的內側、和地面成爲直角往下掘取。掘取之深、南滿約爲二米、北滿則爲二・五米。以後 更在地面上堆土約一米、而使窖內如所定之深。堆土之際、側壁往往崩潰、以致上口寬濶。因此、爲防止此失、可砌以石・土坯・秫秸等。

4、棚架法 橫木的直徑爲二〇糎、而其長比坑寬約長一米、木質堅且硬者、每隔二米橫架一棵。橫木之上、縱則每隔一米、架以縱木、而此縱木之直徑、則爲一〇糎內外者。

5、上蓋的修葺法　上蓋則橫排以秫稭或茄子稭等、而其厚爲三〇糎內外、再於其上覆以約二〇糎厚的土。在上蓋上、對於長三〇米的貯藏庫、須設一出入口、七換氣孔、而出入口之大爲七〇糎平方、換氣孔之大爲四〇糎平方。

6、庫內的設備　中央留做來往的通路、兩側則懸設一層或兩層弔板、而於下部的弔板貯藏根菜類、上部的弔板貯藏白菜・洋白菜等葉菜類。弔板則以透孔者爲宜。

7、庫內的溫溼度　貯藏蔬菜的適宜溫度爲零度乃至二度、溼度以七五度乃至八〇度爲適宜。

五、白菜的貯藏法

1、收穫期　貯藏用的白菜、以晚生的結球種爲宜、而其結球爲緊束且不鬆散、並於栽培期中又不爲病蟲害所侵者。南滿地方、即於一〇月下旬前後、把帶根收穫者用爲貯藏可也。

2、暫時貯藏　收穫的白菜、在正式貯藏以前、可以先做一次暫時貯藏、就是先在露地三米平方的地面、掘一深三〇糎的溝、把白菜縱排於溝中、以溝滿爲度、再把周圍的土少少培上的。這樣、等到寒氣即將凜冽的時期、再整理其外葉、移入窖中、正式貯藏。如果要把所收穫的白菜、立即下窖而正式貯藏的話、則須或者在地裏乾燥四—五天、或者往窖內充分通氣而於窖內乾燥一下爲要。

3、垛菜法　可將運往窖內的白菜、根部接觸於壁、累積起來、而其高爲一米乃至一・五米。

4、貯藏中的管理　下窖的白菜、在貯藏期內、要另揀幾好。另揀的回數在下窖之初的約一個月、每星期要另揀一回。其後、要每兩星期另揀一回。另揀之際、要把損傷的部分、單獨除去、以防止腐敗菌之附著發生幾好。貯藏中的腐葉、其數量則於七個月的期間裏爲二五%了。

六、中國蘿蔔・胡蘿蔔・牛蒡的貯藏法

1、收穫期　此等蔬菜之用爲貯藏者、均須稍晚、且不損傷、而收穫之於一〇月中下旬。

2、暫時貯藏　此等根菜類、在正式貯藏之前、要在露地先從事暫時貯藏。

甲、中國蘿蔔和胡蘿蔔　先掘一溝、深三〇糎、寬二米、長一〇米(但以適宜爲度)。其次、便把割去莖葉的蘿蔔或胡蘿蔔、縱排一列後、就夾以二糎許的土、再縱排第二列、其後、仍須夾以二糎許的土、這樣、以溝滿爲度。這時、須要注意別使蘿蔔皮互相接觸爲要。最後、以不露出蘿蔔的頭部爲度、在溝上覆以土、以防止乾燥。

乙、牛蒡　把收穫的牛蒡、葉柄留下三糎許、更選別其大小、以後、掘一深二〇糎、一米平方的溝、以五十莖的單位、橫埋起來、覆土五糎許、以防止乾燥。

3、正式貯藏　南滿地方、則於一一月下旬、把上述之暫時貯藏的根菜類、掘取出土、更加以選別之後、就移入窖中、正式貯藏。此等蔬菜、各層均須鋪以土或砂、而鋪土所揀的牛蒡、高爲一米乃至一・五米、橫則每隔二米爲一區劃。

七、地豆子的貯藏法

1、收穫　春種的在七月中下旬收穫、夏種的在一〇月下旬收穫。收穫可在接連晴天之日從事、而將地豆子在地裏晒半天、再移於屋內、使其十分乾燥。

2、暫時貯藏　把乾燥的地豆子、選出其健全無病者、盛在五〇瓩乃至六〇瓩的籠裏、放在通風良好之處、暫時貯藏、而一個月要有一兩回、須檢點其有無腐爛者。

3、正式貯藏

甲、籠藏　把暫時貯藏的地豆子籠、在一一月下旬移入窖內、垛成兩層以貯藏之。

乙、散藏　先把周圍用秫秸做成圍子、把地豆子貯於其中、不直接和土接觸、以圖謀空氣之流通。其次、在中央設一透氣裝置(籠或以小孔木板做成的三角板)、照著二米立方把他垛起來。以後、倘由中央的透氣裝置發散惡臭、或內部溫度比窖內溫度高出三—四度時要立刻另垛纔好。至於二米立方的重量、是約爲一一,五瓩的。

八、用貯藏溝的日本蘿蔔貯藏法

在露地掘成像轉化溝那樣長方形的溝、而其寬爲二米、深六〇糎、長一〇米（但可以適宜爲度）、而利用此溝以貯藏時、亦有比利用窖子貯藏、成績倒反良好的蔬菜。南滿地方貯藏日本蘿蔔、實以此法爲第一、而貯藏洋白菜時、也是可以利用此法從事的。

1、品種　適宜於貯藏的日本蘿蔔品種、爲練馬・中膨等、尤以中膨的貯藏性、異常强大、在日本蘿蔔中是無出其右的。

2、播種 以貯藏爲目的的蘿蔔、比普通的蘿蔔播種稍晚、在南滿地方以八月上旬爲宜。

3、收穫 雖以較晚爲宜，但一至一一月時、寒氣有急劇變來之虞。因此、爲期其安全、可於一〇月下旬有過一兩回輕凍時、就開始收穫。倘收穫太早、則於暫時收藏的期間裏，便有腐爛的危險了。

4、暫時貯藏 先把收穫的蘿蔔、按大小選別出來、割去頭部、就在貯藏溝內一列一列的縱排起來、中間要夾以泥土 注意蘿蔔皮絕對不要直接相接觸纔好。這樣、在全部溝內把蘿蔔貯藏已畢、最後就覆以五糎內外的覆土、以防止其乾燥。

5、正式貯藏 在一一月下旬，選擇一個晴明溫暖的日子、把暫時貯藏的蘿蔔全部取出 更嚴選其健全者 和暫時貯藏用同樣的方法，正式貯藏。這時、因爲日趨於嚴寒之故，溝深須稍深於暫時貯藏面以八〇糎爲度 其次，在溝上覆以三〇糎的覆土，覆土之上 更覆以乾草・豆稭・高粱稈子等、其厚亦爲三〇糎。最後，更於此上，覆以三〇糎的覆土。

掘取蘿蔔、特別要選擇晴明溫暖之日 而由溝的一端鄭重掘取。掘取之後、對於所餘者、可嚴行防寒不使其凍結爲要。

九、蔬菜的冷凍貯藏 大抵的蔬菜、一經凍結、在細胞裏就發生冰塊、因以膨脹、而細胞破壞、遂至於凍死。但是、蔬菜一類的蔬菜、不在細胞裏發生冰塊、不過僅在細胞外的細胞間隙發生冰塊的、而細胞便不至於破壞、於是、一經解凍、便能又恢復他的新鮮狀態。凍結死滅的蔬菜、倘以其凍結狀態貯藏起來、則於長期間之隔三個月以後、菜味大變、維他命亦至於消失。但是洋白菜・洋葱一類的蔬菜、不但菜味並無多大變化、據說這樣翻能適宜於食用了。白菜於凍結一個月之後、要消失約三成乃至五成的維他命。至於菠菜、也是在氣候逗溫暖的時期收穫的、便因凍結以致細胞破裂而至於凍死。凍死的菠菜、不保存於零下四〇度的低溫處、維他命便至於消失了。因此、要把蔬菜冷凍貯藏時、普通都以蒸氣或熱水、把蔬菜先處理一番、而殺滅維他命酸化分解酵素的機能、以後、再凍結的。冷凍蔬菜、在美國已有大規模的施行、而在日本本土亦實際施行了。關於他的營養價值、也加以考究了。

這裏所要講述的冷凍貯藏、是把菠菜一類的蔬菜、不使其凍死、而使其於凍結狀態下依舊生活、以貯藏他的方法。在來種的菠菜、有一種品種、他的種子尖銳、而生有刺狀物者、對於凍結最有耐久力。用爲冷凍貯藏的菠菜、以其生育期間爲七〇日乃至七五日、而未抽薹者爲宜。收穫期則須於地面行將凍結之前從事。地土一凍、收穫便要困難、甚且是至於不可能。雖然、在收穫之前、能在地裏受一番嚴霜和寒氣的侵襲、却能增其耐寒性、以致易於貯藏。收穫的菠菜、把根留下約三糎長、以下剪去。冷凍貯藏庫所掘之坑較淺、庫內則放入寒氣、而使之凍結的。先把菠菜放在普通的蔬菜貯藏庫裏、照著一〇—一五糎厚、平鋪在庫的底土之上、一天要有一回乃至兩回、把他上下翻轉。這時、雖然略見凋萎、却沒有撒水的必要。新鮮的菠菜、雖在攝氏二度乃至〇度的低溫裏、其呼吸作用、亦比較旺盛、於是、倘將其緊束起來、便要發生醱熱、以至於失卻其新鮮。但把他稍稍乾燥一下、而對於新鮮的菠菜、使其水分蒸散一—二成、稍至於萎凋時、則呼吸作用較弱、便不至於發生呼吸熱了。

在冷凍貯藏庫裏、既已凍結之後、就把菠菜以約二瓩爲一束、用穀草或稻草爲包皮、運入冷凍庫中貯藏起來。冷凍庫內、先須懸設數層透氣的吊板、而置菠菜包於吊板上、再於包上輕覆以約三糎厚的土。這時的覆土、是含有調節溫度之變化並保持溫度之意義的。庫內溫度爲零下二度至零下八度許、平均以零下四—五度爲適宜溫度。庫內以多濕爲佳。溫度的調節、可開閉換氣孔、以從事之。要把冷凍貯藏的菠菜、充爲食用或販賣時、須像移動玻璃器皿那樣注意、勿使其毀損、而愼重的移進蔬菜貯藏庫裏、放置三—五天、以從事解凍。解凍既畢、要在冷水中浸漬一晝夜半、再去水而散放於草蓆等物之上。這時的菠菜、是和收穫之初、同樣新鮮的。解凍的工作、倘行之過於急驟、或者猶未解凍而卽行浸漬於水中時、則細胞膜內的細胞質膜就要破裂、而回到原來的新鮮狀態的事、遂不可能了。

第二編　各論

第一章　根菜類

一　蘿蔔　十字花科

滿洲名　蘿蔔　　日本名　だいこん（大根）

一、性狀　亞洲的原產、乃屬於十字花科之二年生或一年生作物也。葉爲根出葉。根肥大、有棒狀長・長圓・球・圓錐・紡錘等形、大小亦有種種。色澤則有純白・黃・深紅・淡紅・綠・紫等別、無不富於水分、並且含有芥素（サポリン）而帶辣味者居多。亦含有澱粉糖化酵素（ヂヤスターゼ）爲澱粉食之東洋人所不可缺的蔬菜。春季抽薹　開白或淡紫等色的十字花。種子扁圓、有黃・褐等色。至於分類、則有二十日大根・春蘿蔔・夏蘿蔔・秋蘿蔔等的四種。

二、品種

1、**二十日大根**（西洋種）

有「ラビット、レッド」（紅疙瘩）・「スカーレッド、ホワイト、チップ」（白頭紅疙瘩）・「ホワイト、ターニップ」(白疙瘩)・「ホワイト・アイシルク」(白長條)・以及「ロング、スカーレッド」(紅長條)等品種、部是有二〇天以至三〇天、就可以收穫的。此外、還有多數的品種了。

2、春蘿蔔

甲、紅水蘿蔔　中國張家口所產、色紅、形長、肉質剛脆、葉無缺裂、以尾部圓者爲純種。有四〇天以至五〇天、就可以收穫。

3、夏蘿蔔

甲、花不知時無　日本產、色純白、形長、葉多缺裂、有辣味。有六〇天以至七〇天、就可以收穫、爲日本人所食用的品種。

乙、美濃九日　日本東京產、形狀類似「美濃早生」而稍小、屬於極早生種、有五五天左右、就可以收穫了。最耐暑熱、宜於生產在從七月到八月的時期。

此外、中國・日本各地、都有優良的品種。

4、秋蘿蔔

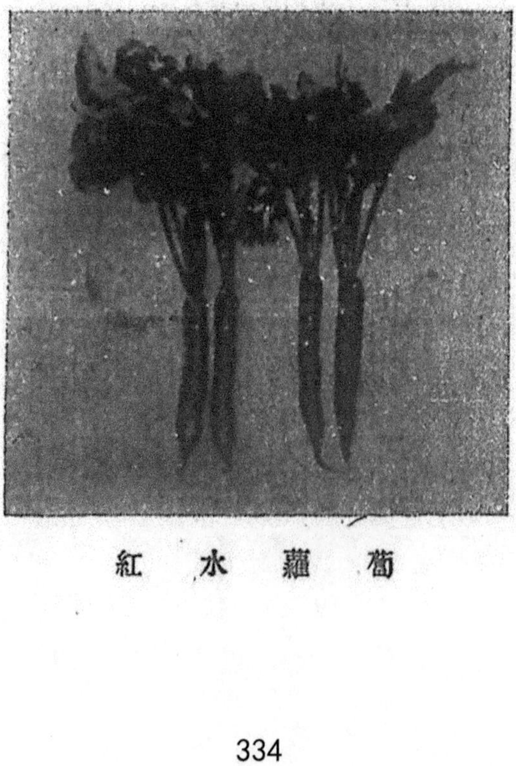

紅水蘿蔔

甲、大頭青　關東州周水子附近最多、圓錐形、全體七—八成的上部爲綠色、適於粘質土。

乙、萊州青　山東省萊州產、關東州內多產於金州・大連等地。形長圓、全體之六—七成的上部爲綠色。適於土質良好的田地。

自右而左
美濃早生
練馬
中膨
改良萊州青

丙、魁頭黃　多產於關東州內之金州・普蘭店及滿洲國之復縣。形長而圓、頗大、上半部呈黃綠色。葉最繁茂。煮食用極佳。

丁、娘娘臉　也叫做「粉紅面性、」多產於普蘭店・貔子窩附近。根略成爲球狀、上半部呈淡紅色。適於稍寒之地。

戊、紅袍　也叫做「紅丸」、多產於滿洲國之蓋平・海城附近。根爲球形、全面呈紅色。適於關東州外之寒地。

己、紅心青皮　中國北京之原產、外皮色綠、心部色紅、極美觀、故有「心裏美」之別名。形狀有長圓者、有球狀者、大小均各不同。與果實性質無異、為生食之用。

此外、有長青蘿蔔・瓶子兒・燈籠紅扁・象牙白等、著名品種頗多。

日本秋蘿蔔

甲、練馬　日本東京產、形長、色純白、葉多缺裂而平伏、有理想練馬・大砂土練馬等多數品種、都是用為澤庵漬的。

乙、美濃早生　日本岐阜產、根長、色純白、葉直立。因為他是早生種、所以、是做為早採用和煮食用的。

丙、聖護院　日本京都產、根為球狀、色純白、葉直立而甚繁茂。是做為煮食用的。

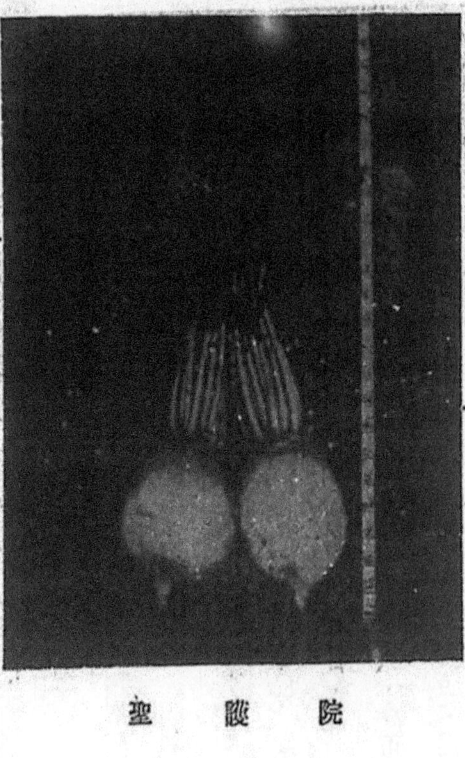

聖護院

丁、中膨　日本神奈川產、根形長而中部膨大、葉甚繁茂。為晚生種、貯藏力最强、日本蘿蔔中無出其右者。貯藏用之優良品種也。

此外、則有宮重・方領・守口等、著名品種頗多。

三、風土

1、氣候　二十日大根和春蘿蔔、由於人爲的改良、結果雖能生育於春夏的高溫時、但因蘿蔔、本來愛好秋令之冷涼氣候、所以、秋季所産者最佳。

2、土質　砂質壤土、最爲適宜。土質肥沃、葉子雖能繁茂異常、根却不但不能粗大、肉質還生苦味。惟二十日大根等短期作物、則以較爲肥沃的土質爲宜。

四、作次

甲、輪作　原來、以連作從事時、是能增進蘿蔔品質的。而尤以肥沃土之於增進品質上、效果極其顯著。但多病害、普通每種一次、可以停止一兩年再種。

乙、前作　前作最忌洋白菜・白菜・蕪菁等的同科十字花作物。至於做爲豆科植物之後作時、既以地土過於肥沃而不良、而用爲包米・小豆等之後作時、又以此等作物根粗、以致根身分歧者居多。

輪作例

（前作）（本作）　　（前作）（本作）

地豆子—秋蘿蔔　或　倭瓜—秋蘿蔔

五、栽培法

一、二十日大根

甲、播種期 關東州為三月下旬、南・中滿為四月中旬、北滿則為四月中下旬。

乙、播種法 可以撒播於一米（三尺）的畦子裏、但以與別種作物混作為有利。

丙、播種量 一〇阿的地面為五・四立（約三升）。

丁、肥料 一〇阿的地面為窒素二〇瓩（五貫）、燐酸一〇瓩（二・七貫）、加里一三瓩（三・五貫）。

施肥例（每一〇阿的地面）

堆肥	一一二五・〇瓩（三〇〇貫）	窒素	一九・五瓩（五・二〇貫）
人糞尿	一一二五・〇瓩（三〇〇貫）	燐酸	一〇・〇瓩（二・六七貫）
過燐酸石灰	二二・五瓩（六貫）	加里	一三・五瓩（三・六〇貫）
米糠	二二・五瓩（六貫）		
硫安	七・五瓩（二貫）		
硫酸加里	三七・五瓩（一〇貫）		

二十日大根為極短期的作物、所以、栽培上的理想土質實為輕鬆的肥沃土、而以多用堆肥為宜。窒素過多、葉子便異常繁茂、而蘿蔔品質却因以不良。肥料是在播種前、撒布於畦子裏、而鋤入土中的。

戊、減苗　可從事兩三回、而使其株間爲五—一〇糎（二—三寸）、時期則以早爲佳。

己、灌水　隨時從事、以多爲宜、但於行將收穫之前、則須停止。

庚、收穫期　關東州爲四月下旬、南滿爲五月上旬、中滿爲五月中旬、北滿則爲五月下旬。

辛、收穫量　一〇阿的地面爲二〇萬個、重一六八八瓩（四五〇貫）。

2、春蘿蔔（紅水蘿蔔）

甲、播種期　關東州爲三月下旬、南・中滿爲四月中旬、北滿則爲四月中下旬。

乙、播種法　在一米（三尺）的畦子裏、以條播法種四行。

丙、播種量　一〇阿的地面約爲二・七立（一・五升）

丁、肥料　一〇阿的地面爲窒素二六瓩（七貫）、燐酸一一瓩（三貫）、加里一五瓩（四貫）。

施肥例（每一〇阿的地面）

堆肥	一一二五・〇瓩（三〇〇貫）
人糞尿	一一二五・〇瓩（三〇〇貫）
過燐酸石灰	四〇・〇瓩（一〇・七貫）
米糠	二二・五瓩（六貫）
硫安	七五・〇瓩（二〇貫）
硫酸加里	一七・〇瓩（四・五貫）

窒素	二七・〇瓩（七・二貫）
燐酸	一一・七瓩（三・一二貫）
加里	一五・五瓩（四・一三貫）

硫安二項、可以斟酌發育的情形、而用爲追肥、於五月時施用。其他均須用爲基肥、而於播種前、鋤入畦子裏。

戊、減苗　可從事兩三回、而使其株間爲一五糎(五寸)、時期以早爲佳。

己、灌水　隨時從事、以多爲宜、但於行將收穫之前、則須停止。

庚、收穫期　關東州爲五月上旬、南滿爲五月中旬、中北滿則爲五月下旬到六月下旬。大抵爲播種後的四〇天至五〇天時　普通則爲四五天以後。

辛、收穫量　一〇阿的地面爲二八〇〇〇個、重約三〇〇〇瓩（八〇〇貫）。

3、夏蘿蔔

甲、播種期　關東州爲四月上旬、南·中·北滿同爲五月上旬。但花不知時無的播種爲四月到五月、美濃九日的播種爲六月到七月。

乙、播種法　在一米的畦子裏、以條播法種三行。

丙、播種量　一〇阿的地面爲一·八立（一升）。

丁、肥料　一〇阿的地面爲窒素三〇瓩（五·五貫）、燐酸一一瓩（三貫）、加里一五瓩（四貫）。

施肥例（每一〇阿的地面）

廐　肥　一一二五·〇〇瓩（三〇〇貫）

人糞尿	一八七五・〇〇瓩（五〇〇貫）	窒素	二〇・六瓩（五・四九貫）
過燐酸石灰	一一・二五瓩（三貫）	燐酸	一一・三瓩（三・〇四貫）
米糠	一一三・〇〇瓩（三〇・一貫）	加里	一六・一瓩（四・二九貫）
硫安	二三・五〇瓩（六貫）		
硫酸加里	七・五〇瓩（二貫）		

此等肥料、可以用爲基肥、而於播種以前、撒布在畦子裏、鋤入土中。惟人糞尿、亦可用爲追肥、而斟酌發育的情形、於六月時施用。

戊、減苗　可從事兩三回、而使其株間爲二〇糎左右（六寸）。

己、灌水　隨時從事、以多爲佳。

庚、收穫期　播種後的五〇天至六〇天、但北滿則爲六月中下旬。

辛、收穫量　一〇阿的地面爲七〇〇〇〇個、重約三七五〇瓩（一〇〇〇貫）。

4、中國秋蘿蔔

甲、播種期　關東州和南滿爲七月下旬、中滿爲七月中旬、北滿則爲七月上旬。

乙、播種法　在六〇糎（二尺）的高壠上、以三〇糎（一尺）的株間、用摘播法種。惟株間的距離、均須照著品種、加以增減。

丙、播種量　一〇阿的地面約爲一・二六立（七合）。

丁、肥料　一〇阿的地面爲窒素一二瓩（三貫）、燐酸九瓩（二・五貫）加里一〇瓩（二・七貫）。

施肥例（每一〇阿的地面）

厩肥	七五〇・〇〇瓩（二〇〇貫）			
人糞尿	一一二五・〇〇瓩（三〇〇貫）	窒素	一二・五瓩（三・三三貫）
過燐酸石灰	一八・八〇瓩（五貫）	燐酸	九・四瓩（二・五一貫）
米糠	七五・〇〇瓩（二〇貫）	加里	一〇・三瓩（二・七五貫）
硫酸加里	三・七五瓩（一貫）		

此中、人糞尿可用爲追肥、於八月時施用、其他可用爲基肥、施用於打壠當時。燐酸肥料用的太多、能使蘿蔔早熟、且多鬚根。過少、能使蘿蔔味苦。至於窒素肥料不足時、則能使蘿蔔味辣了。

戊、減苗　可從事兩三回、最後只留一棵。

己、灌水　灌水雖大有效益、但不灌水亦所不妨。

庚、收穫期　關東州以及南・中滿均爲九月下旬到一〇月下旬、惟北滿則爲九月下旬到一〇月上旬之間。

辛、收穫量　一〇阿的地面爲四五〇〇個、重約四一二五瓩（一一〇〇貫）。

5、日本秋蘿蔔

甲、播種期　關東州爲七月下旬到八月上旬之間、南滿爲七月下旬到八月上旬之間、而中滿爲七月中旬　北滿則爲七月上旬。

乙、播種法　在六〇糎（二尺）的高畦上、以三〇糎的株間、用摘播法種。

丙、播種量　一〇阿的地面約爲一・二六立（七合）、北滿則約爲一・八立（一升）。

丁、肥料　一〇阿的地面爲窒素二三瓩（六貫）、燐酸一三瓩（三・五貫）、加里一五瓩（四貫）。

施肥例（每一〇阿的地面）

廐肥	一一二五・〇瓩（三〇〇貫）
人糞、尿	一八七五・〇瓩（五〇〇貫）
過燐酸石灰	二二・五瓩（　六貫）
米糠	一一二・五瓩（　三〇貫）
硫安	二二・五瓩（　六貫）
硫酸加里	七・五瓩（　二貫）

窒素	二四・三瓩（六・四八貫）
燐酸	一三・一瓩（三・四九貫）
加里	一七・二瓩（四・五九貫）

追肥要施用兩回以至三回、而其第一回爲生出二—三個本葉時、第二回爲生出七—八個本葉時、第三回則爲收穫前之二—三星期時的。

戊、減苗　可分三次從事。第一回爲生出二—三個本葉時、將生育齊整葉色不甚濃厚者、留下五—六棵。第二回爲生出八個本葉時、將葉色淺淡、葉子直立、小葉較大者、留下二—三棵。第三回爲生出一〇幾個本葉時、就只留下一棵。

己、培土　與減苗同時從事、亦爲二—三回。

庚、中耕除草　與施用追肥同時從事。

辛、灌水　除特殊栽培外、雖不甚要灌水、但灌水的蘿蔔、品質優良。

壬、收穫期　關東州爲一〇月上旬、南滿爲九月下旬到一〇月上旬、中滿爲九月上旬到一〇月上旬、北滿爲九月上旬到下旬、而其大穫時期、則爲九月上旬到一〇月上中旬之間。

癸、收穫量　一〇阿的地面爲四五〇〇個、重約四五〇〇瓩(一二〇〇貫)。

六、病蟲害

1、病害　對於萎凋病、要迴避連作・濕地以及窒素過多等、害蟲的驅除尤須徹底。同時、更把〇・五式(五斗式)的石灰ボルドー液、撒布數回。

2、蟲害　爲螟蛉(粉蝶・小菜蛾・蕪菁蜂・夜盜蛾等的幼蟲)・蚜蟲及蘿蔔蝇等。螟蛉可撒布加用カゼイン之砒酸鉛一二〇立式至一七〇立式者、共二—三回。蚜蟲可把加用石鹼之硫酸ニコチン一〇〇〇倍液、接連撒布二—三回。蘿蔔蝇之於滿洲蘿蔔栽培上、是能與以全滅的打擊之大害蟲。他是圓蠅（大根蠅）的幼蟲、爲害於中・北滿一帶、而以滿洲東部受害爲尤甚。他能在蘿蔔上、穿孔而進入內部、使蘿蔔的實用價値、完全消失。蘿蔔之外、也能爲害於白菜・洋白菜・蕪菁等。防除之法、以從事秋耕、而使其蟄伏於土中一〇—二〇糎之處的蛹、在過冬的時期裏、歸於死滅、是最好的。此外、或者把昇汞水的一〇〇〇倍液、由產卵期之八月中旬、每隔一〇天左右、往根際撒布一回、而共從事四回。或者把クレオソート細土混合劑、由八月中旬起、以手撒布於根際、而共從事四回。以防止成蟲之飛來產卵。此後者之クレオソート細土混合劑、第一回的爲クレオソート一五竓混合以細土約一〇立。第二回以後的爲クレオソート二〇〇竓混合以細土約一〇立。至於撒布之際、不得直接觸於葉上、注意爲要。

二　蕪菁　十字花科

滿洲名　蕪菁・疙瘩　　日本名　かぶ・かぶら（蕪）・かぶな（蕪菜）

一、性狀　瑞典・荷蘭・英吉利等北歐之砂質土的原產、二年生或一年生之作物也。春令抽薹、花和黃色十字花的蘿蔔花瓣很相像、但顏色爲淡紫和白色、則其不同之點。根肥大、質柔頗緻密、有甜味和芳香。根狀扁平、以短圓錐形者爲普通。但亦有長形和紡錘形者。顏色雖以純白者爲主、但純白者以外、亦有黃・紅・紫等色。葉直立、無裂刻。蕪菁和芥菜・蘿蔔・白菜酷似、至有不能顯然辨別出來的。種子爲赤褐色、和小球白菜種子、是很相像的。

二、品　種　從種類上、可以分爲春蕪菁・秋蕪菁和中國蕪菁。

1、春蕪菁

甲、時無蕪　日本產、形稍大、圓而扁、收穫量多、適於四季之栽培。

乙、時無小蕪　日本產、色白、形小、圓而扁、早生、爲需要用小形者的品種、亦適於四季之栽培。

丙、長蕪　日本產、色白、形小、爲棒狀、質堅硬、可爲醃漬之用。

2、秋蕪菁（日本種）

甲、聖護院　日本京都產、色白、形大、扁而圓、稍厚、晚生、爲適宜之需要用小形者的品種。

乙、近江　日本大津產、色白、形極扁圓、但薄而屬於中形、晚生、收穫量和品質、均稱良好。適於一般之用。

此外、還有天王寺（扁圓、色白、中生種）・緋蕪（紅白圓錐形）等。

3、秋蕪菁（中國種）

甲、大葉芥菜疙瘩　北京產、芥菜類、根大、爲短圓錐形、色綠、肉質剛脆、葉大、收穫量頗多。

乙、花葉芥菜疙瘩　山東省產、赤芥菜類、根不甚大、爲短圓錐形、淡綠色、肉質稍柔軟、葉邊裂刻最多。

中國蕪菁之中、亦有和日本蕪菁爲同樣者、如湖南大蕪菁・北京小蕪菁等、而日本方面、亦有和芥菜疙瘩爲同樣者、如野澤菜・酸莖菜等。

三、風　土

1、氣候　愛好冷涼而嫌忌暑氣、惟春蕪菁由於改良的結果、却能耐暑氣。

2、土質　以肥沃的粘質壤土爲適宜的田土。

四、作　次

1、輪作　蕪菁本爲沒有連作之害的作物、但病蟲害多時、以從事二—三年的輪作爲宜。

2、前作　前作爲地瓜・芋頭・倭瓜・陸稻・葱等的地、則須廻避。因爲、蕪菁爲淺根作物、並因土質過於瘠薄、以致生育不良的緣故。

輪作例　蕪菁—茄子　蕪菁—葱—白菜（蘿蔔）

五、栽培法　有春種・葉蕪菁栽培・秋種（日本蕪菁栽培・芥菜疙瘩栽培）等的分別、但是這裏、只將蕪菁的栽培法記述於下。

1、春　種

甲、播種期　爲四月到六月之間、固可隨意、但以四月爲最宜、而關東州・南滿爲四月上旬、中滿爲四月中旬、北滿則爲四月下旬。

乙、播種法 在一米(三尺)的畦子裏、以條播法種四行。

丙、播種量 一〇阿的地面約爲一·八立(一升)。

丁、肥料 一〇阿的地面爲窒素一八瓩(五貫)、燐酸七·五瓩(二貫)、加里一五瓩(四貫)。

施肥例(每一〇阿的地面)

廐肥	一八七五·〇〇瓩(五〇〇貫)	窒素	一八·八瓩(五·〇一貫)
人糞尿	一一八一·二五瓩(三一五貫)	燐酸	七·五瓩(二貫)
過燐酸石灰	五·六〇瓩(一·五貫)	加里	一五·〇瓩(四貫)
硫安	一三·〇〇瓩(三·五貫)		

可以用爲基肥、在播種以前、鋤入土中。惟人糞尿亦可做爲追肥、而施用於五月時。

戊、減苗 可從事二—三回、而使其株間爲一〇—一五糎(三—五寸)、株間以稍寬爲佳、不可過窄。

己、灌水 隨時從事、以多爲宜。

庚、收穫期 四〇天或六〇天後、但以五〇天後爲普通。

辛、收穫量 一〇阿的地面爲四〇〇〇個、重約一八七五瓩(五〇〇貫)。

2、秋種

甲、播種期 七月中旬到八月之間、固可隨意、但以八月上旬爲最宜。

乙、播種法　在一米（三尺）的畦子裏、以條播法種兩行。

丙、播種量　一〇阿的地面約爲一立（五合）。

丁、肥料　與春種時同樣即可。

戊、減苗　可從事二—三回、而使其株間爲二〇—二五糎（七—八寸）。

己、灌水　隨時從事、以多爲宜。

庚、收穫期　播種後的六〇天到八〇天、而以七〇天後爲普通。

辛、收穫量　一〇阿的地面、爲一〇〇〇個、重約四八七五瓩（一三〇〇貫）。

六、病害蟲

與蘿蔔同、故從略。

三　胡蘿蔔　繖形科

滿洲名　胡蘿蔔　　日本名　にんじん（人蔘）

一、性　狀　英國的原產、二年生或一年生之作物也。春季開繖形狀花。葉多缺裂、葉柄頗長（三回羽形複葉）。根有球形・短圓錐形・長圓錐形以及紡錘形等。色澤以紅色爲普通、但亦有白・黃・褐等色。肉質緻密、皮部厚、心部狹小、有特殊的芳香和甜味。他的紅色素（カロチン）、是和洋柿子・辣椒・柿子等的色素相同的。種子灰色、形扁而圓、生有短毛、而有藥味。

二、品種

1、三寸胡蘿蔔　英國原産、原名叫做「オックス、ハート」。色紅、形小、爲短卵狀、長一〇糎（三寸）。屬於極早生種、種植稠密時、收穫量亦多。春秋兩季、均可栽種、但以適於秋種爲主。

2、五寸胡蘿蔔　也是英國的原産、原名叫做「アーリー、チャンテネ」。色紅、根爲圓錐狀、長約二〇糎（六寸）。屬於早生種。肉質緻密、多甜味。春秋兩季雖然都可以栽種、但以適於春種爲主。

3、瀧之川（たきのがわ）　日本東京産、色淡紅、爲長棒狀、有長到六〇糎（約二尺）的。粗四糎（約一・二寸）。屬於晚生之需要用細胡蘿蔔者的品種、是適於秋種的。

4、札幌（さっぽろ）　日本北海道産、色黄紅、爲長圓錐形、長三五糎（約一尺）、直徑約五糎（約二寸）、屬於中生種。容易栽培、生産豐富、

但少甜味。這是需要用大形者的品種、而適於秋種的。

5、海城　滿洲國海城產、但亦分布於關東州內各地。色黃紅、形中等、爲長圓錐狀、屬於中生種。性質强健、所以、容易栽培。

三、風　土

1、氣候　因爲胡蘿蔔是高溫作物、所以、愛好溫暖的氣候、而以生產於夏秋時者、品質優良。

2、土質　愛好輕鬆肥沃的腐植質壤土。在北滿多濕之地種胡蘿蔔、是有做成相當的高壟之必要的。

四、作　次

1、輪作　以輪作從事、反能增進品質。

2、前作　前作爲包米・小豆等作物時、以其多粗根、種胡蘿蔔則生歧根、品質不良。

輪作例

(春種)　(秋種)　　(春種)(秋種)
胡蘿蔔—蘿蔔(白菜)　地豆子—胡蘿蔔

五、栽培法

有春種・葉胡蘿蔔栽培和秋種等。

1、春　種

甲、播種期　爲四月上旬到五月中旬之間、而關東州爲四月上旬、南滿爲四月中旬、中・北滿則爲五月上旬。

乙、播種法 在一米的畦子裏 打四條播溝、先十足灌水、以後用條播法種。種畢、就蓋上約三糎（一寸）的覆土。

丙、播種量 一〇阿的地面爲七—九立（四—五升）。帶毛的種子、爲一四立（八升）。種子須選擇肥大的。

丁、肥料 一〇阿的地面爲窒素一一·三瓩（三貫）燐酸七·五瓩（二貫）、加里九·四瓩（二·五貫）。

施肥例（每一〇阿的地面）

厩肥 一一二五瓩（三〇〇貫）
人糞尿 七五〇瓩（二〇〇貫）
過燐酸石灰 一九瓩（五貫）

窒素 一一·〇瓩（三貫）
燐酸 七·五瓩（二貫）
加里 九·四瓩（二·五貫）

燐酸能使色淡。多用加里的話、則易裂而心粗。上述肥料、可以做爲基肥、而於播種前撒布在畦子裏、鋤入土中。但是人糞尿、則以做爲追肥、而施用於五月或六月時爲宜。不過追肥的施用、倘離收穫期太近、則能使外皮粗硬、色澤淺淡、注意爲要。

戊、減苗 可以從事三—四回、而使其株間爲一〇—一二糎（三—四寸）。減苗要及早從事、而將最後所減取的、做爲用葉胡蘿蔔賣、是最有利的。株間以稍寬爲佳。減苗時、可將發育特別旺盛而葉色濃厚者、以及頸部粗大者拔除。

己、中耕　減苗之後、要立刻從事。

庚、灌水　隨時從事、以多爲佳。

辛、收穫期　爲播種之約百日以後、時爲七月之上中下旬、即關東州爲六月下旬、南滿爲七月上旬、中滿爲七月中旬、北滿則爲七月下旬。

壬、收穫量　一〇阿的地面爲二—三萬個、重約二二五〇瓩（六〇〇貫）。

2、秋種

甲、播種期　七月上中旬到八月上旬。

乙、播種法　在一米（三尺）的畦子裏、用條播法種四行。

丙、播種量　一〇阿的地面約爲五·四立（三升）。帶毛的種子、約爲一〇·八立（六升）。

丁、肥料　一〇阿的地面爲窒素一八瓩（四·八貫）燐酸一一瓩（三貫）、加里一二·五瓩（三貫）。

施肥例（每一〇阿的地面）

廐肥	一一二五·〇瓩（三〇〇貫）	窒素	一八·三瓩（四·八八貫）
人糞尿	一八七五·〇瓩（五〇〇貫）	燐酸	一一·四瓩（三·〇四貫）
過燐酸石灰	二六·〇瓩（　六九貫）	加里	一二·五瓩（三·三三貫）
草木灰	三七·五瓩（　一〇貫）		

照著生育情形、可以把人糞尿做爲追肥、施用一—二回。

己、收穫期　播種後一二〇天左右、即一〇月上中旬的時期。

庚、收穫量　一〇阿的地面、爲一萬個、重約三〇〇〇瓩（八〇〇貫）。

六、病蟲害

1、病害　有細菌病。防止之法、要禁止連作、使排水良好、極力深耕、並多用木灰或施用石灰。此外、則被害葉注意勿混入堆肥中、而食過病胡蘿蔔的家畜糞、亦要嚴行避免爲要。

四　牛蒡　菊科

滿洲名　牛蒡　日本名　ごぼう（牛蒡）

一、性狀　日本原產。雖然是宿根多年生作物、但普通却是把他做爲一年生的蔬菜、而栽培的。在六—七月時抽薹、長一・五—一・八米（五—六尺）左右。生渠球狀的花蕾、開薊狀的紫花。葉爲心臟形、頗偉大、背面有白色的密毛。葉柄頗長、肉面凹下。根細長、有到一・五米（五尺）的。皮粗、色暗黑、肉爲灰白色。收穫一過適宜的時期、就要發生洞孔。有香氣、含有叫做「イヌリン」的炭水化物、富於滋養。

二、品種

1、瀧の川　日本東京產、一名「東京大長」、根極細、長一—一・二糎（三—四尺）、直徑可達三糎

(一寸)左右。肉質和收穫量、均稱良好、是需要利用細形者的品種。

2、砂川(すながわ) 日本東京產、根稍短而粗、有生有洞孔者、是需要用大形者的品種。

3、中之宮早生(なかのみやわせ) 日本產、根形小、色淡。因爲是中生種、所以、爲適於春天用及需要用小形牛蒡的品種。

其他有梅田(うめだ)(需要用極粗大者的品種)・大浦(おおうら)(需要用極粗且長者的品種)・行徳(ぎょうとく)(香氣芳烈)・札幌(さっぽろ)(需要用大形者的品種)等著名品種。

三、風土

1、氣候 愛好溫暖而稍帶溼氣之地。滿洲地方、寒暑俱烈、因之、牛蒡雖然能得到適宜的生育、而在地裏過冬、但是不能生產長大的。不過滿洲的氣候、不論南北、無不適於牛蒡的生育、而栽培遂能因以容易、却是否認不得的事實。

2、土質 以表土深厚、而且肥沃的壤土爲宜。地下水排水良好之地、既適於種牛蒡、表土爲粘土質心土爲砂土之河岸沖積土、是尤其適於種牛蒡的。種在砂質土中的牛蒡、生育雖然早速、形體雖然粗大、但多歧根、又生洞孔、味道也壞。種在粘質土中的、根的形式、雖然參差不齊、至不美觀、但是味道却大抵良好。

四、作法

1、**輪作** 在日本則牛蒡亦爲連作之害甚甚的作物、但在滿洲、却是連作亦見不出多大害處的。不過連作二—三年以後、要停止四—五年纔好。

2、**前作** 在前作爲深根作物、如薯類・胡蘿蔔・葱等的地中種牛蒡、是很好的。

輪作例 （前作）（本作）（後作）

薯 類—牛 蒡—胡蘿蔔 春牛蒡—荷蘭鴨兒芹

五、栽培法 有春用牛蒡栽培・秋用牛蒡栽培和葉牛蒡栽培等、滿洲則以栽培當用小形者的品種爲適當。在撒布堆肥之後耕地、以深爲宜。玆述其秋用牛蒡栽培法於下。

1、**播種期** 關東州爲四月上旬、南・中・滿爲四月中下旬、北滿則爲五月上旬。

2、**播種法** 在一米（三尺）的畦子裏、用條播法種二—四行（普通則爲三行）。

3、**播種量** 一〇阿的地面約爲一・四立（八合）。但在北滿、則爲二立（一升）。種子以三年子（今年秋播、閲明年、而於後年春採種）爲佳。

4、**肥料** 一〇阿的地面爲窒素一九瓩（五貫）、燐酸一三瓩（三・五貫）、加里一五瓩（四貫）。

施肥例（每一〇阿的地面）

厩 肥 一八七五・〇瓩（五〇〇貫）

人糞尿 一一二五・〇瓩（三〇〇貫） 窒 素 一九・三瓩（五・一五貫）

過燐酸石灰	三〇・〇瓩（八貫）	燐酸	一三・二瓩（三・五二貫）
米糠	三七・五瓩（一〇貫）	加里	一五・二瓩（四・〇五貫）
硫安	七・五瓩（二貫）		

5、**減苗** 可以分爲二—三回從事。就是發芽後的兩星期要從事第一回的減苗。其後每過兩星期、要從事第二回第三回的減苗、而將下述的苗子拔去。最後、則使其株間爲一二—一五糎(四—五寸)。

甲、葉子旺盛且多的苗子。

乙、葉色過於濃厚且多缺刻的苗子。

丙、葉子的最前端下垂的苗子。

丁、根部伸出地上過甚的苗子。

6、**中耕除草** 視苗發育情形而認爲不良時、可施用二—三回的追肥、這時、要一並從事中耕除草的作業。

7、**灌水** 隨時從事。

8、**收穫期** 關東州爲七月上旬到一〇月下旬、南滿爲七月中旬到一〇月下旬、中滿爲八月上旬到一〇月上旬、北滿則爲八月下旬到一〇月上旬。

9、**收穫量** 一〇阿的地面爲一〇〇〇根、重約一八七五—三七五〇瓩（五〇〇—一〇〇〇貫）。

六、病蟲害

1、病害　萎縮病和根腐病、要廻避連作及多濕之地、並多用木灰。

2、蟲害　蜜蟲爲害最烈、須徹底驅除。爲害太甚時、可把外葉摘去、或者撒布一〇〇〇倍的ハルク液。但不可把所有的葉子、一概由葉根割去。

五　地瓜　旋花科

滿洲名　地瓜　日本名　かんしよ（甘藷）・さつまいも（薩摩芋）

一、性　狀　美洲中部之墨西哥・科倫比亞等處的原產、爲多年生蔓性植物。在熱帶地方、爲常綠性、開類似牽牛花的旋花而結實。但在溫帶以北的地方、一到冬令、瓜藤枯死、所以、就做爲一年生的作物而栽培之、花也是幾乎見不著的。瓜藤爲綠色或紅色、有長至一五米有餘（五〇餘尺）的。葉形爲心臟形或爲缺刻葉。葉色有黃・綠・暗紫的三種。瓜形有長・圓・紡錘・長紡錘等狀、瓜色則有白・黃・紅・淡紅之各種的。因爲他最能發生不定芽、普通就由此以從事育苗。含有多量的澱粉和糖分、味極甘美。用途是可以做爲常食・酒精材料以及蔬菜等的。瓜藤的節、發生不定芽・不定根之力亦頗強大、所以、可以插植、以從事其栽培。

二、品　種

1、白元氣　日本產、性質强健、能耐旱魃。瓜色白、成短紡錘形。瓜肉爲粉質、甜味大、品質極佳。收穫量爲一五〇〇瓩（四〇〇貫）左右。適宜於一般用途之品種也。

2、赤元氣　和白元氣相類似、惟瓜色濃紅、甜味大、品質極其優良、惜收穫量不佳、一〇阿的地面僅爲一三一三瓩（三五〇貫）左右。

3、紅赤　日本東京附近產、瓜色紅、成長紡錘形、肉爲粉質、極甘美、是利用品質爲本位的適當品種。一〇阿的地面收穫量約爲一六八七・五瓩（四五〇貫）。

4、在來白皮　關東州內和州外的滿洲國方面、此種最多。瓜色淡紅、爲長紡錘形、瓜面多縱溝。收穫量稍多、一〇阿的地面爲一五三七・五瓩（四一〇貫）。此種地瓜、因爲水分多、所以品質稍劣、但以其爲早生種、是適於做爲早採用的品種。

此外、有在來紅皮・埼玉一號・オイラン・川越赭・朝鮮・潮州・七福等優良品種很多。

三、風土

1、氣候　愛好高溫、而在寒冷地方、尤其溼地不如乾燥地、爲地瓜之所最愛好。滿洲地方、可以利用夏季的高溫、以栽培地瓜。

2、土質　地瓜性質强健、所以、對於土質、是不論某種土壤、生育都能旺盛。不過、砂質土結瓜雖佳、收穫却少。滿洲氣候乾燥、栽種地瓜、不如選用稍高燥的粘質土、收穫是最多的。瘠薄地和乾燥地、生育均能異常良好、反之、肥沃地和溼地、則爲地瓜之所不喜。

四、作 次

1、輪作 但是連作的話、能增進品質、所以、在肥沃土和初種的地、一定要以連作從事纔好。

2、前作 前作爲荳科・茄子等作物的地、因土質肥沃、用他種地瓜則成績不良。做爲稻麥的後作而種地瓜、生育亦劣。

五、栽培法

1、育 苗 從前所用的坑苗、由於日光照射太少、故極其不良。因此、要利用溫床、以育成强健的良苗爲要。

甲、揷植期 要在三月下旬（四月上旬以後不佳）、就是在栽種的約七〇天以前、把地瓜母子揷植在溫床裏。溫床裏的溫度、以二五度至三〇度爲適宜、釀熱物可厚三〇糎至四四糎半（一尺—一尺半）。

乙、地瓜母子 須選擇其具有品質之特徵者、溝眼不受有病蟲害者、長爲寬的一倍半至兩倍者、重量爲一五〇瓦至一八七瓦（四〇—五〇匁）者方可。對於品質本位的品種、每隔數年、須向原產地、更換其新地瓜母子爲要。

丙、播種量 一〇阿的地面爲九三瓩（二五貫）。

丁、床土　是由三成腐熟堆肥、三成河砂、三成園土、一成礱皮子（或六成河砂四成堆肥）混合所成。把他照著約一五糎（五寸）的厚薄、裝在床裏，以後、把草灰照著一·二—一·五糎半（四—五分）的厚薄撒布於床土之上、再把他淺淺的拌於床土裏。

戊、地瓜母子的插植法　有竪插·横插·斜插的三種。竪插能早發芽、而且無早晚不齊之弊，但所用的地瓜母子却多。横插雖然可以省地瓜母子、但首尾兩端、發芽有遲速之分、以致最不整齊。此兩法既互有得失、所以、可用斜插法從事。此法，先把地瓜母子首端向北、照著四五度的傾斜插植床中、而使其露出於床土外者三糎左右。以後、往上面覆土、到地瓜母子完全隱藏不可見爲度。插植之際、南北的距離、要使其次的地瓜母子的首端、約在前一地瓜母子的尾端之下、而東西的列和列的中間、使其相離三糎左右的。

己、覆土　要把礱皮子和堆肥以同等的分量混合而成的覆土、覆以約一·五糎（五分）。

庚、地瓜苗的採收　在五月中下旬、可把長二〇—二五糎（六—七寸）的苗子、採收下來。採收下來的苗子、要施以硫安。硫安的分量、每一框爲〇·七五—一·一三瓩（二〇—三〇匁）。採收的時候、苗子不可用手拔、須用剪刀剪取。這是因爲苗子的基部一—二節處、不結地瓜的緣故。苗子的貯藏、以二—三天爲度、過此以後、便不佳了。苗床的面積、要栽一〇阿地面的地瓜時、需要一二平方米（三坪）、地瓜母子則爲九三瓩（二五貫）、而其個數是二〇〇個上下的。

2、本圃栽培

甲、耕耘 瘠薄地要深耕、肥沃地淺耕卽可。

乙、插苗期 關東州爲五月上旬、南滿則爲五月中旬。

丙、壟寬和株間 壟爲高壟、寬六〇—七五糎（二—二·五尺）。株間爲三〇—四五糎（一—一·五尺）。

丁、插苗數 一〇阿的地面爲二八八棵。

戊、插植法 有船底式插法·半圓式插法·魚鉤式插法（釣針插）·斜插法和改良式斜插法等。

己、肥料 一〇阿的地面爲窒素三·八瓩（一貫）、燐酸九·五瓩（二貫）、加里一二瓩（三貫）。

施肥例（每一〇阿的地面）

厩肥	七五〇·〇〇瓩（二〇〇貫）	窒素	三·八瓩（一·〇一貫）
過燐酸石灰	三三·七五瓩（九貫）	燐酸	九·五瓩（二·五三貫）
米糠	三七·五〇瓩（一〇貫）	加里	一二·四瓩（三·三一貫）
硫酸加里	一五·〇〇瓩（四貫）		

窒素肥料過多、是最忌避的。糠·魚肥等、能增加甜味。加里肥料可以多用。人糞尿是做爲追肥、在六月時施用的。其他、則做爲基肥、而施用於打壟的當時。

庚、中耕除草　普通並不需要中耕。惟粘質土・多濕土的地、可於七月中旬前後、兼爲培土起見而施行一回中耕。中耕的時期、快則有害。除草可於七月下旬以前、兼爲鋤鬆表土起見、而施行二——三回。

辛、翻藤　翻藤在地瓜的栽培上、是一件重要作業、但時期・方法等、萬一錯誤、却是有害無益的。原來、翻藤的目的、不是使藤・葉受損而抑制其生育的、是爲使通風和採光兩者良好、而藉以圖謀土地的乾燥、地溫的提高、以防止由蔓節向下扎根的。因此、翻藤之時、不可用棍棒等物、亂翻亂撥、要用手仔細鄭重、慢慢的翻纔好。在七月下旬藤長一米（三尺）左右時、要做第一回的翻藤、而將瓜藤全部向北（下風頭）。其後、再於八月上中旬和九月上旬、各翻一回、而共有三回、就適當了。倘爲多濕之地或多雨之年、可以多翻一——二回。翻藤是在晴天的午後、藤葉現出凋萎的時候做的。

壬、收穫期　關東州爲九月上旬、南滿則爲九月中旬。

癸、收穫量　一〇阿的地面約爲一五〇〇瓩（四〇〇貫）。

六　山藥　薯蕷科

滿洲名　山藥・薯蕷

日本名　やまいも（山芋）・ながいも（長芋）・つくねいも

一、性　狀　爲中國及日本的原產、宿根多年生之蔓性作物也。冬季蔓便枯死、根在地裏過冬、到春季發芽後枯縮、又另生新根、而新陳代謝、以至於粗大。蔓爲綠紫色、極細且長、有到三米（十餘尺）的。花白色、雌雄異花、但大抵不結實。葉腋生有球塊、叫做「零餘子」、上有不定芽、可以做爲繁殖之用。不過、有一種品種、亦有不生零餘子的。所說的山藥、就是長成的粗大的根、形體有棍棒狀・掌狀・塊狀等各種。外皮色灰白、粗糙而有鬚根。肉色純白、含有粘質、研碎之後、就成爲極粘的液汁、而加熱一煮、就變爲粉質。此種成分、是叫做「ミューシン」的粘液、多蛋白質、而有滋養。根上有少則一個多則數個的頂芽、可以供爲繁殖之用、而割開栽植時、是能由各頂芽發生不定芽的。

二、品　種

1、海城種　滿洲國海城產、關東州內各地所種者、也是與此爲同一系統的品種。這是屬於長薯中之一年生薯、長有到一米（三尺）的。普通則長爲六〇糎（二尺）左右。性强健且豐產、品質良好。是適於普通用所栽培的品種。

2、一年薯　日本產、是把自然薯（多年生）加以改良、而使其於一年之間能完全發育的早生種。薯短而粗、外皮色白。是適於早收穫所栽培的品種。

3、佛掌薯　屬於山藥、爲日本原產。薯扁平而爲掌狀、有裂刻和褶紋、粘氣强大、品質良好。

4、銀杏薯 是把佛掌薯加以改良而成的品種、薯扁平偉大、和柏果的葉子一般。

此外、有伊勢薯・大和薯等。

三、風土

1、氣候 愛好溫暖的氣候、但因性質强健、所以、日本・中國・滿洲・各地無不適於栽種。

2、土質 以表土深厚輕鬆且富於有機質的壤土爲宜。由灌水便利上著想、最好栽植在菜園裏。

四、作次

1、輪作 栽植一回之後、要休息二年以上（普通爲三—四年）。但是、對於施肥能注意的話、連作之害並不嚴重。

2、前作 做爲煙草・地瓜・地豆子等的後作、因爲加里的成分少、所以、發育不良。在栽植過牛蒡等的深耕的地裏、栽種山藥、最爲相宜。

輪作例 牛蒡（去年）—山藥（今年）—胡蘿蔔（明年）

五、栽培法

1、種薯的養成

甲、繁殖法 有使用薯的頂芽、薯的切片以及零餘子的三種方法。普通大抵使用薯的頂芽、就是長薯的頂部（一五—一八糎）以及零餘子的。但以後者的使用零餘子法、尤爲適宜。零餘子、是在九月裏、擇其肥大者、採取下來、盛於箱中、而貯藏於菜窖子裏的。

乙、播種期　明年春令、四月上旬。

丙、播種法　在一米（三尺）的畦子裏、用點播法種三行、株間則爲一〇糎（三寸）左右。

丁、肥料　把堆肥・豆餅・草木灰等做爲基肥施用、把人糞尿做爲追肥、施用二―三回。

戊、趕到秋令、就能長成二〇―二五糎的種薯。其中之長不足一・五糎者、要再於地中培養一年。

2、本圃栽培

甲、耕耘　以深耕爲宜。在重粘土的地裏栽植時、也有在耕耘之後、用鐵條等物先搗一洞孔、而於洞孔之中撒滿堆肥、以後再栽的方法。

乙、栽植期　關東州爲四月上旬、南滿爲四月下旬、中・北滿則爲五月上中旬。

丙、栽植法　在一米（三尺）的畦子裏、把種薯横伏著栽兩行、株間約三〇糎（一尺）。

丁、栽植量　一〇阿的地面約爲五四〇〇條、而其重量則關東州爲一五〇瓩（四〇貫）、北滿爲二〇〇瓩（五〇貫）。

戊、肥料　一〇阿的地面爲窒素二三瓩（六貫）、燐酸一七・六瓩（四・六貫）、加里一九瓩（五貫）。

施肥例（每一〇阿的地面）

廐　肥　一八七五・〇〇瓩（五〇〇貫）

人糞尿	一八七五・〇〇瓩（五〇〇貫）	窒素	二三・一瓩（六・一六貫）
過燐酸石灰	四五・〇〇瓩（一二貫）	燐酸	一七・六瓩（四・六九貫）
蘇子油滓子	五六・二五瓩（一五貫）	加里	一九・二瓩（五・一三貫）
硫酸加里	三・七五瓩（一貫）		

人糞尿做爲追肥、於六月時施用、其他則做爲基肥、而於播種前撒布於畦子裏、更鋤入土中。

己、支柱　一經發芽、要用秫稭、架以屋頂式的支柱。

庚、灌水　在生育旺盛的時期、要時常從事、以多爲宜。

辛、中耕除草　重粘土的地、亦有在生育初期、從事一回深耕的、普通則不須從事。中耕反能爲害的時候居多。在生育的初期、兼爲鋤鬆表土起見、要從事二—三回的除草。

壬、收穫期　從九月下旬到一〇月下旬之間。

癸、收穫量　一〇阿的地面爲一八七五—三〇〇〇瓩（五〇〇—八〇〇貫）、而其根數約爲九〇〇〇根。

六、貯藏　要用草袋或木箱裝起來、而不使其凍結纔好。

七　地豆子　茄子科

滿洲名 地豆子 日本名 ばれいしょ・じゃがいも（馬鈴薯）

一、性 狀 南美之智利・秘魯等地的原產、爲多年生作物、但冬季莖葉枯死、就把塊莖貯藏起來、而使其爲參。夏季雖然開放白・紫・黃等色的花、但結實者、却不經見。從離根不遠的莖節上、發生地下莖。此地下莖之末端、長得肥大的部分、就是地豆子。他的表面多凹部、俗語叫做「眼」。含有數個陰芽、而由此陰芽以發芽生育的、所以、把他供爲繁殖之用。地豆子有球・楕圓・腎臟等的形狀、有黃・白・淡紅・紅・紫等的色澤。含有多量的澱粉、可以充爲常食・蔬菜以及製造酒精和澱粉等、用途最多。發芽當時、在眼的附近、生有一種有毒物、叫做「ソラニン」。生育期間約爲一〇〇天、所以、在暖地是發芽兩回、栽培兩回的。

二、品 種

1、男爵(だんしゃく) 日本北海道產。這是明治四〇年之頃、在函館附近有農場的川田(かわだ)男爵、由英國カーターテットン輸入於龜田郡七飯村之農場的。薯爲球狀、頗大、呈白黃色。眼大而深、極早生、且强健豐產。在關東州以及南滿地方、這是最好的品種。一〇阿的地面、約有三七五〇瓩（一〇〇〇貫）的收穫量。

2、三圓(さんえん)（ヴーモント、ゴールデン、コイン） 這是晚生種、外皮色黃、肉爲黃白色、頗甘美。收穫的薯、均爲形體中等者、爲其所獨具的特徵。

3、紅丸(べにまる) 薯爲扁楕圓形、皮黃褐色、芽甚淺而現淡紅色、故有此名。肉爲淡黃色、煮熟之後、就成爲白色的粉狀、味極佳。極豐產、且耐貯藏、是屬於晚生種的。

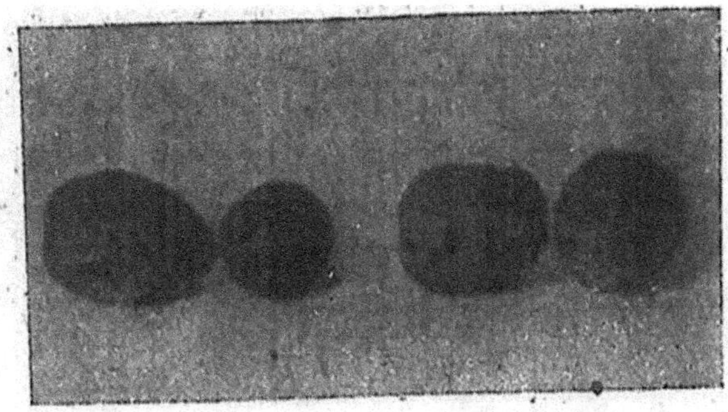

紅丸　　男爵

4、メークイン 本爲外國種、但在日本各地、栽培者甚多。薯爲黃白色、形中等、爲扁圓、眼極淺、外觀既然美麗、品質亦甚良好、所以、一名叫做「料理薯(りょうりいも)」、在關東州內、生育稍惡、收穫量約爲六〇〇貫。但在以品質爲本位的栽培上、此爲最適宜之品種也。

此外、有農林一號(のうりんいちごう)・海拉爾赤(ハイラルあか)・「アーリーローズ」・在來白等、著名品種頗多。

三、風土

1、氣候 愛好冷涼的氣候、而於其生育期之約一〇〇日間、溫度能爲攝氏一〇度的地方、是最適宜的。東北滿一帶在氣候上、則享受天惠之處、在在均是。但在南滿由於酷暑之來、爲時頗早、而在氣候上、遂不得享受天惠了。在東北滿以稍能乾燥爲宜、南滿則以稍帶濕氣爲佳。

2、土質 以排水良好且含有適度之有機質的壤土或砂壤土、爲適宜的土壤。砂質壤土、不但地豆子的收穫量多、澱粉的含有量亦甚豐富、風味尤佳。至於粘質土、則收穫量少、澱粉所含無幾、而且眼深、往往有產生大形塊莖的傾向。

四、作次

1、輪作　以栽過一回要隔過二年以上（普通爲三年）爲宜。雖然、連作的害、亦不嚴重。

2、前作　在種過茄子・洋柿子・烟草等的同科茄子科植物的地裏、種地豆子、則多生立枯病和青枯病、結果不佳。

輪作例　地豆子—秋蘿蔔（秋白菜）

五、栽培法　有春種・秋種的兩種方法。但在本地、以春種爲普通。秋種不過用爲明年的種薯、其數既少、而且秋種的生育、是極其不良的。

1、春種

甲、播種期　關東州爲四月上旬、南滿爲四月中旬、中滿爲四月下旬、北滿爲五月上中旬。早生種者、一〇〇日前後、便可收穫。因此、從收穫預想期測算之一〇〇日前後時、便可栽種。

乙、壠寬和株間　在六〇糎（二尺）的壠上、以株間爲四〇糎（一・三尺）的距離、把種薯的切口向下、用點播法栽好、要覆以六糎（二寸）的覆土。發芽之後、再培土而使其成爲高壠。

丙、播種量　一〇阿的地面爲九三・八—一三〇瓩（二四—三五貫）、但在關東州爲一三〇瓩（三五貫)。

丁、種薯　可用秋種所收穫的地豆子。用春種所收穫的地豆子的話、因爲在貯藏期中、發芽萎縮、收穫量便要減少四—五成。能每年使用原産地之北海道產地豆子、是最好的。消毒可把種薯放在一〇〇〇倍的昇汞水裏、浸漬一小時有半。用爲種薯者、以形體中等之稍大者、即重約〇・七五—一・一斤（二〇—三〇匁）者爲宜。一個種薯、可以切成四—五片、而其每一片上、要有二—三個的芽。一片之重、爲一九—二三瓦（五—六匁）。薯的上部芽多、發芽旺盛、所以、切的時候、各片之上都要有頂芽纔好。切片上須敷以木灰、等到稍乾之後、就把有皮的面朝上、而稍帶傾斜的栽上即可。

戊、肥料　一〇阿的地面爲窒素一四斤(三・七貫)、燐酸一五斤（四貫）、加里一五斤(四貫)。

施肥例（每一〇阿的地面）

廐肥	一一二五・〇〇斤（三〇〇貫）	窒素	一四・一斤（三・七六貫）
人糞尿	一一二五・〇〇斤（三〇〇貫）	燐酸	一五・三斤（四・〇八貫）
過燐酸石灰	一八・七五斤（五貫）	加里	一五・四斤（四・一一貫）
硫酸加里	七・五〇斤（二貫）		

多用廐肥和加里、雖然有效、但多用窒素却不佳。基肥可只施以堆肥・草木灰、發芽之後、再把

豆餅・人糞尿・過燐酸石灰等、施用在各個株間、就往壠上培土。

己、灌水　培土之後、要時常往壠間流水、以多爲佳。滿洲地方、灌水的效果最大。

庚、除蘖和除花　發芽之後、長到三—六糎（一—二寸）時、可以留一—二芽、餘者全部摘去。經到開花時、因爲花蕾無所用、要從事除花。這是在花蕾裏從基部摘去的。花蕾的發生和結地豆子的開始時期、兩者一致。

辛、除草・中耕和培土　此等作業、要從事二—三回。地豆子苗的根部有莖節、由此莖節生地下莖、而於此每一地下莖的末端、是要結一個地豆子的。因此、培土也是重要的作業。加上、培土在增進品質和防止疫病上、效益亦大。

壬、收穫期　莖葉現出黃色、而地豆子容易離開地下莖時、就可以收穫了。這個時期、在關東州爲七月上下旬、南滿爲七月下旬—八月下旬、中滿爲七月下旬—九月上旬、而北滿則爲七月下旬—九月中旬。

癸、收穫量　一〇阿的地面約爲一八七五—三〇〇〇瓩（五〇〇—八〇〇貫）。

2、秋　種

甲、播種期　七月下旬（時期愈早愈佳）。

乙、壠寬和株間　在四五・五糎（一・五尺）寬的壠上、以株間三〇・三糎（一尺）的距離、用點播法栽。塲形爲平壠、栽完之後、更培土而做成高壠。

丙、播種量　一〇阿的地面爲一一三・五瓩（三〇貫）。

丁、種薯　由春種收穫的地豆子中、選擇其發芽力强大者、先乾燥三天、再藏植於砂中而催芽。以後、就揀取發芽者、並不切開的栽上。

戊、肥料　與春種同。

己、收穫期　爲一〇月上中旬、稍晚爲佳。

庚、收穫量　一〇阿的地面約爲一一二五—一五〇〇瓩（三〇〇—四〇〇貫）。

辛、貯藏　可以用草袋或籠子盛起來、擱置在通風良好之處。

六、病蟲害

1、病害　有疫病。可以把〇・六式（四斗式）的石灰ボルドー液、撒布五回左右。

2、蟲害　擬瓢蟲（てんとうむしだまし）等的食葉蟲、可以把二四五立式（八斗式）的砒酸鉛、撒布兩三回。螟蛾（根切蟲）則須迴避被害最烈的地、而把撒以砒酸鉛（或砒石）的米糠（穀糠）、撒布於根部、亦頗有效。

八　芋頭　天南星科

滿洲名 芋頭　日本名 さといも(里芋)

一、性 狀　南洋諸島的原產，爲宿根多年生草。葉爲根出葉，葉柄叫做芋莖，長大多肉，可達數尺。色澤普通雖爲綠色，但亦有暗紫色及黑紫色者。大抵帶有刺激舌頭的苦辣味，但紅色的和其他的數種，却風味優美，可以供爲食用。葉爲圓楕形，基部張裂。在熱帶地方，開花於葉的中心部。至於在本地，則於受旱害時，亦往往開花。芋有母芋・子芋之別。母芋是種芋的頂芽發芽而芽之基部粗大起來的，子芋是從母芋生出來的腋芽，亦即從基部生出來的腋芽粗大起來的。因此，芋的外面，密生著輪毛。肉白色，有粘質，含有多量的澱粉。他那刺激舌頭的苦辣味，則爲修酸石灰。

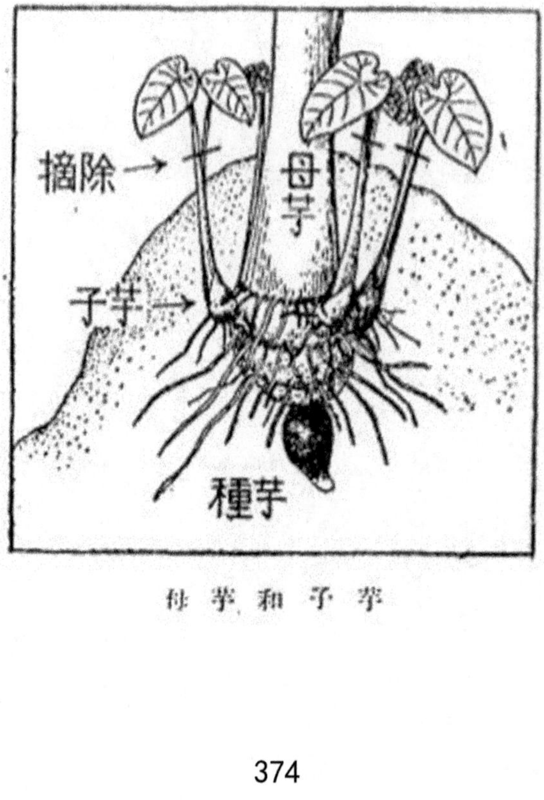

母芋和子芋

二、分 類

1、箭根葉芋　身高，葉大和慈姑相像，芋形普通，熱帶地方最多。

2、大莖芋　所結之芋，露出於地上，成爲樹狀，熱帶地方最多。

3、大芋　即埃及芋。身高六〇・六糎—一米（二—三尺）、母芋大、子芋稀。頗有優良的品種。

4、普通芋　即普通的芋頭、母芋稍小、子芋却多。

5、白芋（選芋）　葉柄爲淡綠色、無刺激舌頭的苦辣味、可以供爲食用。芋形稍小且硬、不可食。日本語也叫做「芋茎芋」。

三、品　種

1、松樹在來芋　山東省芝罘附近產、分布於關東州內及南滿各地、而以松樹附近所產者、特別優良。爲用子芋的早生種，品質雖不佳、但性質强健、且耐乾燥，結芋亦多。屬於普通栽培之品種也。

2、石川早生芋　日本兵庫產、爲採收子芋用之極早生種、由七—八月即可採收。比松樹在來種雖稍劣、但品質良好、所以、爲品質不位的適宜種。

3、赤芽芋　日本靜岡產、葉柄爲綠紫色、雖屬於晚生種、但爲母芋・子芋之兼用種。

4、唐の芋　日本靜岡產、一名「女芋」。屬於埃及芋種。子芋稀、母芋大、重至一・二—一・五瓩（三〇〇—四〇〇匁）。爲採收母芋的用種。

5、八ツ頭　日本福岡產、一名「赤芋」。葉柄爲暗赤色、子芋稀少。是僅做爲繁殖用的。母芋形大、肉爲粉質、爲芋頭中之甘美者。

6、白芋　爲白芋種、一名「選芋」。葉柄爲淡綠色、故有此名。葉柄幾無刺激舌頭的苦辣味、充爲食用、風味絕佳。葉柄可爲栽培之用。芋形極小且硬、不可食。

7、水芋 日本九州地方產、芋形雖不大、但莖現紅色、身極高、可達一・三—一・六米(四—五寸)、且無刺激舌頭的苦辣味、所以、爲用莖的適宜種、滿洲地方亦適於生育。

此外、有土垂・熊野・六月・海老芋等、著名品種頗多。

四、風土

1、氣候 本爲熱帶的原產、所以、愛好高溫和多濕。但能隨應氣候、因之、除酷寒之地以外、是無不適於他的生育的。不過、滿洲地方、低溫而且乾燥、屬於母芋系的品種、栽培則頗困難。

2、土質 在溫暖地方、本來以多水濕的粘質壤土爲宜、但在關東州及滿洲、則以富於水分之砂質壤土即可。能多灌水、效益最大。

五、作次

1、輪作 種過一回之後、要隔開三年以上(普通爲四—五年)。

2、前作 在種過山藥・煙草的地種芋頭、由於加里成分缺少、故生育不佳。開墾地等最好。

(去年) (今年) (明年)
輪作例 黃瓜(葱)— 芋頭— 茄子

六、栽培法

有普通栽培・芋莖栽培・芽芋栽培(軟化栽培)等、而其普通栽培法如下。

1、播種期　關東州・南滿為五月上旬、中・北滿為五月中旬。

2、壠寬和株間　壠寬七五糎(三・五尺)、株間三〇—四五糎（一—一・五尺）。初為平壠、照著一〇糎(三寸)深栽好、再培土做成高壠。

3、播種前的措置、把種薯先在水裏浸漬一—二日、以後再種的話、既可選別種薯之良否、且有增加收穫的效益。

4、播種量　一〇阿的地面、關東州為一五〇瓩（四〇貫）、北滿為一三八瓩（三七貫）。

5、肥料　一〇阿的地面為窒素一九瓩（五貫）、燐酸一四・八瓩（三・九貫）、加里一六・九瓩（四・五貫）。

施肥例（每一〇阿的地面）

廐肥	一八七五・〇瓩（五〇〇貫）	窒素	一九・一瓩（五・〇九貫）
人糞尿	一八七五・〇瓩（五〇〇貫）	燐酸	一四・八瓩（三・九五貫）
過燐酸石灰	三七・五瓩（一〇貫）	加里	一六・九瓩（四・五一貫）

多用廐肥及窒素・加里肥料。廐肥・堆肥・草木灰等、可以做為基肥、而施用於播種之前。起到發芽後、再施用豆餅和過燐酸石灰。至於人糞尿、是做為追肥而施用於七—八月時的。

6、灌水　把水流入壠間、以多為宜。而採收芋莖用者、更須多量灌水為要。至於為防止乾燥起見、上數以草、亦頗有效。

7、中耕和培土　子芋容易發芽、有施以深厚之培土的必要。中耕可從事三—四回。

8、收穫期　全滿各地、均約爲九月下旬（又芋爲八月裏）。

9、收穫量　一〇阿的地面約爲一五〇〇—一八七五瓩（三〇〇—五〇〇貫）。

七、病蟲害

1、病害　防止種芋的腐爛時、可以嚴加選擇優良的種芋、而或者於播種前塗以木灰、或者於播種時撒以木灰。至於把播種期略行延緩、而將種芋施以催芽、以後、僅擇取其發芽者栽種、實爲最安全的方法。

九　薑　蘘荷科

滿洲名　薑　日本名　しょうが・はじかみ

一、**性狀**　印度的原產、爲宿根多年生作物。冬令、葉便枯死。卽貯藏其根塊、以爲繁殖之用。葉爲長披針形、根爲地下莖、現出不規則的橫扁塊狀。普通爲黃色、有劇烈的辣味。此種辣味、是叫做「ジンジベリン」的揮發油、可以供爲香辛用及藥用、是最重要的。薑則或者製爲乾薑、或者做成蜜餞、輸出於西洋。

二、品　種

1、小薑（こしょうが）　日本靜岡產、爲極早生種、一名「促成小薑（そくせい）」。莖多、薑形小、爲灰黃色、辣味不甚强烈。可以做爲早採栽培用、最適宜生育於滿洲地方。

2、中　薑（ちゅうしょうが）　日本愛知產、爲中生種、葉稍帶紫色、薑形中等、外皮爲灰黃色、肉質則現出特別新鮮的黃色。水分多、品質柔輭、可以做爲醃漬之用、而適宜於普通栽培。

3、大薑　中國產、關東州內栽培者最多。爲中生種。葉最繁茂、薑形大、爲灰白色、表皮甚粗。性質强健、能耐受乾燥地、收穫量亦多。惟品質則稍不良、辣味亦在中等、爲需要大薑時所用、而適於一般之栽培。

4、金時（きんとき）　日本靜岡產、葉莖多而細、莖帶淡紅色、莖的基部則現深紅色、故有此名。形小、質緻密、辣味强烈、最適用爲乾薑的原料。至於用爲芽薑、則以其美麗、尤爲人所愛用。

此外、有黃薑（きしょうが）・近江（おうみ）・大薑（おおしょうが）等數種。

三、風　土

1、氣候　愛好溫暖且有濕氣的氣候。發芽則需要高溫。滿洲的氣候、是不適宜的。因此、只可選擇極早生種而利用夏季的高溫、以從事其栽培的。雖然、薑的栽培、實爲滿洲地方不易栽培的蔬菜種類中的一種。

2、土質　由於栽培目的之有別、而適宜的土質、亦須互異。卽用爲乾薑者的栽培、以砂質壤土爲宜。蔬菜用薑的栽培、以粘質或埴質壤土而富於水分者爲宜。大抵均嫌忌乾燥地。溼地的收穫量雖多、品質却劣。

四、作　次

1、輪作　每種一回、要隔過一年（普通則爲二年）。

2、前作　做爲地豆子・燕麥等的後作、發育不良。

輪作例　秋種蔬菜—薑

五、栽培法　有普通栽培・芽薑栽培（軟化栽培）等。但在關東州及滿洲、普通則爲鮮薑的栽培。因此、記述鮮薑的栽培法於下。

1、播種期　爲五月上中旬(薑的發芽、需要高溫、故須至六月、始能發芽、而播種便不必急於從事。又以先行催芽、而後播種爲宜)。

2、播種法　栽培小形早採用的薑、是在一米（三尺）的畦子裏、照著約三〇糎(一尺)的株間、以點播法種三行。發芽後再培土做成高畦。

3、薑種　薑種須選用完全無疵者、把他照著一片重約四〇—四三瓦、而附有二—三芽的切開、塗以草木灰、再以約六糎（二寸）的深度栽上。

4、播種量　一〇阿的地面爲三七五瓩（一〇〇貫）。

5、肥料　一〇阿的地面爲窒素一五瓩（四貫）、燐酸一一・三瓩（三貫）、加里一八・八瓩（五貫）。

施肥例（每一〇阿的地面）

廐肥	一五〇〇瓩（四〇〇・〇貫）	窒素	一五瓩（四貫）
人糞尿	一四九〇瓩（三九七・〇貫）	燐酸	一二瓩（三・二貫）
硫安	一五瓩（四・〇貫）	加里	一八瓩（四・八貫）
過燐酸石灰	三瓩（〇・八貫）		

廐肥・堆肥以及加里肥料、都要多用。加里不足、就多有腐爛者。人糞尿是做爲追肥、在八月裏施用、其他則做爲基肥、而施用於播種以前。

6、灌水　薑是愛好多溼的作物、因此、要時常灌水、以多爲宜。至於、日射强烈及乾燥太甚的年月能覆以葦簾等物、以蔽日光、很有效益。

7、收穫期　爲一〇月中旬。但從八月起、便可隨時收穫。

8、收穫量　一〇阿的地面、最少爲二二五〇—二六二五瓩（六〇〇—七〇〇貫）。

六、病蟲害

1、病害　生在葉上的白星病、可以撒布〇・八式的ボルドー液。對於薑種的腐敗病、可於播種之前、

預先把當種浸漬在フォルマリン二%液中、約五分鐘、以消毒之。並且、要充分的施以草木灰。

2、蟲害　螟蛾（髓蟲）可由七月起、把一四五立的砒酸鉛液、撒布數回。

第二章　鱗莖類

一〇　葱　百合科

滿洲名　大葱　　日本名　ねぎ・ねぶか

一、性狀　西伯利亞阿爾泰山地方的原產、爲宿根多年生的作物。普通是做爲二年生或一年生的蔬菜、以栽培的。鱗莖部伸長、和葉子同可供爲食用。葉色綠、爲筒狀。有分蘖極甚者；有完全不分蘖者。鱗莖普通爲綠色、加以輭白之後、就變爲純白、但有現爲紅色者。種子的發芽年限、不過一年。

二、品種

1、明水　山東省章邱產、因由明水車站輸出、故有此名。不分蘖、爲完全的獨株葱、一棵有重四〇〇瓦以上者。白根粗、色純白、極長大。質柔輭而多甜味、收穫量最多。爲利用大形獨株葱的品種。

2、蓋平　滿洲國蓋平產、亦不分蘖、而爲完全的獨株葱。白根細長、達四五糎、色純白。葉稍細而形長、肩部和竹葉相像而不膨脹。輭化部的生長旺盛。性質强健、品質柔輭、極緊束而不鬆散、宮甜味、實爲優良品種。此爲利用細形的獨株葱。

3、千住　日本東京產。此葱由於葉色有黑柄・赤柄・合柄的三種、而在關東州栽種則以合柄爲宜。白根形體中等、純白、有一根乃至兩根的分蘗。極緊束、煮之亦不破碎。品質風味既佳、收穫量亦多。做爲利用品質的葱、是最好的。

此外、有八葉葱（分蘗極多）・九條（有五—六根分蘗）、爲用葉葱、而伯州・孤葱等、則爲獨株葱的品種。

自右而左
藍平
明水
千住
千住赤柄

三、風土

1、氣候　冷涼而有適宜的溼氣且不乾燥的氣候、最適於葱的栽培。在此種地方栽葱品質和收穫、是均能良好的。反之、而爲高溫乾燥的氣候、則發育不良、收穫亦少、肉質粗硬、品質便劣。葱的耐寒性、是極强的。

2、土質　粘土質或粘質壤土而極其肥沃、又多水溼之地、是葱所愛好的。在砂質土壤栽種的話、須特別加意、不得使其乾燥爲要。至於、土地的選定、則須注意、要選擇排水良好之處纔好。

四、作次

1、輪作　種過一回、要隔開兩三年、肥沃的地、則隔開一年上下即可。

2、前作　種過葱類・倭瓜・芋頭・陸稻等作物的地、因地質瘠薄、種葱時發育不良。種過荳科・茄子科等作物的地、種葱時發育良好。

輪作例　（春種）　（夏種）　（秋　種）。

春蘿蔔 — 葱 — 蘿蔔（秋實瓜）

五、栽培法　有秋葱栽培・夏葱栽培及芽葱栽培等、而秋葱栽培法如下。

1、育　苗

甲、播種期　關東州爲九月中旬、南滿爲九月上旬、中・北滿爲八月中下旬。太早、則明春抽薹。太晚、則因寒害、生育不良。

乙、播種法　在一米（三尺）的畦子裏撒布種子。

丙、播種量　一〇阿的地面、關東州爲一・五立（八合）、北滿爲二立（一升）、苗床的面積、約需六〇平方米（一五坪）。

丁、肥料　堆肥・人糞尿・草木灰等、可以施用爲基肥。秋季和春季、則將人糞尿做爲追肥、均各施用一—二回。

2、本圃定植

甲、定植期　關東州・南滿爲五月中下旬、中・北滿則爲六月中旬。

乙、壠寬和株間　夏葱的壠寬爲四五・五糎（一・五尺）、株間爲三糎（一寸）。秋葱的壠寬爲六〇糎（二尺）、株間爲六糎（二寸）。

丙、壠形　壠爲淺壠、深則夏葱用爲六・一—九・一糎（二—三寸）、秋葱用爲一五・一—一八糎（五—六寸）。栽好以後、再培土而爲高壠。

丁、肥料　一〇阿的地面爲窒素二四瓩（六・四貫）、燐酸一八瓩（四・八貫）、加里一七・六瓩（四・七貫）。

施肥例（每一〇阿的地面）

厩　肥	一八七五瓩（五〇〇貫）
人糞尿	一八七五瓩（五〇〇貫）
菜子油滓子	七五瓩（二〇貫）
過燐酸石灰	三七・五瓩（一〇貫）

窒　素	二四・一瓩（六・四三貫）
燐　酸	一八・二瓩（四・八五貫）
加　里	一七・六瓩（四・六九貫）

可以多用厩肥・堆肥及窒素・加里肥料。加里能使品質良好。堆肥・人糞尿、可以施用其全量之半爲基肥、而於第一回培土時則施用豆餅・過燐酸石灰、其後的培土時便把人糞尿用爲追肥了。

戊、灌水　極少即可。

己、培土　夏葱一—二回、秋葱四—五回。初期的培土、以早爲佳。

庚、收穫期　春葱爲四—五月、夏葱爲六—七月、秋葱爲九月下旬—一〇月上旬。

辛、收穫量　一〇阿的地面約爲一八七五—三三七五瓩（五〇〇—九〇〇貫）。

六、病蟲害

1、病害　赤澁病可把加用カゼイン石灰的〇・六式ボルドー液撒布二—三回。

2、蟲害　防止牧草蟲（むくげむし）、可於移植之際把葱苗浸於硫酸ニコチン或ハルク的八〇〇倍水中。在葱的生育期中、可把硫酸ニコチン或ハルク的一〇〇〇倍液撒布二—三回。

一一　洋葱　百合科

滿洲名　洋葱　　日本名　たまねぎ（玉葱）

一、性狀　中央亞細亞的原產、雖爲多年生植物、但是用爲一—二年生作物而栽培的。葉爲一方微凹之三角形圓筒狀。採收則擇其鱗球肥大者。鱗球有球形・扁圓形・紡錘形等。色澤有黄・紅・白・黄褐等。春季數株花梗抽薹、開葱狀的花。柱頭長、中央部肥大。種子和葱一樣、在花梗的基部、生有新鮮鱗球而過冬。種子的發芽年限則僅爲一年。

二、分類

1、實生繁殖種（東洋方面的普通種）

2、頭狀形成種

3、分蘗繁殖種

三、品　種

1、エーローグローブ　黃色種。鱗球爲球形或扁圓形。早生、形大、直徑有達九糎（三寸）者。爲普通栽培用的品種。

2、ホワイトグローブ　白色種。鱗球爲球形。爲白色用及葉洋葱用的品種。

3、エーローダンバース　在美國最著名的品種、日本本土亦從早就栽培，所謂「泉州葱頭」者、就是屬於此種之系統的。鱗球狀扁圓、腰不甚高、色淡黃、莖細、形均整且端正。容易長成大球、在滿洲亦有重至五〇〇瓦大的。

4、エーローグローブダンバース　北海道的獎勵品種。爲近於球形的扁圓、腰甚高、色爲黃褐或淡褐、肉純白、品質佳良。頸不甚粗。球形整齊、耐於貯藏之良品種也。便在滿洲、球大亦有重至二〇〇瓦左右的。

此外、則屬於實生種者、有紀州黃・「ニークイン」・「アーリーフラットレッド」等。屬於頭球種者、有「エヂプチアン、アニヨン」等。屬於分蘖種者、有「ポテト、アニヨン」等。品種頗多。

四、風 土

1、氣候 愛好冷涼且稍乾燥的氣候。但極端的乾燥則所不喜。關東州內冬季乾燥、夏季溫度過高、故生育不佳。

2、土質 宜於粘質壤土或壤土。滿洲以水濕稍多之地爲宜。酸性土壤則爲其所嫌忌者。

五、作 次

1、輪作 氣候適宜的地方或土質肥沃的地方、以連作爲宜。滿洲地方則種過一次之後、可以隔開二—三年。

2、前作 前作爲葱類・禾本科的作物時、爲洋葱之所不喜。

輪作例 洋葱—白菜

六、栽培法 有普通栽培・葉洋葱栽培等。關東州內、將來以葉洋葱的栽培、最爲有望。

1、播種期 爲八月下旬—九月上旬（八月二五日—九月五日）。即關東州和南滿爲八月下旬、而中・北滿則爲四月下旬。

2、播種法 在一米的畦子裏、用條播法種三—四行。

3、播種量 一〇阿的地面爲二立（一升）左右。

4、肥料 一〇阿的地面爲窒素 一八・六瓩（四・九貫）、燐酸 一二・六瓩（三・三貫）、加里一三・八瓩

（三・七貫）。

施肥例、（每一〇阿的地面）

厩肥	一一二五・〇〇瓩（三〇〇貫）	窒素	一八・六瓩（四・九六貫）
人糞尿	一八七五・〇〇瓩（五〇〇貫）		
過燐酸石灰	一八・七五瓩（　五貫）	燐酸	一二・六瓩（三・三六貫）
蘇子油滓子	五六・八五瓩（　一五貫）	加里	一三・八瓩（三・六八貫）
米糠	七五・〇〇瓩（　二〇貫）		

人糞尿做爲追肥施用、其他則做爲基肥、而施用於播種以前。

5、本年內的管理

甲、中耕　能防止乾燥、土壤的凝固、以及雜草的繁茂等。

乙、灌水　到一〇月末爲止、可以從事二—三回。

丙、除草　可以從事一—二回。

丁、追肥　在發芽經過三星期時、即九月中・下旬時施用。

戊、防寒　在一一月上旬、地面行將凍結時、要從事防寒。其法、則將稻草或雜草等、覆於苗子上面、厚爲二—三糎（七分—一寸）、更於其上覆以細土。至明春解凍、即須除去。

6、明春解氷後的管理

甲、減苗 第一回爲四月下旬、照著五―六糎（一・七―二寸）的距離從事。第二回、在其後經過三星期時從事、而使其株間爲一〇―一二糎（三・四寸）。第三回在第二回之後的三星期時從事、南滿則爲六月一五日前後、而使其株間爲二〇糎（七寸）。這時、鱗球的直徑已至三・六糎（一・二寸）、就可以做爲葉洋葱販賣。

乙、灌水 過冬後最初的灌水、可在防寒解除後二―三日時、須保持解氷後的溫度、而不使其低下、以從事灌水爲要。

丙、中耕 於維持水分及圖謀地溫上昇上、中耕最有效益、要在灌水後深度適宜時從事纔好。

丁、捻曲 生育旺盛而結球不良時、可將正在結球期中的洋葱、由基部使其屈折。

7、收穫期 約爲七月上中旬。而關東州爲六月下旬、南滿爲七月上旬、中・北滿則爲八月上旬。

8、收穫量 一〇阿的地面約爲三七五〇瓩（一〇〇〇貫）。收穫雖多而形小、用爲商品、價値無幾。

七、病蟲害

1、病害 赤澁病・黑澁病・露菌病等、可以撒布〇・八式的砂糖ボルドー液。

2、蟲害 收草蟲（むくげむし）、可以撒布硫酸ニコチン或ハルク的一〇〇〇倍液。

一二一 蒜　百合科

滿洲名 蒜　日本名 にんにく(葫)

一、性狀 亞細亞西部略耳基滋平原地的原產、由於蒙古人之手而輸入中國。爲宿根多年生植物、貯藏其鱗球、於春季或秋季栽植。葉子和韮葱相像。鱗莖則與洋葱相像而肥大。內部分做數瓣以至十數瓣。形體有大小、色澤有白・紅等別。有辣味與奇臭。利用部分、除球根外、爲嫩葉・軟化葉和抽薹等。春季有抽薹者、亦有不抽薹者。

二、品種

1、紅皮蒜　中國產、關東州內和州外頗多。外皮暗紅色、鱗片大而藏有數瓣。葉抽薹、而生珠球。

爲需要大形蒜・蒜薹及軟化蒜苗用的品種。

2、白皮蒜　中國產、關東州內和州外頗多。外皮色白、鱗片小、而藏有二〇餘瓣。葉細小、不抽薹。

爲需要小形蒜及青蒜苗用的品種。

3、アーリー、ピンク　法國產、早生而球大、外皮色紅、爲早生用的品種。

4、シャイフント、ヘッテッド　法國產、球大、少辣味與奇臭。

三、風土

1、氣候 愛好冷涼且乾燥的氣候。滿洲春季的氣候、最爲適宜。普通播種於三月下旬、成熟於七月上旬、而栽培作業遂以告畢。

2、土質 以富於水溼之壤土或粘質壤土爲宜。

四、作 次

1、輪作 栽過一次要隔開二—三年、但在肥沃土、連作有時翻能有利。

2、前作 前作爲葱類的同科作物及荳科作物的地、由於地土極其肥沃、不可栽蒜。

輪作例 蒜—秋白菜

五、栽培法 有普通栽培·蒜頭栽培·促成蒜苗栽培等。玆述其普通栽培法於下。

1、栽植期 關東州爲三月下旬、南·中滿爲四月中旬、北滿則爲四月下旬。但以早爲佳。

2、栽植法 以六—九糎（二—三寸）的株間、栽一蒜瓣、而於一米（三尺）的畦子裏栽四—五行。蒜瓣以大者爲宜。

3、栽植量 關東州爲九四瓩（二五貫）、北滿爲九〇瓩（二一貫）。

4、肥料 一〇阿的地面爲窒素一九·五瓩（五貫）、燐酸一二瓩（三貫）、加里一五瓩（四貫）。

施肥例（每一〇阿的地面）

廄 肥 一五〇〇·〇〇瓩（四〇〇貫）

人糞尿	一八七五・〇〇瓩（五〇〇貫）	窒素	一九・五瓩（五・二〇貫）
過燐酸石灰	一八・七五瓩（　五貫）	燐酸	一二・三瓩（三・二八貫）
米糠	七五・〇〇瓩（　二〇貫）	加里	一五・六瓩（四・一六貫）

人糞尿做爲追肥、於五月時施用、其他做爲基肥、而施用於播種以前。窒素肥料雖然不可少、但過多則莖・葉繁茂、結球不良。

5、灌水　在生育期内、要多灌水。趕到六月中旬、開始結球、就逐漸減少灌水。至於收穫期前、則不須灌水。

6、培土　在六月裏從事一回。

7、屈折　葉子過於繁茂時、可把葉莖由基部使其屈折。

8、收穫期　關東州・南滿爲七月中下旬（葉爲五月、莖爲六月、蒜頭爲七月）、中・北滿則爲七月下旬到八月上旬之間。

9、收穫量　一〇阿的地面爲七五〇—九三七瓩（二〇〇—二五〇貫）。

六、病蟲害

病害爲赤澁病、蟲害爲收草蟲、均與葱同。

一三 韮菜 百合科

滿洲名 韮菜 日本名 にら

一、性狀 中國・日本等東洋的原產、爲宿根多年生作物。鱗狀充實、且能過冬。球部極小、而分蘖力强、被以細毛。播種一次、竟能栽培數年之久。根的位置、漸次上升。葉扁平而細長、現濃綠色、有劇烈的奇臭。初夏開花結實。種子和葱相像、發芽年限、不過一年。利用部分、則除韮莖之外、即爲葉與花部。

二、品種 在來種(華北及滿洲等地、並無多數品種)。

三、風土

1、氣候 愛好冷涼而稍帶濕氣的氣候。關東州內最爲適宜、產品優良。金州一帶、尤爲有名。

2、土質 本來各種土壤、都能生育、但以肥沃的腐植壤土爲宜。

四、作次

1、輪作 種過一次的地、要隔開幾年。

2、前作 前作須選擇其爲同科作物之葱類以外、而地質不至於因以瘠薄者纔好。

輪作例 春蘿蔔－韮菜（秋種菠菜－韮菜）

五、栽培法　有普通栽培・韓白栽培等、以下所述者則爲普通栽培法。

1、播種期　四—六月（春播）。即關東州・南滿間爲四月下旬、中・北滿間爲五月上旬。但從發育上著想、以早爲佳。不過、利用到六月便能收穫完畢之作物的地亦可。

玆將金州附近的韮菜栽培法、說明於下。

2、先把地中之上次作物的根・葉・莖等、拾集整理一下。其次、把地面耙平。又其次、便往地裏、全面灌水(普通多等候下雨)。趕到地中濕氣適當時、就用輥子、把地面鎮壓一下。

3、打壠　整地既畢、就從地的一側起、每隔四五糎(一・五尺)拉上一條繩、做爲壠寬。其次、便打上寬七糎（二・三寸)深一〇糎（三・三寸)的播種溝。這時有①的隔壠培土法、有②的各壠培土法。①法、需要技術、管理雖然方便、但所費勞力却多。②法、作業容易、所費勞力無幾、但管理不便。

4、播種量　一〇阿的地面爲七—一〇立（四—五升）。

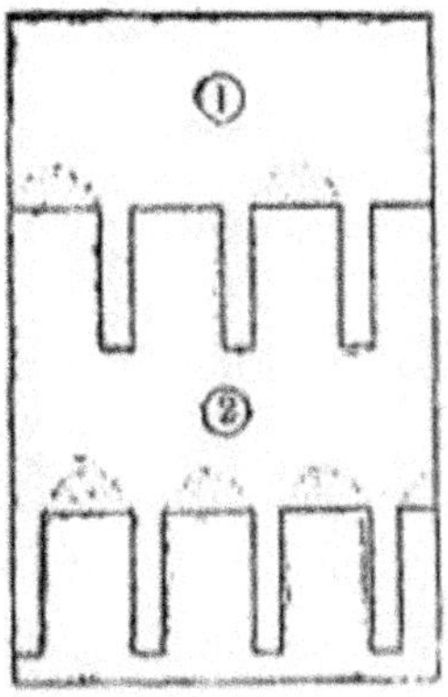

5、種子的事前措置　在播種的一—二日前、把種子浸漬於水中、擱置在溫煖之處、而從事催芽。到芽能衝破種皮的程度即可。

6、播種法　在播種的當日、先往播種溝裏、十足灌水(溝滿爲度)。等到水已滲入地中、就用鐝頭把播種溝的底部打平、以後、用條播法把種子撒上、使用地土施以覆土、到不見種子爲度。最後、更在覆土上面、覆以細砂、厚爲二糎（五—六分）。

7、播種後的管理

甲、灌水 順利的話、播種後的一星期內外、就能發芽。倘發芽遲滯、當日過多時、則須灌水。至於發芽之後、倘地土乾燥、亦須從事灌水爲要。

乙、除草 以早爲宜。用手慎重從事。

丙、施肥 隨同韮菜的發育、分爲數次施用。即第一回培土時、可於株側、施以豆餅・過燐酸石灰。共後、則於灌水時、把硫安流入壟間。趕到明春的收穫期中、把硫安做爲追肥、施用兩回。開花後、施用人糞尿爲追肥。秋季、則將其他肥料、施用於株間。肥料則以窒素及液肥的效益最大。

8、肥料 一〇阿的地面爲窒素二〇瓩（五貫）、燐酸一一・五瓩（三貫）、加里一二・九瓩（三貫）。

施肥例（每一〇阿的地面）

厩肥	一二二五・〇〇瓩（三〇〇〇貫）	窒素	二〇・四瓩（五・四四貫）
人糞尿	一八七五・〇〇瓩（五〇〇〇貫）	燐酸	一一・五瓩（三・〇七貫）
過燐酸石灰	二二・五〇瓩（六貫）	加里	一二・九瓩（三・四四貫）
蘇子油滓子	七五・〇〇瓩（二〇貫）		

9、培土 隨同韮菜的伸長、可以陸續培土、而於收穫之後、則將土除去、或鋤覆一下。早春時候、

爲使其穩化部長大、可在壠上撒以多量細砂、其後、則隨同韮菜的生育、從事培土。

10、灌水　流入灌水、以多爲要。

11、收穫期　明年春季、隨同韮菜的伸長、可以隨時割取。割取的時期、則關東州爲四月上旬、南滿爲四月中旬、中滿爲五月上旬、北滿爲五月下旬。播種之後、可以收穫一〇年。

12、收穫量　一〇阿的地面約爲三七五〇瓩（一〇〇〇貫）。

六、病蟲害

1、病害　赤銹病可以撒布〇・五式（五斗式）的石灰ボルドー液。

第三章　葉　菜　類

一四　洋白菜　十字花科

滿洲名　洋白菜　日本名　かんらん（甘藍）・たまな（玉菜）

一、性　狀　法國原產、春季開黄色十字花。類似白菜而莢細長。葉濶大而厚、普通心部結球、緊束固結。葉色普通爲綠色、但亦有紅色者。葉面有平滑者、有縮葉者。結球的形狀、則有球形・筍形・扁圓形等。普通以其結球葉充爲食用。

二、分 類

1、普通洋白菜 一名「白洋白菜」。葉面平滑、沒有顯明的縮皺、爲普通盛行栽培的種類、有種種形狀。

2、紅洋白菜 形狀和普通洋白菜一樣、但葉色和結球、都現暗紫色、晚生、形小。因爲品質良好、故供爲特殊的用途。

3、縮葉洋白菜 形狀和普通洋白菜一樣、但葉面有顯明的縮皺、日本亦把他叫做「縮緬甘藍」。結球稍鬆、但品質柔輭、味極甘美。

4、葡萄芽洋白菜 與普通種不同、無結球形。葉的中筋甚發達、極大、葉直立。柔輭、味美、可以採取中筋。

三、品 種

1、コペンハーゲン、マーケット 早生、日本亦名之曰「百日甘藍」。結球成球形、極完整、一個重二瓩（五〇〇匁）內外、爲早生種之宜於春種和秋種的優良品種。

2、サクセッション 美國產、中生種、結球爲扁圓形、極緊束、一個重四瓩（一貫）內外、爲中生種中之最優良種。春種能早播種、七月便可收穫、而更從事其後作。最適於秋種用及貯藏用之品種也。

3、オールヘッド、アーリー　美國產、中生種、結球爲扁圓形、極緊束、尤其可以做爲秋種、而適於貯藏。

此外、有「カノンボール」・「アジヤ」・「アーリー、ベースボール」（極早生種的小形洋白菜）・「サダヤ洋白菜」（中生種）・豐田早生（早生種）・「オータムキング」（晚生種）・札幌大球（晚生種）等多數品種。

四、風　土

1、氣候　愛好冷涼而稍帶溼氣的氣候、嫌忌酷暑和乾燥。原來、優良品是產生於秋季的。夏季所種者、是把不結球的洋白菜、加以改良、變成早生種、遂至於春夏時候亦能生產了。

2、土質　肥沃而有適宜之水分的粘質壤土、是最適宜的。但太溼及過於肥沃的地、就只有葉子繁茂、而結球不佳了。至於鹼性地、亦頗爲洋白菜之所能耐受。

五、作　次

1、輪作　種過一回之後、可以隔開二年以上。原來、洋白菜是連作並無大害的作物、不過　因爲有病害頗多的年月的緣故。在肥沃土的地、連作兩三年、有時能使結球的比例增加。

2、前作　在種過白菜・蘿蔔・花椰菜等十字花作物的地種洋白菜、則多腐敗病。種過茄子的地、亦有時有過於肥沃之失。

輪作例　春洋白菜—胡蘿蔔　黄瓜—秋洋白菜

六、栽培法　可大別爲促成栽培・春種及秋種。但自二月至七月、則可隨時播種、而從事其栽培。

1、春種

甲、播種期　二月中旬—四月上旬。卽關東州爲二月中旬、南滿爲三月上旬、中滿爲三月中旬、北滿爲三月下旬。雖然、中生種則須早種、早生種不妨晩種、照著品種、播種期可以斟酌增減。

乙、播種法　條播於溫床裏。床溫使其爲二〇度、釀熱物厚爲六〇—三〇糎(二—一尺)。照著栽一〇阿的地面說、撒布於溫床的種子爲〇・〇九—〇・一一立（五—六勺）。

丙、減苗　在子葉的時期從事一回、一個本葉時從事一回（六糎平方）。三個本葉時從事一回(一二糎平方)。

丁、換床(移植)　第一・二兩回在溫床裏從事、第三・四兩回在冷床裏從事。換床是重要的作業。因爲、能使鬚根多而結球完全。但須注意、愼重從事、不使幼苗損傷。

戊、定植期　四月中旬—五月下旬。卽關東州爲四月中旬、南滿爲五月上旬、中滿爲五月中旬、北滿爲五月下旬。在壠溝或畦子裏、コペンハーゲン種照著壠寬六〇糎（二尺）、株間三〇—四五糎（一—一・五尺）的距離定植、サクセッション種、就照著壠寬六〇糎（二尺）、株間六〇—七五糎（二—二・五尺）的距離定植。壠寬和株間等、可以照著品種、適宜增減。

己、肥料　一〇阿的地面爲窒素二一·六瓩（五·七貫）、燐酸一四·八瓩（三·九貫）、加里一六·九瓩（四·五貫）。

施肥例（每一〇阿的地面）

廐肥	一八七五·〇瓩（五〇〇貫）	窒素	二一·六瓩（五·七六貫）
人糞尿	一八七五·〇瓩（五〇〇貫）	燐酸	一四·八瓩（三·九七貫）
過燐酸石灰	三七·五瓩（一〇貫）	加里	一六·九瓩（四·五一貫）
硫酸加里	七·五瓩（二貫）		

把廐肥·堆肥·草木灰等做爲基肥、施用於定植的以前。其後、則於五月中下旬、施用豆餅·過燐酸石灰·人糞尿等爲追肥。六月中下旬、施用硫安爲追肥。廐肥·堆肥及窒素肥料的效益最大、往往使洋白菜能耐受鹽分、並且結球完全。

庚、苗子的選擇　在栽培洋白菜上、此爲最重要的作業。玆述不良苗的特徵於下。

葉子的中筋帶紅色者。

莖葉徒長、而節間頗長者。

葉柄長者（晚生種則大抵均長）。

葉的基部有裂刻者。

有葉裂者。

葉子向外披散者。

由葉腋發生賸芽者。

苗子的生長、過於旺盛及過於虛弱者。

辛、灌水・除草及中耕 能隨時多放水流入畦中、以從事灌水、效益最大。雜草多時、要從事除草、同時中耕。但到繁茂期、則不可任意出入圃中。

壬、收穫期 關東州・南・中滿爲六月中下旬、北滿則爲七月上旬。

癸、收穫量 一〇阿的地面爲三七五〇瓩（一〇〇〇貫）。

2、秋 種

甲、播種期 關東州爲六月上旬、南滿爲五月下旬、中滿爲五月中旬、北滿則爲五月上旬。但中生種要早、早生種稍晚亦可。

乙、育苗法 係播於露地冷床中、播種㮆與春種時同。

丙、換床（移植） 可從事二—三回。

丁、定植 關東州爲七月中下旬（中生種要早）、北滿則爲六月下旬。

戊、壠形・壠寬・株間・肥料・灌水等、均與春種無異。

己、收穫期　關東州爲九月下旬、北滿爲八月上旬。

庚、收穫量　一〇阿的地面爲三七五〇—五六二五瓩（一〇〇〇貫—一五〇〇貫）。

七、病蟲害

1、病害　腐敗病要於連作及前作加以注意。使用加里肥料及石灰、把〇・五式石灰ボルドー液、撒布二—三回。

2、蟲害　蚜蟲的驅除、可以撒布ハルク的一〇〇〇倍液。對於螟蛉、可把加用カゼイン的一四四—一八〇立式砒酸鉛液、撒布五回上下。

一五　白菜　十字花科

滿洲名　白菜　　日本名　はくさい(白菜)

一、性狀　中國的原產、爲二年生或一年的作物。春季開黃色的十字花。葉綠色、有濃淡之別。外皮粗剛、中筋極發達。結球性有完全結球・半結球・不結球・變形等各種。結球的形狀、則有球形・楕圓形・長圓形・砲彈形・大頭形・喇叭形等。結球葉均爲白色、而其質柔軟。

二、分類　照著結球的形狀、可以分類如左。

1、完全結球種　此種完全結球、外葉不堪供爲食用。照著葉色的濃淡、可以分爲白幫系・青幫系。

包頭連菜、屬於此種。

2、半結球種　心部完全結球、外葉結束、大頭黃等屬於此種。

3、結束種　並不結球、葉縱直而密連結束、花心菜等屬於此種。

4、不結束種　亦不結球、亦不結束、菜棵直立、小松菜屬於此種。

5、變種　形極小、而成爲別個相異的形狀、油菜（體菜）等屬於此種。

二、品　種

1、諸城包頭連　山東省諸城產、爲完全結球種的白幫系。結球爲球形、極緊束、色白柔軟。品質・形狀、在白菜中是無出其右的。葉色淡綠而且平滑、略似洋白菜葉。在白幫系中最爲著名、所以、俗語叫做「白幫包頭連」。適於稍暖之地、性稍弱爲其美中不足的缺點。大連的西山會一帶、栽培者頗多、重約四斤（一貫）。

2、福山包頭連　山東省福山產、爲完全結球種的青幫系、結球稍現長圓形、極緊束、結球葉的外部、稍現綠色。葉色濃、粗糙而做有皺紋。在青幫系中最爲著名、所以叫做「青幫包頭連」。性强健、品質良好。旅順的水師營附近、栽培者最多。重約六斤（一・五貫）。

3、萊州包頭連　山東省萊州產、爲完全結球種的青幫系。形成砲彈狀、外皮稍帶綠色、俗名叫做「芝罘」。葉色極濃、多皺紋。性强健、在結球種中、此爲最耐寒者、所以、並不選擇地域。品質雖有粗剛的傾向、但收穫量卻多。重可達八瓩（二貫）。

4、大沃心　河北省中央部產、爲完全結球種的白菜系。形狀爲大頭形、而由於形狀的大小、有大沃心・小沃心之別。在結球種中、此爲最早生種、品質亦稱良好。小沃心、在北京栽培的最多、所以、有「北京早生種白菜」的名字。大沃心、俗語叫做「山東白菜」、亦頗著名。關東州內和州外、栽培此種白菜者頗少。小者重約一・九瓩（五〇〇匁）、大者重約三・七五瓩（一貫）。

5、大頭黃　關東州內金州城北三里庄的原產、爲把胡桃紋加以改良而成的大形種。分布區域、只限於金州附近、所以、一名「金州白菜」、著名之品種也。前清時、有每年運往北京、進貢給乾隆帝的故事。此種白菜、爲半結球種、形大、而其斷面爲長方形、重有達一六・九瓩（四・五貫）者。葉子普通重爲一一瓩（三貫）。葉色淡而多褶。性强健、收穫量亦多。

6、胡桃紋　爲分布於河北省中央部・關東州以及滿洲國的復縣等處的著名品種。雖然屬於半結球種、但心部的結球部不大。形狀、彷彿變成小形的大頭黃似的。色更濃厚、摺亦更多。上凹、和胡桃的紋相像、而結球緊固、因有此名。普蘭店一帶、所產最佳。重約八瓩（二貫）。

胡桃紋

7、小根菜　貔子窩及滿洲國之莊河地方產、爲半結球種。心部結球成砲彈形、而頗完整。葉少摺皺、根極細、因有此名。性稍弱、品質亦略佳。重約七・五瓩（二貫）。

8、鵪鶉囤　滿洲國復縣最多、亦分布於關東州內各地。爲結束種(亦有略結球者)。形狀極其矮小、斷面成爲扇狀。心部凸起、形和鵪鶉相似、因有此名。色濃綠、內部亦爲黃綠色。性强健、能耐寒、土地瘠薄、亦無妨碍。品質・收穫、雖不良好、但風味頗佳、而用爲酸菜的材料、尤爲人所珍重。重二・二五—二・六三瓩(六〇〇—七〇〇匁)。

9、花心菜 分布於山東・河北及關東州各地、原產地不明、但現今盛行栽培的地方、則為關東州。

此為結束種、形成喇叭狀、成熟之後、就現出黃白色的心葉、和花朵相像、因有此名。屬於極早生種、宜於春種、亦宜於秋種、性强健而豐產。品質稍劣、貯藏力亦弱。他的品種、有大花心菜和小黃心菜之別。

此外、有包頭白（濟南）・小黃苗（熊岳城）・高階子（蓋平・海城）・二高頭幫子（遼陽）・大青幫（奉天）・青麻葉（塘沽）・大青口（天津）等、各地品種頗多。

花心菜

四、風土

1、氣候 秋白菜愛好冷涼且稍帶溼氣的氣候、尤其到結球期、最盼望冷涼的氣候、持續不變。溫度高時、病蟲害的被害便大。至於往往容易乾燥的地方的話、則生育不良。南滿夏季、溫度頗高、因此、縱然在晚夏播種、秋冬收穫、亦由於結球期之末、溫度急劇低下、而結球大抵不良。尤其是結球性者、多發生白腐病、栽培稍爲困難。北滿夏令、白天的溫度雖高、夜裏的溫度却異常低下、而且乾燥亦甚、故生育良好。

2、土質 以粘質土爲宜。粘質土以外的土壤、雖亦適於白菜的生育、但必須使其肥沃方可。至於壤土、果能充分灑水、有時會比粘質土還好。富於有機質及水分、是最需要的。

五、作次

1、**輪作** 原來、白菜是連作亦無多大害處的作物、但病害多時、則種過一回、要隔開二—三年纔好。

2、**前作** 種過陸稻·黍·倭瓜·芋頭等的地、地質瘠薄、害蟲亦多、生育不良。做爲蘿蔔·洋白菜·春白菜·花椰菜等同科作物的後作、則多病害。以種過荳科·茄子類作物的地、最爲適宜。

輪作例 黃瓜—白菜

六、栽培法 有春種和秋種兩法。

1、**春種**

甲、**播種期** 關東州爲三月下旬、南滿爲四月上旬、中滿爲四月中旬、北滿則爲四月下旬。

乙、**播種法** 在一米（三尺）的畦子裏、或者用撒播法、或者用條播法、種三—四行。

丙、**播種量** 一〇阿的地面爲一·八立（一升）。

丁、**肥料** 一〇阿的地面爲窒素二〇瓩（五貫）、燐酸一〇·六瓩（二·八貫）、加里一二瓩（三貫）。

施肥例（每一〇阿的地面）

廐肥	一一二五・〇瓩（三〇〇貫）	窒素	二〇・一瓩（五・三六貫）
人糞尿	一八七五・〇瓩（五〇〇貫）	燐酸	一一・四瓩（三・〇四貫）
過燐酸石灰	三〇・〇瓩（　八貫）	加里	一二・二瓩（三・二五貫）
硫安	二二・五瓩（　六貫）		

廐肥・堆肥及窒素肥料的效益最大。

戊、減苗　要從事二—三回、而使其株間約爲一五・二糎（五寸）。

己、灌水　流入畦中、以多爲佳。

庚、收穫期　關東州爲五月上旬、南滿爲五月中旬、中滿爲六月上旬、北滿則爲六月下旬—七月上旬。

辛、收穫量　一〇阿的地面約爲三七五〇瓩（一〇〇〇貫）。

2、秋　種

甲、播種期　七月上中旬—八月上旬。卽關東州爲七月下旬—八月上旬、南滿爲七月下旬、中・北滿則爲七月上中旬。

乙、壠形・壠寬及株間　壠形爲畦子、溼地則爲高壠。壠寬六〇糎（二尺）、株間四五—六〇糎（一・五—二尺）。

丙、播種法　條播或摘播。株間則花心菜爲三〇・三糎（一尺）、大頭菜爲六〇・六糎（二尺）、福山包頭蓮爲七五・八糎（二・五尺）。

丁、播種量　一〇阿的地面爲〇・三六立（二合）。

戊、肥料　一〇阿的地面爲窒素二〇瓩（五貫）、燐酸一一瓩（三貫）加里一二瓩（三貫）。

施肥例（每一〇阿的地面）

廐肥	一八七五・〇瓩（五〇〇貫）	窒素	二〇・一瓩（五・三六貫）
人糞尿	一八七五・〇瓩（五〇〇貫）	燐酸	一一・四瓩（三・〇四貫）
蕓子油滓子	一一二・〇瓩（三〇貫）	加里	一二・二瓩（三・二五貫）
硫安	二二・五瓩（六貫）		

廐肥・堆肥・窒素肥料以及追肥的施用、效益最大。堆肥・草木灰可施用於播種以前、豆餅・過燐酸石灰・人糞尿等可於八月下旬、而於最後的減苗一畢、就施用於株間。至於硫安、則於九月下旬一一〇月中旬時做爲追肥、在灌水時流入畦中。

己、減苗　要從事三—四回。在八月下旬、長出十幾個本葉時、從事最後的減苗、就留成一株。注意拔除不良苗、而留下良苗爲要。不良苗的特徵如下。

〇1、葉色濃厚者。　2、葉色失於太淺淡者。

3、葉有裂刻者。 4、葉上無毛者。

○5、葉的背面多毛者。 6、葉的中筋爲綠色者。

7、徒長的苗。 8、葉形狹長而直立者。

9、葉上帶白粉者。 10、葉形基部有裂刻者。

11、葉肉薄者。 12、葉的中筋細長者。

13、葉的中筋彎曲者。 14、纖細者及旺盛者。

15、分蘖者。 16、帶有紅或其他顏色者。

17、發芽太早或太晚者。 18、有病蟲害者。

附有○的記號者、爲青幫包頭速適與其相反的事實。

庚、除草・中耕及灌水 在生育的初期、衆爲搔擾表土起見而從事二—三回的除草。中耕可從事於灌水之後或降雨之後、爲使土壤膨軟以圖謀根的發育，同時更爲防止乾燥、是極重要的作業。但播種後的四—五日時、根方布滿地中、中耕根便割斷、是有害的。再是不要任意出入圃內、因爲鬚根露出於地面的緣故。灌水的效益最大、由八月下旬起，須隨時從事、以多爲宜。

辛、結束 經過一—二回降霜後、要用地瓜藤子或爲稻把菜棵扎束起來。於防寒・軟白・結球等事上、是有效的。

壬、收穫期　關東州及南滿同爲九月中旬、中滿爲九月上旬、北滿則爲八月下旬。但亦由於品種、時期不能一致。

癸、收穫量　一〇阿的地面爲三七五〇—七五〇〇瓩（一五〇〇—三〇〇〇貫）。

七、病蟲害

1、病害　生在葉子上的露菌病、要避免連作、並把一〇〇立式的炭酸銅アンモニヤ水或五四立式的銅石灰液、撒布數次。生在根部的細菌性腐敗病、要於連作及前作、特別加以注意、更用木灰・石灰・硫黃合劑等把土地消毒一下。種子則須使用新鮮的、並須選擇品種、努力於蜜蟲的驅除。

2、蟲害　蜜蟲則於發生之初時、可把一〇〇〇倍的ハルタ液、撒布二—三回。對於蜈蚣・夜盜蛾・金線蔬蚤（さすじのみむし）等的發生之初時、可把一四四—一八〇立（八—一〇斗）的砒酸鉛液、撒布數次。

一六　茼　蒿　菊　科

滿洲名　茼蒿・茼花菜　　日本名　しゆんぎく（春菊）

一、性狀　爲一年生或二年生的短期作物。葉色淡綠、葉形有窄形・四形・匙形等別。菜棵亦有高・矮的不同。不論何者、香氣均極大。春季開黃色的菊花。

二、品　種

1、在來種　關東州內多栽培者。葉莖形小、早開花、性强健、但品質稍劣。宜於用爲秋季栽培。再者、莖亦可以利用。

2、大葉種　華南產、臺灣地方、栽培者最多。形矮小、葉大、品質優良。

三、風　土

1、氣候　愛好溫暖而稍有濕氣。中國及滿洲各地、無不適宜。

2、土質　以肥沃的腐植質土或粘質土而有水濕之地爲宜。但灌水倘能方便、則各種土壤均稱適宜。

四、作　次

1、輪作　種過一回之後、要隔開一年上下。因爲他是短期作物、連作之害不甚大、惟每年連作、則生育不良。

2、前作　種過倭瓜・芋頭・陸稻・黍等作物的地、因爲土質瘠薄、種茼蒿則生育不佳。

輪作例　茼蒿—茄子—葱

五、栽培法

四季均可栽種、惟夏季種則開花早。優良的茼蒿、是產生於春季及秋季的。

1、播種期　關東州爲三月下旬・九月上旬、南滿爲四月上旬・八月下旬、中滿爲四月上旬・八月中旬、北滿則爲四月中旬・八月上旬。

2、播種法 在一米（三尺）的畦子裏撒播或者條播。

3、播種量 一〇阿的地面約爲五·四—七·二立（三—四升）。

4、肥料 一〇阿的地面爲窒素二三瓩（六貫）、燐酸一一·四瓩（三貫）、加里一一瓩（三貫）。

施肥例（每一〇阿的地面）

廐肥	一一二五·〇瓩（三〇〇貫）	窒素	二三·八瓩（六·三五貫）
人糞尿	一八七五·〇瓩（五〇〇貫）	燐酸	一一·四瓩（三·〇四貫）
過燐酸石灰	三〇·〇瓩（　八貫）	加里	一二·二瓩（三·二四貫）
硫安	三七·五瓩（　一〇貫）		

堆肥及窒素肥料、效益最大。

5、減苗 從事二—三回。小葉種的株間爲一·五—三·〇三糎（〇·五—一寸）、大葉種的株間爲六·〇六糎（二寸）。株間太狹、不能產生良品。

6、灌水 隨時從事、以多爲宜。

7、收穫期 播種的一—二個月後、而於沒生出花蕾之前從事。卽關東州爲一—二個月後、南滿爲五月下旬、中滿爲六月上旬、北滿則爲六月中旬。

8、收穫量 一〇阿的地面爲一八七五—三三七五瓩（五〇〇—九〇〇貫）。

一七 菠菜 藜科

滿洲名 菠菜 日本名 ほうれんそう(菠薐草)

一、性狀 波斯地方的原產、爲一年生或二年生的作物。葉寬大、爲根出葉、有圓形・箭形之別。葉柄長而多肉、爲淡綠色、亦有帶紅色者。根粗、現紅色、有甜味、和葉同可供爲食用。春季、由高二—三尺的花梗抽薹開花。雌雄異株。種子有無刺種與有刺種的兩種。在來種菠菜、多爲有稜種、西洋種菠菜、多爲無稜種。有稜種菠菜的種子、〇・〇三七五瓩(一匁)爲三三八粒、而其一合的重量爲〇・三瓩(一八匁)。無稜種菠菜的種子、〇・〇三七五瓩(一匁)則爲五五四粒左右。

二、品種

1、在來種 爲有稜種、關東州內栽培者最多。葉裂甚多、色稍淡、品質不良。抽薹甚早、但能耐寒、收穫亦多。尤其於抽薹之後、亦能採取。適於過冬用之品種也。

2、山東種 爲山東的在來種、葉裂比前者較少、而略爲圓形。葉柄及根部的紅色稍濃。抽薹略晚。品質良好、適於秋季栽培用之品種也。

3、ロングスタンデング 西洋產、爲無稜種。葉圓形、廣大而厚、多皺紋、無裂刻。葉柄較短。而寒力稍弱、耐暑力較強。抽薹晚。品質良好、宜於春種而隨時採收之品種也。

此外、西洋種中、還有數種的優良品種。

三、風 土

1、氣候 愛好冷涼而有濕氣的氣候。因爲耐寒力頗大、故可放置使其於圃中過冬、但有溫暖的氣候時、則抽薹早。在溫度高的時期、發芽極其不良。

2、土質 愛好粘質土之肥沃而富於水分的土質。但酸性土壤則所最不喜。灌水果能便利、土壤是不甚選擇的。

四、作 次

1、輪作 種過一回之後、隔開一年以上最好。連作則多病害。

2、前作 種過嫌忌酸性土壤的作物、如豌豆等的地、生育不良。

輪作例 倭瓜—蘿蔔—菠菜 秋種菠菜—茄子(葱)

五、栽培法 有秋用・春用及夏用等栽培之別。惟普通的菠菜栽培、均於秋季播種、而收穫於自秋至明年春季的。茲述其秋用栽培法於下。

1、播種期 關東州爲三月下旬及八月下旬—九月中旬。南滿爲四月上旬及八月下旬。中滿爲四月上旬及八月中旬、北滿則爲四月上中旬及八月中旬。

2、播種法 在一米(三尺)的畦子裏撒播、或者條播。

3、播種量　一〇阿的地面爲九立（五升）。

4、減苗　要從事二—三回、而使其株間約爲六—一〇糎（二—三寸）。

5、肥料　一〇阿的地面爲窒素一六・三瓩（四・三貫）、燐酸一〇・六瓩（二・八貫）、加里一一・七瓩（三貫）。

施肥例（每一〇阿的地面）

廐肥	一一二五瓩（三〇〇貫）	窒素	一六・三〇瓩（四・三五貫）
人糞尿	一八七五瓩（五〇〇貫）	燐酸	一〇・六〇瓩（二・八三貫）
過燐酸石灰	二六瓩（六・九貫）	加里	一一・七〇瓩（三・一二貫）

人糞尿最有效益、可以做爲基肥、播種前施用於畦中。趕到有加以追肥之必要時、就施用硫安。

6、灌水　以多爲宜。

7、除草・中耕　要從事二—三回。

8、收穫期　關東州是從一〇月中旬到明年五月上旬、南滿是從一〇月中旬到明年五月中旬、中・北滿是從一〇月上旬、而大抵是從九月到明年春季的。黍種在六月上旬時從事、而於播種後的六〇—八〇日、平均爲七〇日時收穫。

9、收穫量　一〇阿的地面爲一一二五—一八七五瓩（三〇〇—五〇〇貫）。

六、病蟲害 都沒有被害太甚的。惟對於生在葉上的斑點病、可把〇・五式的石灰ボルドー液、撒布二—三回。

一八 芹菜 繖形科

滿洲名 芹菜・荷蘭鴨兒芹 日本名 塘蒿(セルリー)

一、性 狀 瑞典的原產、爲屬於繖形科二年生植物。葉和芹菜相像。葉柄極發達、長而肥大、有一種爽快的香氣和甜味。此葉柄、或在色綠期內採而煮食、或加以軟白、以爲生食及煮食之用。色澤有綠・紅・白等。草性、有矮性及高性的兩種。明春開花、成繖形狀。種子粒極小、暗褐色、有芳香。

二、品 種

1、ホワイトプルーム 美國產、爲矮性小形早生之白色種。葉柄細、加以軟化、就變爲純白。葉在幼苗期中爲綠色、但隨同成長、就露出黃白色的心葉。爲普通栽培用的品種。

2、ホワイトゼム 英國產、爲綠色矮性之小形早生種。株不甚大、而容易軟化、品質亦佳。

此外、有「ソリッド、ホワイト」(大形、達二尺餘)・「ロンドン、レッド」(紅色種)・在來種等、數種優良品種。

三、風 土

1、氣候　愛好冷涼且有濕氣的氣候。

2、土質　以粘質壤土而地質肥沃、水濕適宜之地、並且排水良好者爲宜(排水不良則易腐爛)。

四、作次

1、輪作　種過一回之後，要隔開二—三年。連作則多病害。

2、前作　種過倭瓜・芋頭・陸稻等作物的地、由於地質瘠薄，故生育不良。以做爲茄子類・荳類的後作爲宜。

輪作例　洋白菜・芹菜

五、栽培法　有普通栽培・早採栽培和輭化栽培、茲僅述其普通栽培法。

1、育苗

甲、播種期　關東州爲四月上旬・七月下旬。南・中滿爲四月中旬・七月上中旬、北滿則爲四月下旬・七月上旬。輭化栽培稍晚亦可。

乙、播種法　在來種者可撒播於木圃、西洋種者可條播於冷床(早採者、是在三月上旬、播種於溫床的)。

丙、播種量　一〇阿的地面爲〇・一立(五勺)、撒播則約爲一立(五・五合)。

丁、減苗　要從事三回。

戊、換床　三—四回（栽時稍寬以養菜株）。

2、本圃定植

甲、定植期　七月上旬（早採者爲五月）。

乙、壠寬及株間　西洋種者、壠寬爲七〇糎（二·三尺）、株間爲二〇—二四糎（七—八寸）。在來種者、是在一米（三尺）的畦子裏栽三—四行、株間爲一〇糎（三—四寸）。

丙、肥料　一〇阿的地面爲窒素二四·一瓩（六·四貫）、燐酸一六·五瓩（四貫）、加里一七·六瓩（四·七貫）。

施肥例（每一〇阿的地面）

廐　　肥	一八七五·〇瓩（五〇〇貫）	窒　素	二四·一瓩（六·四三貫）
人 糞 尿	一八七五·〇瓩（五〇〇貫）	燐　酸	一六·五瓩（四·四〇貫）
過燐酸石灰	三七·五瓩（　一〇貫）	加　里	一七·六瓩（四·六九貫）
蘇子油滓子	七五·〇瓩（　二〇貫）		

廐肥·堆肥及窒素肥料、以多爲宜。人糞尿和硫安是做爲追肥的。其他則做爲基肥、而施用於定植以前。

丁、中耕　不必從事。

戊、灌水　隨時從事、以多爲宜。

己、結束及培土　從事軟化、可在一〇月氣溫下降後、把菜株捆束起來、用紙裹上、更培土二—三回、而使其軟化（有圍板・包紙等軟化法）。

庚、收穫期　西洋種者、爲一一月上旬、即軟化後一個月時。在來種者、關東州及南・中滿均爲七月上旬—一〇月下旬。北滿則爲七月中旬—一〇月上旬。

辛、收穫量　一〇阿的地面、西洋種者爲一五〇〇—二二五〇瓩（四〇〇—六〇〇貫）、在來種者爲二六二五—三七五〇瓩（七〇〇—一〇〇〇貫）。

六、病蟲害

1、病害　根的腐敗病、要廻避多濕和連作、並多用草木灰。葉的黃斑病、要於土地和連作加以注意、並把〇・七式的石灰ボルドー液、撒布數回。

2、蟲害　有絲狀蟲（ネマトーダ）。要避免酸性土壤・酸性肥料、再施用一八七一—二二五〇瓩（五〇—六〇貫）的石灰。

一九　生菜　菊科

滿洲名　生菜・萵苣　日本名　ちさ

一、性 狀　歐洲地中海沿岸的原產、爲一年生或二年生的作物 以生食其葉爲主。雖有一種苦味但有香氣與甜味、液汁爲乳狀液、含有「イヌリン」。亦可供爲藥用。夏季（播種後二—三個月）抽薹、開黃花。種子細長扁平、有白・黑・黑褐・黃褐等色。

二、分 類

1、球萵苣（たまじしゃ）　歐洲產、爲改良所得的最優良的生菜、莖部極短、葉結球。結球的形狀、有圓形・長圓形・卵圓形等。色有黃・綠・濃綠・赤褐・綠紫等別。品質最良、栽培者最多。品種亦夥。

2、立萵苣（たちじしゃ）　土耳其產、葉直立、爲圓筒狀、自成結束、所以 有「セルリーレッチス」的名字。

3、搔萵苣（かきじしゃ）　東洋產、爲歐・美所不栽培者。莖可達六〇—一〇〇糎(二—三尺)。葉是由下部起、依次摘取收穫的。在東洋自古就從事此種生菜之栽培。由於品種 而葉株有高矮、皺紋有多寡、色澤有綠・紫等別。多灰分、品質亦劣。

4、用莖萵苣　葉和搔萵苣相像、惟柔莖肥大而多肉。因爲他的莖、採收下來、是像龍鬚菜那麼食用的、所以、也叫做「アスパラガスレッチス」。在中國是自古就從事他的栽培的。普通爲綠莖、但亦有赤莖者。

5、切葉萵苣　此種生菜、並不結球、而由其根部割取以後的地方、更生新葉、一年能採收數回。有多數品種、是歐・美所栽培的。

6、宿根萵苣　爲宿根生、在法國把他以野生的狀態生育之、而於早春採取。栽培者不多。

三　來　歷　東洋自古就有搔萵苣的種子、但在日本、則於明治初年輸入結球萵苣、栽培逐漸大盛行。至於在中國、生菜的需要還不多、除西餐外是不多用的。

四、品　種

1、アーリーエスト、オブ、オール　英國產、爲球萵苣、極早生、小形、結球扁圓、葉綠、極早生、結球亦完全、栽培亦容易、所以、適於春種及促成栽培之用。

2、ビッグボストン　美國產、爲結球種、中生、大形、稍帶赤色、結球亦稍鬆、惟品質佳、收穫多、適於普通秋種用。

此外、綠葉種的球萵苣、有「ワイヤヘッド」・「メーキング」・「ゴールデンクヰン」・「アーリパリス」・「ニューヨーク」等。赤葉種的立萵苣有「ドワーフ、パーフエクション」・「リットル、ゼム」等。搔萵苣有大葉搔萵苣・白萵苣・紫萵苣等。著名品種極多。

五、風　土

1、氣候　球萵苣愛好冷涼而稍帶溼氣的氣候。搔萵苣愛好溫暖而稍帶溼氣的氣候。球萵苣在夏季溫度高的時期、生育極速、而結球遂因以不完全。優良品是產生於秋季或早春的。

2、土質　適於極其肥沃而富於有機質及水溼之砂質壤土或壤土。故當要肥沃和灌水。對於酸性土壤則甚弱。照著一〇阿的地面說、能施用七五—一一二瓩（二〇—三〇貫）的石灰、是有效的。

六、栽培法　有春種・秋種・促成栽培・搔萵苣栽培・用窒萵苣栽培等。

1、育　苗

甲、播種期　春種在三月上旬到四月上旬、條播或撒播於溫床。秋種在七月到八月、條播或撒播於冷床。關東州・南滿爲三月上中旬及八月中下旬。中・北滿則爲四月上旬及中旬。

乙、播種量　一〇阿的地面、約爲〇・一八立（一合）。

丙、減苗　要從事二—三回。

丁、換床　播種後二〇日前後、爲二—四回、以早從事移植爲佳。

2、本圃定植

甲、定植期　播種後二〇—四〇日前後。

乙、壠寬和株間　在一米（三尺）的畦子裏種四行、株間約爲二一—二四糎（七—八寸）。小葉搔萵苣、則撒播於一米（三尺）的畦子裏、減苗而使其株間爲一五糎（五寸）。大葉搔萵苣、在一米（三尺）的畦子裏種兩行、株間爲三〇糎（六寸）。

丙、肥料　一〇阿的地面爲窒素二四・四瓩（六・五貫）、燐酸一七・三瓩（四・六貫）、加里一八・九瓩（五貫）。

施肥例（每一〇阿的地面）

廐肥	一八七五瓩（五〇〇貫）	}	窒素	二四·四瓩（六·五二貫）
人糞尿	二六二五瓩（七〇〇貫）	}	燐酸	一七·三瓩（四·六一貫）
過燐酸石灰	四五瓩（一二貫）	}	加里	一八·九瓩（五·〇四貫）

廐肥·堆肥·窒素均宜、而以液肥的效尤大。硫安雖然好、但觸於葉上、便至於枯死。人糞尿亦頗有效、惟用爲追肥、未免齷齪。極其多量的肥料、是所最需要的。硫安可以做爲追肥、而於灌水時流入。其他、則使之腐熟、而於定植以前施用。

丁、灌水　以多爲宜。

戊、結束　採收之前、可用馬藺把外葉輕輕結束起來。

己、收穫期　春種者爲五—六月、秋種者爲九—一〇月。即於播種後六〇—七〇日時、便可收穫。而關東州爲五月上旬及一〇月上旬、南·中·北滿則爲五月中下旬及九月下旬。

庚、收穫量　一〇阿的地面爲二萬棵、重一八七五瓩（五〇〇貫）。

二〇　大根菜　藜科

滿洲名　大根菜·菾菜　　日本名　ふだんそう（不斷草）

一、性狀　南歐的原產、爲屬於藜科之二年生草本作物、而與甜菜（砂糖大根）・火焰菜（ビート）爲同屬、極其類似。惟甜菜・火焰菜是把根部加以改良者、大根菜則爲把葉部加以改良者。葉廣大。葉柄有寬的和細的。普通由下部之葉起、往上依次採摘。根部有大如蘿蔔者、有小如菠菜者。爲二年生、而於春季抽薹結實。種實多稜、內藏種子數個。

二、品種

1、摘葉種　日本・中國各地所栽培者、以此種爲主。葉長大、葉柄細長、爲普通栽培用的品種。

2、ホワイトリーフ　法國產、和草性「在來種」相似、但葉色黃綠。

3、シルヴァリ、スイス、チャード　瑞士產、葉柄極寬大、寬一二糎（四寸）、長至一八糎（六寸）、色純白。葉短大、有波狀的皺紋。爲用葉柄的品種。

三、風土

1、氣候　愛好稍冷涼而且乾燥的氣候。

2、土質　以肥沃而富於水濕之粘質壤土或粘土爲宜。

四、作次

1、輪作　種過一回、要隔開二—三年。

2、前作　嫌忌種過菠菜・火焰菜等同科作物的地、以種過豆科等者爲佳。

輪作例　大根菜—白菜(蘿蔔)

五、栽培法　有播取栽培和摇取栽培、而以下所述者則爲前者的栽培法。

1、播種期　四月上旬。

2、播種法　條播於菜圃中（或者育苗於溫床・冷床）。

3、播種量　一〇阿的地面約爲三・六—五・四立（二—三升）。

4、地寬和株間　在一米（三尺）的畦子裏、用條播法種四行。

5、減苗　從事數回、而使其株間約爲二〇糎(七寸)。

6、肥料　一〇阿的地面爲窒素一九瓩（五貫）、燐酸七・五瓩（二貫）、加里一〇瓩（二・七貫）。

施肥例（每一〇阿的地面）

廐肥	一〇八四・〇瓩(二八九貫)	窒素	一九・〇瓩(五・〇七貫)
人糞尿	一〇〇〇・〇瓩(二六七貫)	燐酸	七・五瓩(二・〇貫)
硫安	一〇・〇瓩(二・七貫)	加里	一〇・〇瓩(二・六七貫)
過燐酸石灰	一二・三瓩(三二八貫)		
棉子油滓子	三〇・〇瓩(八〇〇貫)		

廐肥及窒素肥料、效益最大。廐肥可以施用於播種以前、棉子油滓子・過燐酸石灰・人糞尿、則

於最後之滅苗果施用於株間。硫安則於七・八・九月時、做爲追肥、而施用於灌水時。

7、灌水 以多爲宜。

8、收穫期 從六月中旬到一一月上旬。

9、收穫量 一〇阿的地面爲三七五〇瓩（一〇〇〇貫）。

二二 西洋芹菜 繖形科

滿洲名 西洋芹菜・荷蘭芹 日本名 旱芹菜・パーセリー

一、性狀 歐洲地中海沿岸的原産、爲屬於繖形科的二年生植物。矮性。葉縮裂殊甚、做爲香辛之用、而可以生食或煮食。明春、開繖形狀的綠色小花。種子微細、有似藥的香氣。

二、品種

1、ドワーフ、パラフエクシヨン 矮性種。葉色淡綠、皺襞甚多、外觀美麗。

2、インペリアル、カールド 高性種。葉色濃綠、皺襞粗大、稍少而鬆散。品質雖劣、收穫却多。

三、風土

1、氣候 愛好稍冷涼而帶溼氣的氣候。和生菜雖然相像、但夏季的生育良好。

2、土質 各種土壤均可、尤以富於水分之粘質壤土爲宜。

四、作次

1、輪作　連作之害殊少。尤其是過於肥沃的地、連作則香氣强烈、產生佳品。

2、前作　雖無所選擇、但種過陸稻・黍等作物的地、因爲地質至於瘠薄、故生育不良。

五、栽培法

有摘葉栽培・掘取栽培及促成栽培等、但以下所述者則爲摘葉栽培。

1、播種期　關東州爲四月上旬到六月下旬、南・中・北滿則同爲六月中旬。

2、播種法　或者在四月直播於圃中、而於一米（三尺）的畦子裏、用條播法種四行。或者先直播於溫床・冷床、更移植一—二回、以資苗定植。

3、播種量　一〇阿的地面所用種子、直播爲三六立（二升）、床播則爲〇・〇三六瓩（二勺）。

4、減苗　要從事三—四回、而使其株間約爲一五—二四糎（三—八寸）。

5、肥料　一〇阿的地面爲窒素二〇瓩（五・三貫）、燐酸一一瓩（三貫）、加里一六・九瓩（四・五貫）。

施肥例（每一〇阿的地面）

廐肥	一八七五・〇瓩（五〇〇貫）	窒素	二〇・一瓩（五・三六貫）
人糞尿	一八七五・〇瓩（五〇〇貫）	燐酸	一一・八瓩（三・一七貫）
過燐酸石灰	二二・五瓩（　六貫）	加里	一六・九瓩（四・五一貫）

多用窒素性肥料及追肥。硫安分爲三回、用爲追肥。其他則用爲基肥。

6、灌水 隨時從事、以多爲宜。

7、收穫期 關東州爲六月下旬到九月上旬、南滿爲九月上旬、中・北滿則爲八月下旬。

8、收穫量 一〇阿的地面爲一五〇〇瓩(四〇〇貫)。

二三 款冬 菊科

滿洲名 款冬 日本名 ふき(蕗)

一、性狀 日本的原產、爲屬於菊科的宿根多年生作物。冬季、葉枯死、宿根過冬、明年早春三月、在生葉之前、由根株抽出花梗而開花。此花蕾叫做「款冬薹」(蕗の薹)、用爲辛味料。苦味强烈。葉爲根出葉、葉柄長達一二〇—一五〇糎(四—五尺)、可以供爲食用。多肉而有一種香氣和刺激舌頭的辣味。他是由根帶生出地下莖以繁殖的。

二、品種

1、水款冬 一名「地款冬」、在日本是自生於濕地的。中生。葉柄色淡綠、所以、也叫做「白款冬」。性强健、爲普通栽培用的品種。

2、早生款冬 極早生。葉柄長一五—二〇糎(五—七寸)時採收。葉柄色淡綠、爲促成栽培用的品種。

3、紅款冬 一名「八頭」或「朝鮮款冬」。葉柄雖大、但帶紅色、品質不良。花蕾發生頗早、多肉而有芳香。爲採收花蕾用的品種。

4、秋田款冬 葉柄粗而長、直徑六—一〇糎（二—三寸）、長達一五〇—一八〇糎（五—六尺）。日本東北地方最多。視爲珍品、而以之爲各種菜肴及製造點心之用。

三、風土

1、氣候 愛好冷涼而且溼潤的氣候。以日影地爲宜。常見雪的地方、繁殖最多。

2、土質 愛好肥沃且多水溼的粘質壤土或粘土。

四、作次

1、輪作 栽培一回的地、要隔開幾年。

2、前作 種過荳科作物的地、生育良好。

輪作例 春黃瓜—款冬

五、栽培法

有普通栽培・促成栽培、而以下所述者則爲前者的栽培法。

1、定植期 三月下旬之發芽以前、或八月上旬。

2、苗子 分株（小者、要更從事一年間的育苗）。

3、定植量 一〇阿的地面爲五六〇瓩（一五〇貫）。

4、地寬及株間　在一米的畦子裏栽三行、株間爲一五—三〇糎(五—一〇寸)。

5、肥料　一〇阿的地面爲窒素二四瓩(六・六貫)、燐酸一五・五瓩(四貫)、加里一六・七瓩(四・四貫)。

施肥例（每一〇阿的地面）

廄肥	一八七五・〇〇瓩(五〇〇貫)	窒素　二四・九瓩(六・六四貫)
人糞尿	一一二五・〇〇瓩(三〇〇貫)	燐酸　一五・五瓩(四・一三貫)
過燐酸石灰	二六・二五瓩(七貫)	加里　一六・七瓩(四・四五貫)
蕓子油滓子	七五・〇〇瓩(二〇貫)	
米糠	七五・〇〇瓩(二〇貫)	
硫安	一八・七五瓩(五貫)	

多用廄肥及窒素肥料。人糞尿做爲追肥。其他則於定植以前施用。從第二年、可把三〇〇〇瓩(八〇〇貫)的人糞尿、做爲追肥、施用數回。

6、摘花　採收葉柄用者、要把花蕾摘去。

7、灌水　隨時灌水、以多爲宜。

8、防寒　晚秋時候、可覆以枯草或堆肥、而使其過冬。

9、收穫期　從明年春季約四—五年間。初春時、採收花蕾。五月中旬到一〇月、隨時採收葉柄。

10、收穫量　一〇阿的地面約爲三七五〇瓩(一〇〇〇貫)。

二三　龍鬚菜　百合科

滿洲名　龍鬚菜　日本名　アスパラガス(石刁柏)

一、性　狀　英國原產、爲屬於百合科之宿根多年生作物、成樹狀。冬季莖葉枯死、早春發芽。嫩芽爲綠色、頗長、加以軟白之後、則變爲白色、且柔輭、可以採收供爲食用。含有豐富的滋養分、叫做「アスパラギン」、有類似豆的芳香。葉綠色、細小叢生。菜株高約一二〇—一五〇糎(四—五尺)。七・八月時開花、結紅色小球的實。雌雄異株。種子黑色。亦有觀賞用種、則本種之變種也。

二、品　種

1、ジャイアント、フレンチ　發芽期稍晚、但嫩莖長大、品質良好、極豐產、爲普通栽培用的品種。

2、パルメット　早生種。嫩莖白色、細而粗。爲早生用的品種。

此外有「ロンドン」・「アーリー、ジャイアント」・「メリー、ワシントン」・「レート、ジャイアント」・「ジャイアント、ダッチ、パープル」等著名品種。

三、風　土

1、氣候　愛好溫暖且有淨氣的氣候。

2、土質　以極肥沃之粘質壤土或壤土爲最宜。因爲他是自生於海岸的植物、所以、鹽分的抵抗力極强、而於有鹽質的土地、生育良好。因此、略帶鹽質的地、不但無害、而且又是最相宜的。

四、作　次

1、輪作　栽培過一回的地、要隔開幾年。

2、前作　種過荳科作物的地、生育良好。

五、栽培法　有綠芽栽培(グリーン)和軟化栽培(ホワイト)、而以下所述者、則爲前者的栽培法。

1、育　苗

甲、繁殖法　有實生法和分株法、而普通所用者爲實生法。

乙、播種期　關東州爲四月上旬。

丙、播種法　在一米的畦子裏、用條播法種兩行。

丁、播種量　一〇阿的地面爲一立(五合)。苗床則約爲四〇平方米(一〇坪)。種子須於前一年秋季採收、而貯藏於砂中。

戊、減苗　發芽後要從事二—三回的減苗、而使其株間約爲一〇糎(三寸)。

己、過冬　秋季葉子一黃、就把他由根部割去、而覆以枯草或堆肥等以防寒。

庚、換床　大苗雖然用於定植、小苗則須於明春三月下旬發芽前、把他挖出來、移置在一米(三尺)

的畦子裏、照著三〇糎（一尺）的株間、栽成兩行。

2、本圃定植

甲、定植期　在三月下旬發芽以前、要愼重掘出、定植於本圃。

乙、壠寬和株間　壠寬一・二米（四尺）、株間四五糎（一・五尺）。每一處要栽二—三棵。

丙、壠形　做成淺的溝壠。

丁、肥料　一〇阿的地面爲窒素二三瓩（六貫）、燐酸一六瓩（四・三貫）、加里一七瓩（四・七貫）。

施肥例（每一〇阿的地面）

廐肥	一八七五・〇〇瓩（五〇〇貫）	窒素	二三・〇瓩（六・一三貫）
人糞尿	一五〇〇・〇〇瓩（四〇〇貫）	燐酸	一六・二瓩（四・三二貫）
過燐酸石灰	三〇・〇〇瓩（八貫）	加里	一七・四瓩（四・六四貫）
米糠	五〇・二五瓩（一五貫）		
蕓子油滓子	七五・〇〇瓩（二〇貫）		

在定植以前耕耘之時、越能施用多量的廐肥越好。要多用廐肥及窒素性肥料。燐酸分一少、則苦味强烈。廐肥在定植前施用、其他則待發芽後施用於株間。人糞尿是在六—七月時、做爲追肥的。從第二年起、則施用於壠間。

戊、灌水　往壟溝上、隨時多去從事爲宜。

己、中耕　從第二年起、收穫一畢、就要從事二—三回的中耕。

庚、軟化　晚秋時、由根部把莖割取下來、覆以廐肥、更施以約三〇糎(一尺)的覆土。

辛、收穫期　關東州爲五月上旬。卽從明年春天的五—六月時、開始採收。採收時的大小、有長約一〇糎(三寸)者、有長約三〇糎(一尺)者。

壬、收穫量　一〇阿的地面爲三七五—七五〇瓩(一〇〇—二〇〇貫)。

癸、更新　約可繼續二〇年之久、但至一〇年前後、就須另栽。

六、病蟲害

1、病害　斑葉病可以撒布ボルドー液。

2、蟲害　木蠹蛾(しべりや、ぼくとうが)是幼蟲嚙食根部及莖、其次、在地面近處化蛹的。因此、可在初冬耕耘、更於早春時、剷削地面、把他殺死爲要。此外、他是在六—七月時產卵的、所以、要從事培土、再把硫酸ニコチン撒布數回、以殺死其卵及幼蟲。

第四章 果菜類

二四 西瓜 葫蘆科

滿洲名 西瓜 日本名 すいくゎ

一、性狀 非洲原產、爲蔓性一年生植物。葉爲掌狀葉。花則雌雄異株。瓜有類球形者、有橢圓形者等、而其小者重約〇・七五瓩(二〇〇匁)、大者則重有達一八・八瓩(五貫)之多的。皮色有白・黑・綠・黃・斑等。肉色則有淡紅・黃・白等。供爲食用者、爲其內果皮部。多汁、極甜、供爲生食。種子的大小色澤、種種不一、亦有可爲瓜子兒之用的種類。

二、品種

1、嘉寶 華南產、極早生種。葉莖均小、但繁茂旺盛。果爲橢圓之小形、重約一・三—一・五瓩(三〇〇—四〇〇匁)、外皮色綠、略有蛇紋。肉爲黃紅白、或麥芽糖色。表皮極白。甜味極多。種子稍小、褐色。爲小形之早生用種。

・2、旭大和　日本奈良產、爲早生種。瓜形中等、爲球形、重三・七五瓩（一貫）上下。外皮色綠、略有蛇紋。肉色濃紅、外皮薄、味甜、品質良好。種子斑色、粒極小。做爲普通栽培用、極其良好。

此外、屬於大和系的品種、有新大和・黃金大和・銀大和・都大和等、優良的品種頗多。其他、則有許司・「アイスクリーム」・「スイートサイベリアン」・「マウンテンスヰート」・「コールスアーリー」・花皮・黑皮・三白等多數的品種。

三、風土

1、氣候　愛好高溫和乾燥。雨量多時、則莖葉繁茂、不能產生良品。

2、土質　以稍肥沃且富於水分之壤土爲宜。水分固爲其所需要、但是、他的根子禁不起水溼。所以、須爲排水良好之地方可。

四、作次

1、輪作　種過一回之後、須隔開五年以上（普通說是要隔開一〇年的）。

2、前作　嫌忌同科作物的瓜類。種過豆科作物的地、莖葉雖繁茂異常、結瓜却不良。

輪作例　西瓜―菠菜（蘿蔔）

五、栽培法

1、播種期　關東州則溫床爲三月上中旬、露地爲五月上旬。南・中・北滿則均爲五月上中旬。

2、壠寬和株間　壠寬二米（六尺）、株間一・二—二米（四—六尺）。

3、播種法　摘播。

4、播種量　關東州爲〇・七二立（四合）、南滿爲一立（五合）、北滿則爲〇・六立（三合）。

5、減苗　從事二—三回之後、留成一棵。

6、肥料　一〇阿的地面爲窒素二六瓩（六・九貫）、燐酸二一瓩（五・五貫）、加里二〇瓩（五貫）。

施肥例（每一〇阿的地面）

廐肥	一八七五・〇〇瓩（五〇〇貫）	窒素	二五・九瓩（六・九一貫）
人糞尿	一八七五・〇〇瓩（五〇〇貫）	燐酸	二〇・九瓩（五・五七貫）
過燐酸石灰	四五・〇〇瓩（一二貫）	加里	二〇・六瓩（五・四九貫）
蔴子油滓子	六七・五〇瓩（一八貫）		
米糠	一一二・五〇瓩（三〇貫）		
硫酸加里	三・七五瓩（一貫）		

米糠能增加甜味、蔴子油滓子能增加色澤。廐肥須使用其腐熟者。窒素肥料過多、則成績不良。人糞尿於六月時做爲追肥施用。其他、均和腐熟之廐肥、同用爲基肥、而施用於播種以前。

7、培土　本葉生出二—三個時、可用手往根部培土、以防風害。瓜藤長六〇糎（二尺）時、可於壠的中間、掘成淺溝、而往根部培土。

8、鋪草　瓜藤長六〇糎（二尺）時、要在畦上鋪以麥稭或ルーサン草。舊式的方法不良。

9、整枝　可以放置不問。但瓜藤太多時、則須摘芽、而去其不良者。

10、摘果　第一次結的、小而不良、故須摘果。

11、收穫期　關東州・南滿爲七月上旬、中・北滿則爲七月中旬。卽七月—八月。

12、收穫量　一〇阿的地面爲二〇〇〇個、重三二五〇—三七五〇瓩（六〇〇—一〇〇〇貫）。

六、西瓜的育苗

1、播種期　三月中旬—四月上旬。

2、播種法　種子是種在溫床裏的、所以、沒有另行催芽的必要。法有床播或盆播的兩種。但因西瓜最嫌忌移植、由於此種關係上、發芽之後、在可能範圍內、以早行移植爲宜。所以、盆播或箱播、是最便利的。用土、照著堆肥四砂子六的比例混合起來。播種以後、要覆以細砂。

3、減苗和移植　移植是和展開甲拆葉同時的時期、而在可能範圍內能及早從事、則容易扎根、而至於活、以增進其生育。趕到細根發生已多時、便多損傷、注意爲要。像茄子・黃瓜那樣、以床植從事時、則於往本圃移植時、損傷極多。尤其對於早熟栽培者、要往盆或箱的一類器具中、一棵一棵的移植、而將此等盆或箱多數排列於溫床中、以養成大苗、趕到定植的時期、就把盆穩靜的除去、以防止根的損傷最好。因此、試栽的工作、僅此一回、便算畢事。再者、西瓜的栽植、損傷枯死的苗特別多、而西瓜的栽培、遂易於失敗。因此、能把播種期延緩一下、先以盆播從事、而與展開甲拆葉同時、再定植於本圃、卽所謂雙葉育苗者、操作極其簡單、又容易活。移植的床土、可以照著田土七堆肥三灰若干的比例調製。移植之際、用盆的話、以直徑一二—一五糎（四—五寸）的瓦盆爲宜。用箱的話、則以縱·橫·高同爲九—一二糎（三—四寸）的木箱、而爲用時卽可安插爲箱、不用時卽可拆散者、是最便利的。

4、**育苗期中的注意**　西瓜的苗根、是伸長幾個大根、而鬚根的發生最少的。加上、大根又容易折斷。因此、移植時倘將大根折斷、則栽植之後、是極其不易活的。所以、在育苗時、能使用前述之瓦盆或容易安插及拆散的木箱、而注意使西瓜於不知不覺之間、便可完成其移植、以從事此項作業、是最要緊的。

七、病蟲害

1、**病害**　青枯病要迴避連作及濕地、更將木灰、撒入根部。石灰硫黃合劑、則可將比重爲一度者、照著一坪爲三·六一立（二升）的比例、在定植當時及生育期中、撒布於根部。至於炭疽病·露菌病等、可節約窒素肥料、更使通風及排水良好、並撒布〇·六式（四斗式）的ボルドー液卽可。

2、**蟲害**　「種蠅」的防止、要禁止早播或播以催芽種子。豆餅·油滓子·未腐熟的廄肥或堆肥等、不要施用於種子的附近。至於爲害劇烈時、可於肥料中、注以少許的煤油。或者照著六〇糎平方（二尺平方）爲四瓦（一匁）左右的比例、撒布ナフタリン。又或者全面撒布砂子。

二五 倭瓜　葫蘆科

滿洲名　倭瓜・南瓜　　日本名　かぼちゃ・とうなす・なんきん

一、性狀　爲蔓性的一年生草。花形大、黃色、雌雄異花。瓜可煮食。種子爲白・褐等色、瓜有大小各種。

二、分類

1、亞美利加倭瓜　亞美利加的原產、品種極多。特徵則葉有頗深的缺刻、有達至中筋者。果梗爲五角形、頗粗大、成熟時極硬。基部並不隆起。爲草性、一般爲矮性。因此、也叫做「無蔓南瓜」。瓜大抵柔輭。夏季收穫、以爲食用。因此、也叫做「夏南瓜」。形有大小長短之別。有一種苦味與芳香。

2、印度南瓜　有多數品種。特徵則其瓜形在南瓜中最爲偉大、成熟時極硬、冬季耐於貯藏、故有「冬南瓜」之名。葉形圓、極廣大、或爲心臟形、無深裂刻。瓜形、有扁圓・紡錘形等、色澤亦有各種。果梗圓形極粗、短而硬、基部隆起。種子形大。

3、中國南瓜　亞細亞南部之中國・馬來半島等處的原產、日本・中國之所栽培者、以屬於此種南瓜為最多。西洋方面、猶未見有栽培者。特徵則瓜藤細長、現黑綠色而極充實。葉為圓形或心臟形、雖有五—六個的突起、但無裂刻。為暗綠色、而於中央部生有白斑。瓜形一般扁圓、而有縱溝。花痕甚大。一經成熟、外皮便變為黃白色。是在未成熟時或成熟後採收的。現在為說明便宜計、本種分類為中國南瓜・日本南瓜。

白菊座　　　　改良富津黑皮

三、品種

1、早生黑皮（わせくろかわ）　日本東京產、一名「早生小南瓜」。稍早生、瓜形小而扁圓、未成熟者為黑色。重約七五〇瓦（二〇〇匁）。早採用的品種。

2、縮緬（ちりめん）。日本東京產、一名「居木橋南瓜」（いるきはし）。早生種。瓜形中等而扁圓、未成熟者為黑色、贅疣極多。故有「縮緬」之名。花痕極大、有達六・一糎（二寸）者。重約一・五瓩（五〇〇匁）。為普通栽培所用的品種。

3、甘栗（あまぐり）　美國產。葉大、色鮮綠。瓜為圓錐形、面平滑、極硬。在灰藍色的地上有紅斑。肉厚、帶黃色、味美。日本北海道栽培者最多、關東州內亦適於他的生育、栽培者赤多。重一・五—一・八瓩(四〇〇—五〇〇匁)。適於貯藏之品種也。此外、則此種有灰皮甘栗和赤皮甘栗等。

4、白菊座 瓜形扁圓、有十條縱橫、表面極滑。外皮雖爲雅致的紅白色、但存放稍久、就變爲橙黃白色。肉橙黃色、極緊束而爲粘質、甜味最多、宛如甘栗。重約一—一・五瓩(三〇〇—四〇〇匁)。形體・色澤、無不整齊美麗、可以說是倭瓜中的白眉。

此外、在日本南瓜中、有會津早生・富津黑皮以及成金等。在印度南瓜中、有十六貫瓜・「ハッバード」・「デリシャス」等。在美國南瓜中、有素麵南瓜・觀賞南瓜等。著名品種頗多。

四、風土

1、氣候 愛好溫暖且乾燥。除濕潤之外、各地無不適於他的生育。

2、土質 類似地瓜。愛好壤土或砂質壤土。除多濕肥沃外、各種壤土、無不適於倭瓜的生育、而能繁茂。

五、作次

1、輪作 從事連作、品質・收穫、均能增加。惟連作多年則有害。

2、前作 種過荳科作物或茄子・芋頭等作物、而多施肥料的地、種倭瓜則生育不良。

輪作例 倭瓜—秋蘿蔔

六、栽培法　有未熟果栽培・完熟果栽培・促成栽培及早熟栽培等。而以下所述者則爲早熟栽培。

1、育　苗

甲、播種期　關東州・南滿爲三月上中旬—五月上旬。中滿爲四月上旬—五月中旬。而北滿則爲四月下旬—五月中旬。

乙、播種法　倭瓜種子、不論那個品種、形體均大、所以、以床播爲便。在床內照著八糎（二・五寸）的株間條播、而於下種之後、便覆以細砂、厚一糎（三分）、更充分灌水。倘將種子浸漬水中一—二晝夜後、用布包裹起來埋於堆肥中以催芽者、下種於床中亦可。但普通播種於溫床中時、可與黃瓜同樣、並不催芽卽行下種、亦所不妨。

2、試栽（假植）　普通爲二回。

甲、第一回　發芽後一〇日內外、甲拆葉已充分開展、而稍見其心葉已發出時、於溫床裏從事。

乙、第二回　四月上旬、出生四—五個本葉時、在溫床裏從事。

3、定植期　關東州爲五月上旬、南滿爲五月中旬、中滿爲五月下旬、北滿則爲六月中旬。

4、壠寬及株間　以摘播法從事、壠寬爲二—二・五米（六—八尺）、株間爲一・二—二米（四—六尺）（太窄不如稍寬爲宜）。

5、播種量　一〇阿的地面約爲〇・九立（五合）。

6、肥料 一〇阿的地面為窒素一三瓩(三貫)、燐酸一五瓩(四貫)、加里一三瓩(三貫)。

施肥例(每一〇阿的地面)

廐肥	一一二五・〇瓩(三〇〇貫)		
人糞尿	一一二五・〇瓩(三〇〇貫)	窒素	一三・四瓩(三・五七貫)
過燐酸石灰	四五・〇瓩(一二貫)	燐酸	一五・七瓩(四・一八貫)
米糠	七五・〇瓩(二〇貫)	加里	一三・九瓩(三・七一貫)
硫酸加里	五・六瓩(一・五貫)		

窒素肥料、照著地質的肥瘠、須大加增減為要。太多不如少些、最為安全。燐酸・加里肥料、能助長結實及增進品質。基肥可施用堆肥及草木灰。其他、則於發芽後、施用於根株之旁。

7、除草 二—三回。播撥表土、兼行除草。

8、摘芯 本葉生出七—八個時、留下五—六個而從事摘芯、其後、便把勢力相伯仲的蔓留下四條。至於、由此四條子蔓所生出的孫蔓、把他全部摘去。趕到瓜長到茶杯大時、從上留下二—三節而從事摘芯。

9、授精 對於第一花施以授精、最有效益。

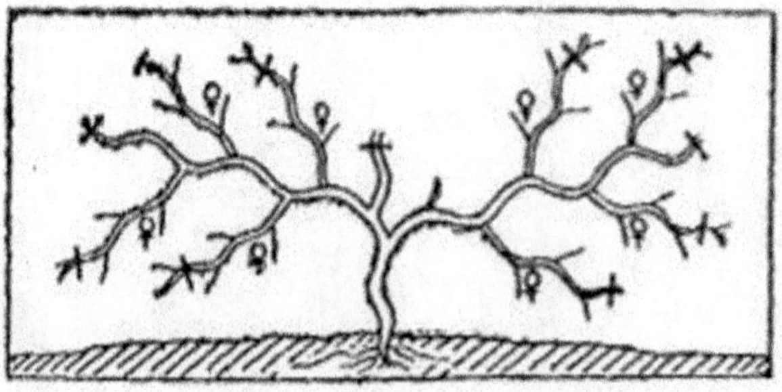

倭瓜的摘芯

10、收穫期　關東州・南滿爲七月上旬—九月下旬。中・北滿則爲七月上旬—九月中旬。

11、收穫量　一〇阿的地面爲二二五〇—三七五〇瓩（六〇〇—一〇〇〇貫）。

七、病蟲害

1、病害　對於白澁病（ウドンコ病）的防止、要圖謀通風的良好、並撒布〇・六式（四斗式）的石灰ボルドー液。

二六　黃瓜　葫蘆科

滿洲名　黃瓜　　日本名　きうり

一、性狀　印度喜馬拉雅山的原產、爲蔓性一年生植物。高可達三米（一〇尺）左右。節間長。葉爲葡萄狀葉。莖四角形。雌雄異花。除在子蔓・孫蔓的一—二節處生雌花外、在母蔓上亦能結實而結於節上者頗多。有分岐性的有無、苦味的有無、刺的有無等別。瓜色有綠・淡綠・白・半白等。瓜形細長、有達九一糎（三尺）之長者、亦有形體極小而爲球狀、僅約三・三糎（一寸）之短者。黃瓜都是在未熟時採收的。成熟之後、就變爲黃色或褐色。瓜面亦有生網孔者。

二、品種

1、水黃瓜　中國產。爲中國各地普通栽培所用之品種、最爲著名、日本是把他叫做「支那三尺」的。

各外國的優良品種、亦多係改良此種所成。蔓及葉較小、分歧性少、結實附於母蔓的每二—三節處(亦有節成瓜)。瓜形雖有大小、但無不極細而長、由三三糎(一尺)者起、有到九一糎(三尺)者。無甜味、種子亦少、品質極其良好。成熟之後、就變爲純黃色。

此種由於栽培地、形態略有不同。關東州內最多者爲金州水黃瓜・復州水黃瓜等、其中、前者尤爲良好。幼葉雖濃綠偉大、生育葉則否。葉色淡。瓜的果梗節細、長達六〇糎(二尺)餘。性强健而豐產、爲普通栽培用之品種。

2、半夏　中國產。葉稍大、而有分歧性。瓜形短、成熟之後、現黃褐色。最耐暑熱、爲夏種所用之品種。

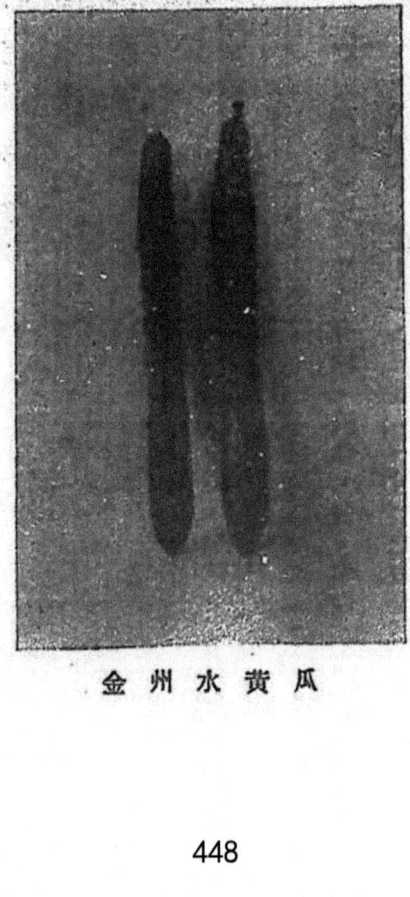

金州水黃瓜

3、奉天　中國產。水黃瓜之一種、極早生種也。瓜形短小、爲早採用之小黃瓜。

4、秋天　中國產。葉大、有分歧性。瓜形短、成熟之後、現濃褐色、瓜面就現出網孔。耐寒性强、秋種用之品種也。

5、刈羽(かりは) 日本新潟產。葉蔓大、有分歧性。由第二—三節處、在節上結瓜。一處所附之瓜、爲二—五個。瓜形小。雖爲適於用小黃瓜及花黃瓜之品種而豐產、但性質較弱。

6、落合(おちあい) 日本產。瓜色濃綠、形小、品質良好。性强健、極繁茂、適於溫室及溫床用之品種也。

7、サットンス、エーワン 英國產。爲水黃瓜的改良種、瓜形甚爲類似、長約六〇糎(二尺)。種子稀少。性極虛弱、故溫室之外、不能生育。溫室栽培用之品種也。

8、アーリー、ルシャン 法國產。性最弱。瓜藤長九〇糎（三尺）左右。極早生。瓜長約六—九糎（二—三寸）。外皮色黃、肉色白。木框溫床栽培用之品種也。

此外、有馬込半白(まごめはんじろ)・青天・早黃瓜等著名品種頗多。

三、風土

1、氣候 不甚選擇風土。愛好溫暖且稍乾燥的氣候。對於低溫雖較能忍受、對於暑氣則頗不耐。對於乾燥雖較能忍受、對於溼氣則頗不耐。

2、土質 以壤土或粘質壤土爲宜。除砂土以外、各種土壤、無不適於黃瓜的生育。惟滯水則所最需要。

四、作次

1、輪作 連作多病害、種過一回的地、要隔開二年以上。由於地質肥沃、及施肥量之適宜、連作之害、大抵不甚強大。

2、前作　嫌忌同科的作物。

輪作例　春黃瓜—秋白菜　雲豆—秋黃瓜

五、栽培法　有春種・秋種・早熟栽培・抑制栽培及促成栽培等。

1、育　苗　利用冷床或溫床育苗、普通以使用冷床者居多。

甲、冷床　以木框床（フレーム）爲最宜。不然的話、就選擇溫暖的竂地、設一低床、而其床寬爲一二一・二—一五一・五糎（四—五尺）、長以適宜爲度、周圍用秫稭等物做上防風牆、夜間則覆以玻璃蓋或草簾子等物以防寒。

乙、床土　照著田土七—八成、堆肥或土糞二—三成的比例、每四平方米（一坪）混以七・五—一一・三瓩（二—三貫）的人糞尿、〇・七五—一・〇三瓩（二〇〇—三〇〇匁）的油滓子和草木灰。

丙、播種期　關東州爲四月上旬（冷床）、南滿爲三月下旬—四月上旬（溫床）、中滿爲四月上中旬（溫床）、北滿則爲四月中下旬（溫床）。

秋黃瓜則關東州爲七月下旬、南滿爲七月上旬、中滿爲六月中下旬、北滿爲六月上中旬。

丁、播種法　把催芽的種子、用條播法種好、上面覆以細砂。這時的壠寬和株間、同爲六糎（二寸）左右。

戊、播種量　一〇阿的地面、約爲〇・三六立（二合）、苗床則爲三—四坪的地面。北滿爲〇・五四立（三合）。秋黃瓜則爲〇・九立（五合）。

2、本圃定植

甲、定植期　關東州爲四月下旬—五月上旬、南滿爲五月中旬、中滿爲五月下旬、北滿則爲六月上旬。

乙、定植法　用刀・鏟等器、把苗床裏的苗子、使床土切割挖取出來、往充分灌水的壠溝裏、一棵一棵的栽上。

丙、壠寬和株間　在一・二米（四尺）的畦子裏、以四五糎的株間栽兩行。

丁、夏黃瓜和秋黃瓜、則直播於本圃。

戊、肥料

子、春黃瓜　一〇阿的地面爲窒素三三・八瓩（九貫）燐酸二〇瓩（五貫）、加里二二・五瓩（六貫）。

施肥例（每一〇阿的地面）

廐肥	一八七五・〇〇瓩（五〇〇貫）	
人糞尿	三〇〇〇・〇〇瓩（八〇〇貫）	
過燐酸石灰	四八・七五瓩（一三貫）	窒素　三三・八瓩（八・七五貫）

蘇子油滓子	七五・〇〇瓩(二〇貫)	燐酸	二〇・二瓩(五・三九貫)
硫安	二三・八〇瓩(三六・三貫)	加里	二二・五瓩(六・〇〇貫)
硫酸加里、	三・七五瓩(一・〇貫)		

丑、秋黃瓜　一〇阿的地面爲窒素二四瓩(六・五貫)、燐酸一五・六瓩(四貫)、加里一八・七瓩(四・九貫)。

施肥例(每一〇阿的地面)

廐肥	一一二五・〇〇瓩(三〇〇貫)		
人糞尿	一八七五・〇〇瓩(五〇〇貫)		
硫安	二二・五〇瓩(六貫)	窒素	二四・五瓩(六・五三貫)
過燐酸石灰	三七・五〇瓩(一〇貫)	燐酸	一五・六瓩(四・一六貫)
蘇子油滓子	三六・二五瓩(一五貫)	加里	一八・七瓩(四・九九貫)
米糠	三七・五〇瓩(一〇貫)		
硫酸加里	一一・二五瓩(三貫)		

堆肥及窒素肥料最有效益、但過多則蔓葉繁茂、多罹菌病。多用加里、則少罹菌病。人糞尿太多則生苦味。黃瓜的風味、說是由於人糞尿的。廐肥和米糠、在定植以前、施用於畦子上面。蘇子油

滓子・過燐酸石灰和人糞尿、要在莖高一五・二糎（五寸）左右時、施用於株間。至於硫安、則於生育期中、和灌水同時流入、做爲追肥。

3、管　理

甲、支柱　定植之後、就用秫稭或細竹、做成屋頂式的支柱。用鐵絲亦可。秋種者、亦須於開花後、只留一棵、同樣豎以支柱。

乙、中耕　從事五—六回。

第一回　定植後五日左右、要極深。

第二回　第一回後的五日左右、要深。

第三回　第二回後的五日左右、要稍深。

第四回　第三回後的五日左右、此後漸次要淺、更從事二—三回。

丙、灌水　從雌花已開時起（瓜藤三〇糎左右）、開始灌水、而隨同苗的生長、增加水量。

丁、摘芯　普通對於在節上結瓜的節成種者、則不摘芯。

戊、結束　隨同瓜藤的生長、要把他結束於支柱上。

4、收　穫

甲、收穫期　春種者、關東州爲六月上旬、南滿爲六月中旬、中滿爲六月下旬、北滿則爲七月上旬。

秋種者、關東州・南滿爲八月下旬－九月上旬、中・北滿則爲八月上中旬。

乙、收穫量　一〇阿的地面、春種者爲三萬根、重約三七五〇瓩（一〇〇〇貫）。秋種者、則爲二萬根、重約三〇〇〇瓩（八〇〇貫）。

六、病蟲害

1、病害　對於黴菌病、要節制窒素肥料、多用燐酸・加里、使其通風良好適宜、並撒布〇・六式的石灰ボルドー液。對於苗子的立枯病和青枯病、要用二〇％（把二〇〇磅的做成三〇立方米）的フォルマリン液、消毒田土、並撒布石灰硫黃華或石灰硫黃合劑的一度液。

二七　冬瓜　葫蘆科

滿洲名　冬瓜　　日本名　とうがん

一、性狀　印度及中國南部的原產、爲一年生的蔓性作物。性狀類似倭瓜而伸張力更强大。莖粗、爲四角形。花黃色、雌雄異花。瓜爲球形或長楕圓形、白綠色、未熟時有刺毛、既熟後則被以白色蠟質。第一花開在母蔓的一二－二〇節處、子蔓則生於母蔓的一〇節以內。瓜肉爲空洞、有白色扁平的種子。

二、品種

1、大冬瓜　中國南部產、晚生、形極大、直徑達三〇・三糎（一尺）、長達九一糎（三尺）、重二六・三—三〇瓩（七—八貫）。收穫頗多。爲大形之普通栽培用種。有臺灣種・琉球種等別。

2、長小冬瓜　中國保定產、晚生、形體中等而長、直徑一二糎（四寸）、長四五糎（一・五尺）、重七・五瓩（二貫）、品質良好、爲中形之普通栽培用種。

3、圓小冬瓜　中國產、早生、爲小圓形、一個重〇・七五瓩內外。爲小形早採栽培用種。

三、風　土

1、氣候　愛好高溫且稍乾燥的氣候、尤其發芽是需要高溫的。

2、土質　以肥沃的粘土或粘質壤土爲宜。

四、作　次

1、輪作　土地肥沃且粘重時、連作之害、是不多的。但普通都是種過一回之後的地、要隔開二—三年。

2、前作　不甚選擇、但忌避禾本科作物。

輪作例　秋種菠菜—冬瓜

五、栽培法

有普通栽培・早熟栽培及促成栽培、而以下所述者則爲普通栽培。

1、播種期　五月下旬（三月中旬—四月上旬時、在溫床裏播種以育苗、而於六月上旬定植亦可）。發芽是需要三〇度上下的溫度的。

2、壠寬及株間 壠寬·株間、同爲一八〇糎（六尺）的平壠。

3、播種量 一〇阿的地面約爲〇·七二立（四合）。

4、減苗 從事二—三回、最後一處留成一棵。

5、肥料 一〇阿的地面爲窒素一三·五瓩（三·六貫）、燐酸一二瓩（三·二貫）、加里一二瓩（三·二貫）。

施肥例（每一〇阿的地面）

廐肥	一〇〇〇·〇瓩（二六七貫）	窒素	一三·五瓩（三·六貫）
人糞尿	一三一六·〇瓩（三五一貫）	燐酸	一二·〇瓩（三·二貫）
過燐酸石灰	三三·五瓩（八·九貫）	加里	一二·〇瓩（三·二貫）
硫酸加里	四·五瓩（一·二貫）		

廐肥·堆肥及窒素肥料、可以照著地土的肥瘠、加以增減。太多不如少些、能使結實良好。燐酸及加里肥料、能增進結實率和品質。廐肥·過燐酸石灰等、可在播種以前施用。其他則於發芽後、施用於株間。

6、除草 隨同雜草的發生、可兼爲搔擾表土起見、從事二—三回除草。

7、摘芯 地質肥沃時、可以照著倭瓜那樣、從事摘芯、瓜到飯碗大時。可以留下其上部的三個葉而摘芯。孫蔓全部摘去。

8、授精　落花（第一次花尤多）的比例多時、授精的效益愈大。

9、收穫期　七月上旬—九月。

10、收穫量　一〇阿的地面爲一〇〇〇—二〇〇〇個、重約一八七五瓩（五〇〇貫）。

六、病蟲害

1、病害　防止白澁病、須使通風良好、並撒布〇・六式(四斗式)的石灰ボルドー液。

二八　甜瓜　葫蘆科

滿洲名　甜瓜・鮮瓜・香瓜　　日本名　まくわ・あまうり

一、分　類

1、網皮甜瓜　外皮全面、現爲不規則的網孔形、英國產的「マスクメロン」、卽屬於此種、非栽培於溫室中、是不易生育的。

2、滑皮甜瓜　外皮無網孔形（極其輕微）、有縱溝。葉有裂刻。英・美產的「露地メロン」、以及中國產的「甜瓜」、均屬於此種。

3、蜜甜瓜　瓜大如鵝卵、色黃、外皮滑平、少甜味。可以用做加胡椒的醋漬以及各種醃漬物。

4、冬甜瓜　葉形長、色淡綠。瓜形橢圓、外皮爲綠色或灰色。肉爲白色或綠色、富於甜味、而無香氣。晚生，降霜期收穫。多產於法・意兩國。

5、越瓜　日本名爲しろうり・ならづけうり・やさいうり等。葉似普通種。瓜形長大、有甜味、全無香氣。日本的原產、與黃瓜同爲醃漬物之用。

由實用上、分類如下、極其方便。即

甲、マスクメロン・溫室メロン（英國種）

乙、露地メロン（英國・歐洲以及亞細亞西部）

丙、甜瓜（東洋產）

丁、越瓜（東洋產）

之四者、而本課所記述者、則爲甜瓜。

二、性　狀　印度・亞菲利加等熱帶地方的原產、爲屬於葫蘆科之蔓性一年生植物。母蔓的生育不良、子蔓和孫蔓的生育極佳。葉有裂刻。雌雄異花、雌花生在子蔓以下的一—二節處（亦有生在節處、即所節成性者）。瓜形有球・楕圓・扁圓・棍棒等狀、有有縱溝者、有無縱溝者。皮色有白・黃・綠・黑紅・斑等、肉色則有白・紅等。種子亦有大小、爲白・黃・褐等色。甜瓜的栽培、爲華北・朝鮮及日本等處、而以華北及滿洲、爲數尤夥、或者爲甜瓜的原產地、亦未可知。至於品種、則只有滿洲一地、便有數百種之多。

三、品種

1、長喇嘛黃　關東州內之金州・大連、栽培者最多。皮爲純黃色、肉爲純白色、種子則爲褐色。瓜形頭部細、成棍棒狀。重約〇・六七五瓩（一八〇匁）。極早生種。甜味豐富、品質良好、爲極早生用之品種。

2、圓喇嘛黃　關東州內的貔子窩栽培者最多。早生種。皮・肉・種子

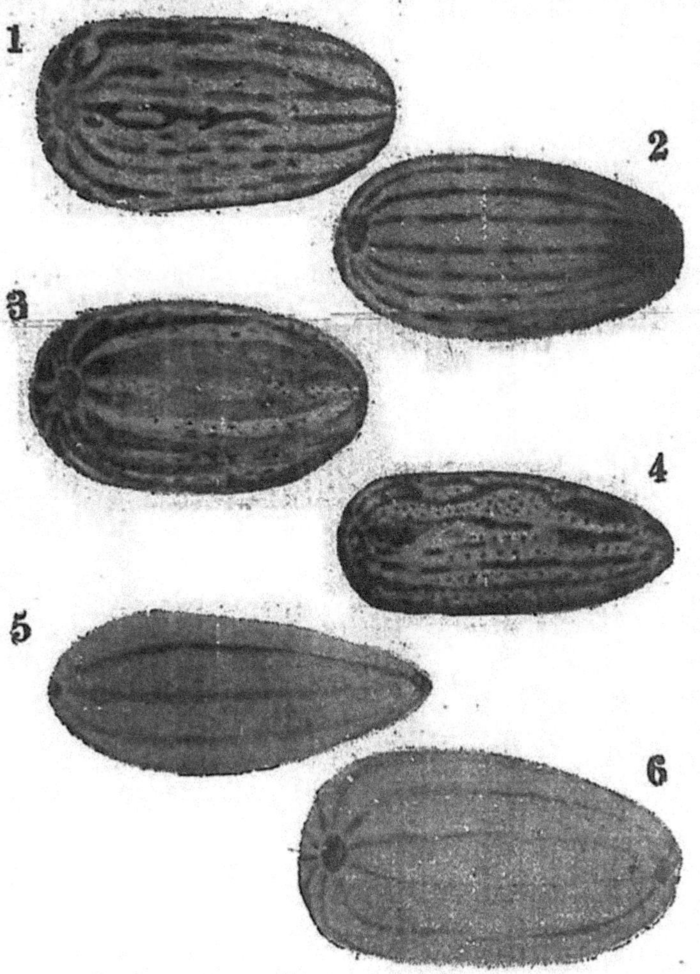

1. 虎皮脆　2. 三白　3. 綠肉芝麻粒　4. 三稜芝麻粒　5. 喇嘛黃　6. 哈蜜

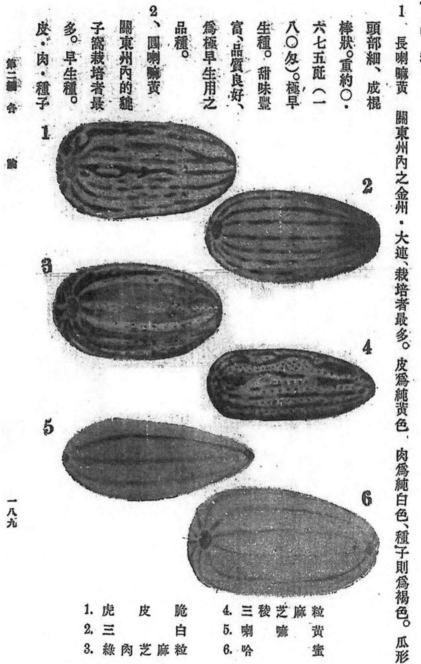

以及品質・風味等、無不和長喇嘛黃相似、惟瓜形稍圓而大、則其不同之點。重約〇・七五瓩(二〇〇匁)、爲極早生用品種。

3、羊角蜜　關東州內的旅順栽培者最多、而三澗堡一帶、尤爲著名。皮青綠色、有黃條紋。肉綠色、(心部爲紅色)、種子色白。瓜形、頭部細、爲棍棒狀、重〇・四五瓩(一二〇匁)。肉質稍爲粉狀、極甜。早生種。

和此種相類似的、有「萊州大羊角蜜」、爲山東省萊州產。形狀・色澤雖與羊角蜜同、但形極大、重二瓩(五〇〇匁)。

4、哈蜜　金州最多。皮白綠色、肉及種子均白色。橫斷面爲長方形。瓜皮厚、品質良好。重約〇・五瓩(一三〇匁)。爲中生用種。

5、伏瓜　關東州大連灣會柳樹屯最多。皮青綠色、有灰綠色之縱斑紋。肉色綠、心部則紅。種子白色。瓜爲長紡錘形、重一・三瓩(三五〇匁)、品質雖不佳、但豐產。爲中生用種。

和此種相類似的、有「萊州大伏瓜」。形狀・色澤等均約略相似、但瓜形大、重二・六二五—三瓩(七〇〇—八〇〇匁)。

6、芝麻粒　種子色黃、粒極小、和芝麻相似。屬於此種的、有「綠皮芝麻粒」・「花皮芝麻粒」・「三稜芝麻粒」・「黑皮芝麻粒」等。

甲、綠皮芝麻粒　金州・大連栽培者最多。皮・肉均爲綠白色。瓜爲圓錐形、橫斷面則爲五角形、極大、所以、也叫做「大芝麻粒」。瓜面有不定的縱溝。重〇・九三七瓩(二五〇匁)。品質極佳、爲晚生用種。

乙、花皮芝麻粒　僅於大連・金州稍有栽培者。瓜形及其他等、均與前者相類似、惟皮色於青綠中雜以多數之白灰色斑點。爲晚生用種。朝鮮的「成歡」與此種同。

丙、三稜芝麻粒　金州最多。瓜形小、所以、也叫做「小芝麻粒」。皮青綠色、而有白灰色的縱斑與若干不規則的斑點。肉的外部爲綠白色、心部則爲紅色、所以、也叫做「紅心芝麻粒」或「紅瓤芝麻粒」。瓜爲小圓錐形、但切斷則現三角形、因有此名。重約三・七五瓩(一〇〇〇匁)。爲中生種、但在芝麻粒中、却是可以最早採收的。肉薄、品質良好、亦豐產。

此外、則有白皮・鐵把・金把・綿瓜・虎皮脆等品種極多、均爲分布於各地之優良品種。而上述者外、還有奉天滿瓜・青皮押麥等。

四、風土

1、氣候　愛好溫暖與乾燥。而尤以乾燥爲最宜、能使甜味強烈。

2、土質　最愛好砂質壤土。但排水果能良好、或雨水稀少時、各種土壤、無不適於甜瓜的生育。

五、作次

1、輪作　種過一回的地、要隔開三年以上(普通爲四—五年)。

2、前作 種過荳類的地過於肥沃、故種甜瓜生育不良。至於、種過高粱·黍的地、則地質過於瘠薄。

輪作例 甜瓜—菠菜

六、栽培法

1、播種期 關東州爲五月上旬、南滿爲五月上旬—中旬、而中·北滿則爲五月中旬。

2、畦寬及株間 畦寬一·二米（四尺）、株間六〇糎（二尺）。

3、播種法 摘播。

4、播種量 一〇阿的地面、關東州約爲〇·七二立（四合）、北滿則爲〇·三六—〇·四八立（二—三合）。

5、肥料 一〇阿的地面爲窒素一六·六瓩（四貫）、燐酸一七瓩（四貫）、加里一七瓩（四貫）。

施肥例（每一〇阿的地面）

廄肥	一五〇〇瓩（四〇〇貫）	窒素	一六·六瓩（四·四二貫）
人糞尿	一一二五瓩（三〇〇貫）	燐酸	一七·四瓩（四·六四貫）
過燐酸石灰	三七瓩（一〇貫）	加里	一七·三瓩（四·六一貫）
米糠	一五〇瓩（四〇貫）		
硫酸加里	五瓩（一·五貫）		

米糠能增加甜味。窒素肥料要照著地土的肥瘠、酌量增減。人糞尿做爲追肥、於六月上旬施用。

其他則做爲基肥、而將其堆積腐熟者、施用於播種之前。

6、減苗　從事二—三回、最後留成一棵。

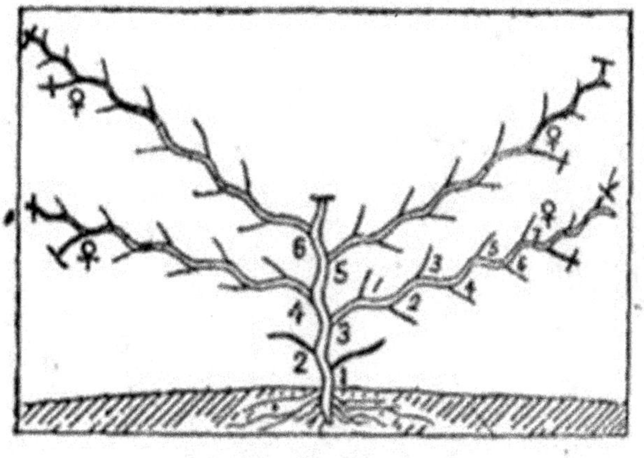

八條莖的一例

7、摘芯　結實的個數、照著地土的肥瘠·肥料以及水質等、須加以切實的增減爲要。在長出四個本葉時、要留下二—三個、而從事摘芯、使其發出兩條子蔓（有時則使其發出四條）。趕到子葉發出五—六個時、要留下三—四個而從事摘芯、使各枝發出四條孫蔓。這叫做瓜的八條蔓。瓜是在孫蔓的第一·第二兩節上、一處結一個的。其他的瓜、要全部摘去。由結實節所生的蔓、要從事摘芽、其他的蔓、則可擱置不問。趕到兩條蔓左右相交時、全部從事第二回的摘芯。一棵上結的瓜、普通共爲八個（亦有爲六—一六個那樣的）。

8、收穫期　關東州爲七月上旬、南滿爲七月中旬、中·北滿爲七月下旬到九月上旬。至於瓜的成熟、則由於他的香氣和指彈時所發的聲響、便可得知。

9、收穫量　一〇阿的地面爲三〇〇〇—六〇〇〇個、而其重爲一八七五—二二五〇瓩（五〇〇—六〇〇貫)。

七、**病蟲害**　與西瓜・倭瓜同、玆略之。

二九　越瓜　葫蘆科

滿洲名　越瓜　　日本名　しろうり・ならづけうり・やさいうり

一、**性狀**　蔓性的一年生草、爲甜瓜亞種。外觀與甜瓜極其類似、而瓜實長大、且無香氣與甜味。採收其未熟的瓜實、可以供爲菜肴及醃漬之用。瓜實一般爲長棒狀、有白・綠・黑等色及有條紋者。肉均爲白綠色。種子、與甜瓜者無大差異。

二、**品種**

1、**東京早生**(とうきょうわせ)　日本東京產。極早生種。瓜實形小爲長楕圓。淡綠色。爲早生用種。可以供爲速成醃漬物之用。

2、**東京大越瓜**(とうきょうおおしろうり)　日本東京產。晚生用種。瓜實形甚大、成長圓筒狀、淡綠色。醃漬物用。

3、**縞瓜**(しまうり)　日本廣島產。中生種。瓜實形小、爲長楕圓、在濃綠色中雜以淡綠色的縱條紋、肉厚而緊固。醃漬物用。

4、**青長**　爲關東州內的在來種、分布於南滿各地。中生種。瓜實綠色、有極長的溝。煮食及速成醃漬物用。

此外、有桂瓜・高田大越瓜等著名品種。

三、風土

1、氣候　以溫度稍高且有溼氣的地方爲宜。對於溼氣的耐受力、比甜瓜極其强大。

2、土質　以肥沃富於水溼之粘質壤土・埴質壤土爲宜。比甜瓜尤其需要肥沃與水溼。

四、作次

1、輪作　種過一回的地、要隔開二—三年。

2、前作　種過瓜科作物的地、生育不良、種過荳科作物的地、則過於繁茂。

輪作例　秋種蔬菜—越瓜—葱

五、栽培法　有普通栽培・早生物栽培及奈良漬用栽培、而以下所述者爲普通栽培。

1、播種期　關東州・南滿爲五月上旬、中・北滿則爲五月中旬（但奈良漬用者晚播）。

2、壠寬及株間　壠寬一・二米（四尺）、株間六〇糎（二尺）。

3、播種法　摘播。

4、播種量　關東州約爲〇・七二立（四合）、北滿約爲〇・三六—〇・四八立（二—三合）。

5、肥料　一〇阿的地面爲窒素一九瓩（五貫）、燐酸二〇・八瓩（五・五貫）、加里一七瓩（四貫）。

施肥例（每一〇阿的地面）

廄肥	一八七五・〇瓩（五〇〇貫）	窒素	一九・五瓩（五・二〇貫）
人糞尿	一三一二・五瓩（三五〇貫）	燐酸	二〇・八瓩（五・五五貫）
過燐酸石灰	三七・五瓩（一〇貫）	加里	一七・四瓩（四・一一貫）
米糠	一五〇・〇瓩（四〇貫）		

此與黃瓜不同、以重視窒素肥料爲宜。人糞尿做爲追肥、施用於發芽之後、其他則做爲基肥。但有時把堆肥・過燐酸石灰做爲基肥、施用於播種之前、其他則於發芽之後施用於株間亦可。

6、**減苗**　從事二—三回、一處留成一棵（有時留成兩棵）。

7、摘芯　可以照著甜瓜所述從事。

8、鋪草　施以麥稭或其他的鋪草時、可以防止乾燥、宜於保護瓜實。

9、灌水　普通雖不需要灌水、但旱天時、則須時常從事。

10、收穫期　關東州・南滿爲七月上旬、中・北滿則爲七月中旬。

11、收穫量　一〇阿的地面爲五〇〇〇—六〇〇〇個、而其重爲三〇〇〇—三七五〇瓩（八〇〇—一〇〇〇瓩）

六、病蟲害　與甜瓜同、茲略之。

三〇 茄子 茄科

滿洲名 茄子　日本名 なす・なるび

一、性狀 為印度原產、在東洋是從古來就盛行栽培的重要蔬菜。原來為多年生的植物、而於熱帶或溫帶、則成為樹狀。但在溫帶以北、冬季卽行枯死。因此、只是做為一年生作物、以從事其栽培的。他的性質、有樹狀性和橫披性。莖為木質狀。枝有每結一實、便分出一枝的性狀。葉有倒卵・楕圓等形、大小亦有種種。葉色普通為暗紫綠、但亦有淡綠者。花為淡藍色。萼與葉色同、有針。花則出現於節間。茄實有球・倒卵・中長・細長等形、大小亦有種種。色澤則為漆黑・紫・淡紫・白綠・白等。種子黃色、形小為扁圓狀。

大長茄子　黑長茄子

二、分類

1、大圓茄類　2、長茄類

3、千成茄類　4、裝飾茄類

三、品種

1、蔓細千成（つるぼそせんなり） 日本東京產。莖細、富分歧性、枝葉橫披、草棵

極低。葉・莖同爲黑紫色。葉小而細長。茄實極小、爲倒卵形。因爲是極早生種、故適於早熟促成栽培以及需要小茄時等用。類似此種者、有「桃山茄」・「眞黑茄」等、均爲有希望的品種。

2、中生山茄　日本東京產。莖稍粗、草棵高大。茄實類似蔓細千歲者而短且大。中生種。千歲形之普通栽培用的品種。

3、大長茄　關東州內栽培者最多。長茄類。爲樹狀性而分歧性極少。莖・葉稍帶綠色、茄實長一二—一五糎（四—五寸）、黑紫色、尾部頗長。形狀・品質均稱良好、惟結實不多。中生種之長大者、爲普通栽培用的品種。

4、黑長　滿洲國之復縣・蓋平縣附近栽培者最多。草棵比大長茄稍低、多分歧性。莖・葉・實的色澤、均極濃厚。茄實形狀、尾部稍粗大而短。長九—一二糎（三—四寸）、極豐產。長茄之普通栽培用的品種。

5、北京圓茄　中國北京產。樹狀性、莖粗。葉寬大、爲暗綠色。茄實色黑、形扁平、極粗、重達〇・七五瓩（二〇〇匁）。肉緊固、品質良好、但性弱。晚生之用大茄時的品種。

6、ブラックビューテー　美國產。草棵稍高、分歧性最强、可以說是屬於橫披性的。莖粗、與葉同爲淡綠色。茄實之梗部爲綠色、實則現爲紅紫色。極大、重達〇・七五—一・一三瓩（二〇〇—三〇〇匁）。晚生之用大茄時的品種。

7、三尺茄　中國產。茄實細長、達六糎（二尺）。葉・莖細、爲紫黑色。分歧力强、結實極稀。茄實形體猶小時採收之、品質稱佳、而收穫的重量雖少、個數却多。爲用形小而長的茄子時所栽培的品種。

此外、有蓋平蒂紫・津田長・佐土原長・巾着・紫大丸・白長等著名品種甚多。

四、風土

1、氣候　愛好高溫期久長而稍帶乾燥的氣候。

2、土質　愛好富於有機質、排水良好、而肥沃的粘質壤土。但除多濕地以外、各種土壤、都很適於茄子的生育。

五、作次

1、輪作　種過一回的地、必須隔開五年以上方可（普通則爲七—八年間）。惟長茄類、其害則不甚大、以隔開二—三年爲宜。

2、前作　過種洋柿子・地豆子・煙草等同科作物的地、種茄子則多立枯病和青枯病、生育不良。

輪作例　茄子—蘿蔔　豌豆—茄子

六、栽培法

有普通栽培・促成栽培・早熟栽培等。普通以早熟栽培爲宜。茲述其栽培法於下。

1、育苗

甲、播種期　僅以溫床育苗時、爲定植前的八〇日前後。卽關東州爲二月上旬、南滿爲三月上旬、中滿爲三月中旬、而北滿爲三月下旬—四月上旬。用冷床育苗的話、則以四月上旬—中旬爲宜。

乙、播種法　用條播法在溫床或冷床裏種、壠寬爲六糎（二寸）。

丙、播種量　一〇阿的地面爲〇・〇九—〇・一八立（五勺—一合）。

丁、溫度　二三—三〇度（以二五度爲適宜溫度）。

戊、床土　照著粘質閘土五、堆肥四、砂子一的比例、混合而成。

己、肥料　照著七立方米（一立坪）的床土、加上三〇〇瓩（八〇貫）的人糞尿、七・一一瓩（二—三貫）的過燐酸石灰、混合以後、就堆積起來。移入床內之後、要撒布厚約一・五糎的草灰、再混合起來。

庚、減苗　二—三回。

辛、換床　一—三回（播種於冷床裏的、不必換床）。栽死者最多、注意爲要。

2、本圃定植

甲、定植期　關東州爲五月上旬、南滿爲五月中旬、中滿爲五月下旬、北滿則爲五月下旬—六月上旬。

乙、壠寬和株間　同爲六〇糎（二尺）。長茄系者、密栽則收穫多。

丙、壠形　栽在壠溝裏、栽畢培土、做成高壠（橫披性的千成茄子、是做成高壠栽的）。

丁、肥料　一〇阿地面爲窒素三〇瓩（八貫）燐酸一三瓩（三・五貫）、加里一五瓩（四貫）。

施肥例（每一〇阿的地面）

廐肥	一一二五・〇瓩（三〇〇貫）
人糞尿	一八七五・〇瓩（五〇〇貫）
油滓子	七五・〇瓩（二〇貫）
硫安	五六・〇瓩（一五貫）
過燐酸石灰	三七・五瓩（一〇貫）
硫酸加里	七・五瓩（二貫）

窒素	三〇・七五瓩（八・二〇貫）
燐酸	一三・八〇瓩（三・六八貫）
加里	一五・五〇瓩（四・一三貫）

廐肥・人糞尿・草木灰等、效益最多。窒素肥料愈多愈好。油滓子能增進色澤。燐酸肥料一多、能使外皮早硬化、種子早成熟。堆肥・過燐酸石灰在定植前施用。豆餅・油滓子・過燐酸石灰（人糞尿的一部分）、是在定植已活之後、施用於株間。人糞尿和硫安做爲追肥、在八月—九月、施用二—三回。

戊、培土　茄苗已活後、要埋沒壠溝以培土。其後更從事一—二回的培土、而做成高壠。

己、灌水　時常從事。

庚、整形法　三枝整形。卽將開著第一雌花的主枝和雌花之下的兩枝留下、而此以下的芽全部摘去、此以上的芽則置之不問。

辛、摘葉　下部之葉、一經老衰、把他適宜的芟除一下、固然很好、但以往的舊法、失於極端、則所不可。在繁茂期、要把內部無用的芽以及衰老的葉、適宜的摘去、以謀通風與採光之良好為要。

壬、收穫期　關東州為六月下旬、南滿為七月上旬、中・北滿則為七月中旬。

癸、收穫量　一〇阿的地面為三七五〇—五六二五瓩（一〇〇〇—一五〇〇貫）。

七、病蟲害

1、病害　茄苗的立枯病、可把フォルマリン的二%液二〇〇磅、撒布於三〇立方米（一〇〇〇立方尺）的床土上、堆積起來、以消毒床土。並施用木灰和石灰。更撒布三〇〇倍的石灰硫黃合劑。青枯病則須迴避連作與溼地、更多用石灰・木灰。要在根部施以一把木灰。由定植時到生育期中、要往根部、照著一坪為二・六立（二升）的分量、注入三〇倍的石灰硫黃合劑。至於斑葉病、可以撒布〇・六式（四斗式）的石灰ボル

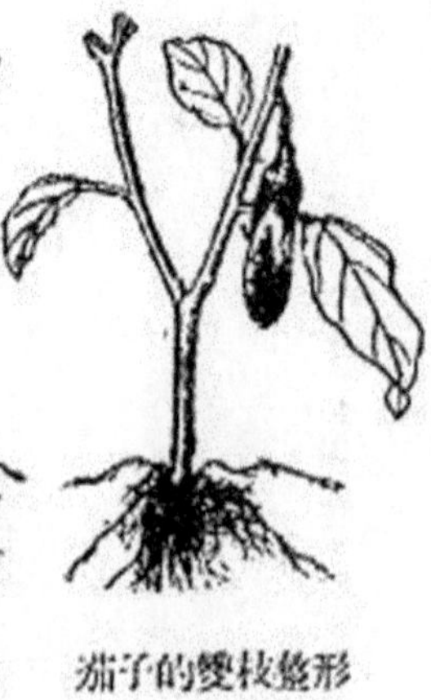

僅留主枝及第一雌花下最近的一根側枝

茄子的雙枝整形

僅留主枝及第一雌花下最近的兩根側枝

茄子的三枝整形

ドー液。更以此病多生於晚種者、因此可以早種。

2、蟲害　壁蝨（だに）・二十八星瓢蟲（二十八てんとうむし）、可以撒布硫化加里液、一・八立爲四瓦、（一升爲一匁）、石灰硫黃合劑的〇・三度液、加用除蟲菊的三〇倍石油乳劑等。菸蛾（金龜子・蕪菁夜蛾）則可撒布除蟲菊木灰合劑於根部、更把パリスタリン或砒酸鉛・糠和砂糖混合而成的藥劑、施用於土中。

三一　洋柿子　茄科

滿洲名　洋柿子・西紅柿・番茄　日本名　トマト

一、性狀　南美秘魯的原產、爲近於蔓性之一年生作物（原來爲多年生）。莖・葉生育旺盛、而分歧性極強。高二一七—二四二糎（七—八尺）。葉色綠、形大、爲重複葉、分泌黃色的油質。結實的習性和茄子相同、而於節間開花、由共下部的節上分歧。花梗長而分歧、開類似茄子花的黃花。實有球・扁圓・楕圓・櫻桃・洋梨等形狀、大小不一。色有紅・黃・白等。均多漿而有一種氣味。用爲醫藥、效益頗大。

二、分類

1、普通種（普通販賣種・櫻桃形種・洋梨形種・大葉種・樹狀種）

2、葡萄狀醋栗形種（ふさすぐり形種）

三、品 種

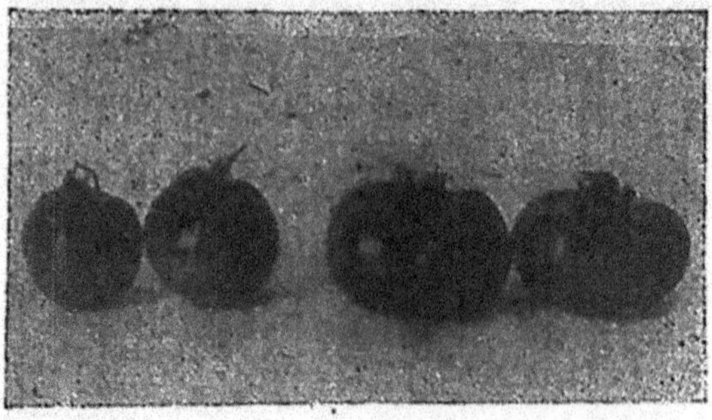

ポンデローザ
ジョンベーア

1、ポンデローザ 美國產、爲晚生的紅色種。實扁圓而稍有稜角、略爲四角形。形最大、重達八〇〇瓦（二〇〇匁）。葉及葉片極大。種子少、品質亦佳。爲用大形的品種。

2、ジョンベアー 美國產、亦紅色種。雖爲中生、然稍早。實形中等而略大。惟强健、極適於滿洲的風土。爲中形之一般栽培用種。

3、ルピーキング 美國產、中生之紅色種。性質普通。實在中形品種中爲最小者、狀球形、頗美麗、無花痕。豐產。爲適於用中形之小形種。

4、ベスト、オブ、オール 爲著名的溫室用品種。實色紅、形體中等而稍小。結實極佳。性亦强健、尤適於溫室及溫床之栽培。爲促成栽培及早熟栽培用的品種。

5、アーリーアナ 美國產、爲紅色的早生種。莖・葉稍纖細、實色紅、成扁圓形。爲中形品種中之小形者。豐產、早生用的品種。

6、ドワーフ、チャンピォン 爲樹狀的矮性種、高六〇—七〇糎（二—三尺）。莖粗、節間短。葉短

大、色淡綠。實形中等色紅。收穫雖少、甜味却大。少臭氣、爲家庭用種。

7、ゴールデンクヰーン　美國產、黃色之大形早生用種。實形大、有瓣、早生而豐富。

此外有「アクム」・「テーブルクイン」・「スパークスアーリーアナ」・「ムステング」・「プリッチャーズ」・「マーグローゲ」・「ミカド」等爲紅色種。「ゴールデン、ジュビリー」・「ゴールデンポンデローザ」・「ドソーフゼム」・等爲黃色種。「ドイツ」・「レッドチェリー」・「エローチェリー」・「レッドペアー」・「レッドピーチ」・「エローピーチ」等爲小形種。而「サンマルザ」・「サンタローザ」等爲意大利系種、以及トマトソース用的品種等、著名者頗不勝數。

四、風土

1、氣候　愛好溫暖且乾燥之處。多濕之地、則結實少、風味劣。低溫的耐受力、比茄子還大。滿洲的氣候、最適於洋柿子的生育、產生良品。

2、土質　不偏失於肥沃的輕土・壤土或砂質壤土等爲宜。多石灰質的土尤佳。酸性土及濕地、可把石灰照著一〇阿的地面爲七五—一一二瓩（二〇—三〇貫）的分量、撒布土中、耕耘一下。

五、作次

1、輪作　栽過一回的地、要隔開三年以上（普通爲四—五年間）。

2、前作　栽過茄子・地豆子・煙草等茄子科作物的地、不可。栽過豆科作物的地、過於肥沃。

輪作例　秋種菠菜—洋柿子—蘿蔔

六、栽培法　有普通栽培・早熟栽培・促成栽培・抑制栽培・加工用栽培等。但以普通栽培中之稍早熟栽培爲普通、玆述其栽培法於下。

1、育　苗

甲、播種期　比茄子晚一〇日左右。即關東州爲二月下旬、南滿爲三月上旬、中滿爲三月中旬、北滿則爲三月中下旬。

乙、播種法　用條播法種於溫床（冷床）中。

丙、播種量　一〇阿的地面爲〇・〇九—〇・一八立（〇・五—一合）。

丁、溫床溫度　二〇—二五度（二二度爲適宜的溫度）。

戊、減苗　二—三回。

己、換床　三—五回。二—三回時爲溫床、其他爲冷床。換床而至於死的苗子極少。以生育旺盛、所以、換床的時期、不得有悞。

2、本圃定植

甲、定植期　關東州爲五月上旬、南滿爲五月中旬、中・北滿則爲五月下旬—六月上旬。

乙、壠寬和株間　在一・二米（四尺）的畦子裏、照著四五糎（一・五尺）的株間、一處栽一棵、共爲兩行、至於從事早熟栽培而於第二段摘芯者、株間則爲三〇糎（一尺）。

丙、肥料　一〇阿的地面爲窒素一八瓩（四・八貫）、燐酸二二瓩（五・五貫）、加里二三瓩（六貫）。

施肥例（每一〇阿的地面）

廐肥	一八七五・〇〇瓩（五〇〇貫）		
人糞尿	一一二五・〇〇瓩（三〇〇貫）	窒素	一八・八瓩（五・〇一貫）
過燐酸石灰	五六・二五瓩（一五貫）	燐酸	二〇・九瓩（五・五七貫）
米糠	一一二・五〇瓩（三〇貫）	加里	二三・六瓩（六・二九貫）
硫酸加里	一五・〇〇瓩（四貫）		

廐肥・堆肥・過燐酸石灰等、施用於定植之前。柿苗已活後、於株間施用油滓子・過燐酸石灰及人糞尿的一部分。人糞尿和硫安、可做爲追肥、而於七・八・九月時斟酌生育的情形施用。石灰則於耕耘時、撒布於圃中可也。

丁、支柱　用梳稭或細竹等、做成屋頂式的支柱、而其高約爲一五〇糎（五尺）。但栽成一行者、則可用竹或鐵絲爲支柱。

戊、整形法　有雙枝整形（把從第一花下生出的枝和主枝留下）和單枝整形（僅留主枝）的兩法、但以單枝整形爲宜。

己、摘芽和摘芯　側芽全部摘去。在第五段處要摘芯（但早熟栽培者則於第二—三段處摘芯）。

庚、摘葉和摘果　看著繁茂時、要把葉子剪去一部分（照著位置有時全部剪去）。下葉一到衰老便須除去、更換新葉。摘果、則大形的品種一處要留成二—三個、中形的品種一處要留成五個、小形的品種便可置之不問、而將實形不良者、有病蟲害者、極早生或極晚生者等果實、一概摘去。

辛、灌水　時常從事。

壬、收穫期　關東州爲六月下旬、南滿爲七月上旬、中滿爲七月上中旬、北滿則爲七月中下旬。

癸、收穫量　一〇阿的地面爲三〇〇〇—五六二五貫（八〇〇—一五〇〇貫）。

僅留主枝

洋柿子的單枝整形

僅留主枝及第一雌花下最近的一根側枝

洋柿子的雙枝整形

七、病蟲害

1、病害　立枯病和青枯病的防止、與茄子同。尻腐病・細菌性黑斑病・黑斑病等、可於柿實到指節

大時、撒布〇・六式（四斗式）的ボルドー液和四瓦式（一匁式）的硫化加里液。縮葉病則多用加里分肥料、消毒剪定用器、及摘葉不可過度爲要（由於限外微生物的寄生而傳染）。

2、蟲害　螟蛉（トマトワーム）可以撒布加用カゼイン石灰的一〇〇—一二六立（六—七斗）式硫酸鉛液。

三二　辣椒　茄科

滿洲名　辣椒　日本名　とうがらし

一、性狀　南美的原產。在熱帶地方、原來是多年生的樹狀植物、但在溫帶以北、一到冬令便枯死、所以、就做爲一年生作物栽培。草棵爲矮性、極繁茂。葉色綠、細長、平滑而有裂刻。因爲屬於茄科、故分歧・結實等習性、都和茄子相同。花爲星狀、色白而小。實於未熟期爲綠色、而一經完全成熟就現爲紅色（亦有黃・紫等色者）。實形有長角・小角・圓錐・紡錘・塊・球等狀、中空而膨脹。食用部、僅爲其實皮。實皮和種子、均有辣味、爲名字叫做「ピペリン」的揮發油、用爲藥劑、需要頗多。由於品種、亦有無辣味者。種子扁平、爲黃白色。

二、品種

1、柿子　中國產、一名「獅子」。關東州內外栽培者最多。草棵高大、有分歧性。葉大、實爲塊狀、亦頗偉大、直徑達六糎（二寸）。辣味少。爲適用大形靑辣椒的品種、適於普通栽培。

2、チャイニーズ、ヂャイアント　美國產、爲「柿子辣椒」在美國加以改良所成。草棵及實形、極其類似、惟稍現綠色、而巨大、直徑達九糎（三寸）。肉厚、少辣味。性質稍弱、然品質極其良好。爲摘取大形靑辣椒用的品種。

3、ニーポリタン　美國產。實爲柿子狀、形略小、淡色、向上結實。全無辣味。充爲大形無辣味用、是最適當的。

4、羊角勫　中國產、栽培於關東州內・外各地。棵高、分歧性稍强。實細長、約九糎（三寸）、有辣味、爲靑辣椒及紅辣椒之兼用種。

5、伏見(ふしみ)　日本京都產。矮性、莖細長、分歧性强。實極小、成細圓錐形、無辣味。極早生。小形靑辣椒之早生用品種及促成栽培用品種。

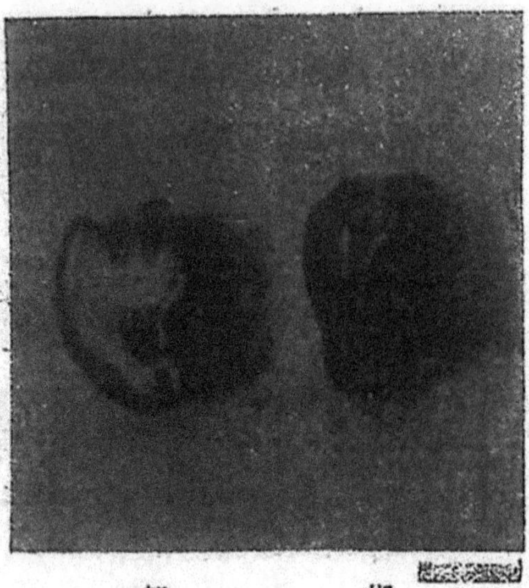

辣椒

6、八房(やつふさ)　日本東京產。棵高、分歧性居强弱之中等。葉細長、葉柄甚長。實生於莖之前端、簇集如穗狀、向上叢生、故有此名。實形短角狀、辣味强烈。性强健。爲靑辣椒及熟辣椒之兼用種。

7、鷹爪(たかのつめ)　日本靜岡產。形極小、矮性。葉亦大、分歧力强。實甚小、辣味最强。爲用熟辣椒之品種。

此外、有日光・「アーリージャイアント」・「ルビーキング」・貴州等、著名品種頗多。

三、風　土

1、氣候　愛好高溫乾燥。和茄子比起來、稍能生育於低溫中、而耐霜力强。但發芽則需要高溫。

2、土質　以肥沃而多水分之粘質壤土爲宜。排水不良的地、則多青枯病。

四、作　次

1、輪作　種過一回的地、總須隔開三年以上方可（普通爲四—五年）。採收青辣椒用者比採收熟辣椒用者、連作之害稍少。

2、前作　種過茄子・洋柿子・地豆子・煙草等同科作物的地不宜。

輪作例　秋種蔬菜—辣椒

五、栽培法

有早熟栽培・促成栽培・辣味用栽培等、而以早熟栽培之稍晩者、極其良好。玆述其栽培法於下。

1、育　苗

甲、播種期　關東州爲二月上旬、南滿爲三月上旬、中滿爲三月中旬、北滿則爲三月中下旬（四月上旬則爲冷床）。

乙、播種法　用條播法種於溫床。

丙、播種量　一〇阿的地面爲〇・五四立（三合）。

丁、温度　二三—三〇度（二七度爲適宜温度）。

戊、減苗　要從事二—三回。

己、換床　要從事二—四回。二—三回爲温床、一—二回爲冷床。多有栽而不活者、注意爲要。一處、要栽二—三棵。

2、本圃定植

甲、定植期　關東州爲五月上旬、南滿爲五月中旬、中滿爲五月下旬、北滿則爲五月下旬—六月上旬。

乙、壠寬及株間　照著壠寬六〇糎（二尺）、株間四五糎（一・五寸）、栽二—三棵。小形用辣椒的壠寬爲四五糎（一・五尺）、株間爲三〇糎（一尺）。

丙、壠形　栽於小溝裏、以後培土、做成高壠。小形用辣椒、則栽於高壠或平畦。

丁、肥料　一〇阿的地面爲窒素一八瓩（四貫）燐酸一三瓩（三貫）、加里一四瓩（三貫）。

施肥例（每一〇阿的地面）

廐肥	一五〇〇・〇〇瓩（四〇〇貫）	窒素	一八・二瓩（四・八五貫）
人糞尿	一八七五・〇〇瓩（五〇〇貫）	燐酸	一三・一瓩（三・四九貫）
過燐酸石灰	三三・七五瓩（九貫）	加里	一四・五瓩（三・八七貫）

堆肥和草本灰、施用於定植之前。豆餅・油滓子・過燐酸石灰・人糞尿、則於定植後、施用於株間。人糞尿的一部分及硫安、於七・八・九月時、施用爲追肥。追肥要稀薄、且稍早施用。施用追肥、本來不佳。

戊、培土　辣椒苗已活後、要把壟溝埋上。而其後、更須從事一—二回的培土。

己、灌水　隨時從事、以多爲宜。

庚、收穫期　關東州爲六月下旬、南滿爲七月上旬、中滿爲七月上中旬、北滿則爲七月中旬。

辛、收穫量　一〇阿的地面爲五〇〇〇〇—三〇〇〇〇〇個、重一八七五瓩（五〇〇貫）。

六、病害　病害和蟲害、均與茄子相同。

三三　豌豆　荳科

滿洲名　豌豆　日本名　えんどう

一、性狀　意大利的原產、爲一年生作物。原來是蔓性、但是改良之後、就生出矮性及半蔓性的品種了。由於卷鬚、卷附於他物之上、而此卷鬚、則爲葉所變化的。花有白色和紫色。莢有硬莢（採豆實者）和輭莢（採豆莢者）。豆實有白・綠・褐等色者、有滑皮和皺皮者。一般開紫花者、以褐色種子的居多。

二、分類

1、硬莢種　完全成熟採收豆實者。

2、軟莢種　未成熟時採收豆莢者。

三、品種

1、絹莢(きぬさや)　日本東京産、白花半蔓之軟莢種、蔓長約九〇—一二〇糎（三—四尺）。莢形小、早生、且豐産、品質良好。種子白色。有「絹莢四〇日」・「絹莢三〇日」等的亞種。爲矮性之早生用品種。

2、砂糖(さとう)　原名叫做「グリーン、シュガー」、開紫花、矮性、軟莢種、高六〇糎（二尺）。莢形中等、種子褐色、有皺紋、中生而豐産、品質亦頗良好。爲普通栽培用的品種。

3、法國大莢　開紫花、蔓性、爲軟莢種、高二—二・四米。蔓葉大、莢極偉大、寬二・四糎（八分）、長一五糎（五寸）。品質良好、晚生、湍用大形的品種。

4、アラスカ　原名「エキストラ、アーリーアラスカ」、美國産。開白花、爲矮性之硬莢種。實綠色、形小而圓、表面平滑。爲極早生之罐頭用品種、甚爲著名。

5、札幌青無蔓(さつぽろあおつるなし)　原名叫做「グラデルエーター」、日本北海道栽培者最多。開白花　爲矮性之硬莢種。子實大而稍有皺紋。成熟之後、亦爲綠色。中生之採收子實的普通栽培用品種也。

此外、有臺灣大莢・北京早生・東京赤花・赤豌豆・「アメリカン、ワンダー」等著名品種甚多。

四、風土

1、氣候　愛好冷凉稍乾燥的氣候。耐寒力頗强、但在滿洲却不能過冬。耐旱力弱。

2、土質　爲粘質壤土或粘質土、而以石灰質土爲宜。水溼少者不佳。可於田中栽培。嫌忌酸性土壤。

五、作次

1、輪作　種過一回的地、必須隔開五年以上方可。普通則爲七—八年、忌地性病最甚。

2、前作　種過荳科作物的地及酸性土壤、生育極弱。種過菠菜・洋葱・萵苣等的地、不良。

輪作例　豌豆—葱—蘿蔔

六、栽培法　有普通栽培・促成栽培及糧穀用栽培等、而以下所述者則爲普通栽培。

1、播種期　關東州爲三月下旬、南・中・北滿則爲四月上中旬。

2、播種法　矮性者、是在一米（三尺）的畦子裏、照著三〇糎（一尺）的株間種兩行。蔓性者、是在一・二米（四尺）的畦子裏、照著四五糎（一・五尺）的株間種兩行。均以摘播法從事、一處扔下五—六粒種子。

3、播種量　一〇阿的地面爲七・二立（四升）。

4、肥料　一〇阿的地面爲窒素三・八瓩（一貫）、燐酸九・五瓩（二・五貫）、加里八瓩（二貫）。

施肥例（每一〇阿的地面）

廄肥	七五〇・〇貫（二〇〇貫）	窒素	三・八貫（一・〇一貫）
過燐酸石灰	三七・五貫（一〇貫）	燐酸	九・五貫（二・五三貫）
硫酸加里	七・五貫（二貫）	加里	八・三貫（二・二一貫）

此外、照著土地情形、對於一〇阿的地面、施用七五—一一二・五貫（二〇—三〇貫）的石灰、亦頗有效。所有肥料、均於播種以前、撒布於畦子裏、更鋤入土中。

5、減苗　一處留下三—四棵。

6、支柱　蔓性種者、要用秫稭或細竹、做成屋頂式的支柱。

7、灌水　以極多爲宜。

8、收穫期　關東州爲六月上中旬、南・中・北滿則爲六月中下旬。

9、收穫量　一〇阿的地面爲五六二—一一二五貫（豆莢一五〇—三〇〇貫）。

七、病蟲害

1、病害　忌地病須嚴禁連作、更照著一〇阿的地面、施以一八七・五—二二五貫（五〇—六〇貫）的石灰。至於白澁病、則於發病之前、可把〇・八—〇・六式（三—四斗式）的石灰ボルドー液、撒布數回。

2、蟲害　傷害種子的象鼻蟲（象蟲）、要用水淘洗種子、除去其浮遊於水面者、而使其充分乾燥。更從事二硫化炭素的燻蒸（三〇立方米的種子、要用三磅的二硫化炭素燻蒸三六時間以上）。

三四　雲豆　荳科

滿洲名　雲豆　　日本名　さいとう・いんげん豆

一、性　狀　亞細亞西部地中海的原產、爲一年生草本、原來是蔓性、但改良結果、就生出矮性種。生長及結實均早、在南滿洲、一年可以栽培數回。蔓爲左卷性、有長達數尺者、有無蔓高僅尺餘之矮性者。花有白花・藍花。莢細長、有扁平者、有圓形者。色有綠・黃等色。種子爲腎臟形、有大小・長短・廣狹之別、色亦有白・黑・褐・斑・黃等各種。

二、分　類

1、由於草性的分類　矮性種・蔓性種

2、由於莢色的分類　白莢種・青莢種・有斑種

3、由於莢性的分類　硬莢種（採收子實種）・軟莢種（採收豆莢種）

三、品　種

1、カナデアンワンダー　美國產、一名「長鶉（ながうずら）」。矮性種。莢綠色、扁平而略大。性强健、豐產。爲一般用的品種。

2、マスタービン　英國產、矮性種。莢稍帶圓形、草本、俗亦名「五月先」。適於早熟及品質用的品種。

3、小雲豆　滿洲產、關東州內多栽培者。爲蔓性之青莢種。早生、莢稍帶圓形、表面滑而皮薄。種子白色。早生之普通栽培用的品種。

4、大雲豆　滿洲產、關東州內多栽培者。爲蔓性之青莢種、晚生、莢甚長大、扁平而皮薄。種子色白。爲採收大莢用的品種。

大雲豆　小雲豆

5、ケンタッキー、ワンダー　美國產、別名叫做「オールドホームステッド」。關東州內各地、均有栽培之者、叫做「莢雲豆」。爲蔓性之青莢種、晚生、莢長大、肉厚、品質良好、亦豐產。種子爲普通栽培用。

6、ケンタッキ、ワンダー、ワックス　美國產、爲蔓性之白莢種。草性莢形等、無不類似ケンタッキ、ワンダー。莢白色、品質良好、種子褐色、扁平、白莢大形種也。

此外、有「マックバイ」・「スーバラチーブ」・鈴成(すずなり)等著名品種甚多。

四、風土

1、氣候　以溫暖乾燥的氣候爲宜。

2、土質　以地質良好且不乾燥之砂質壤土爲宜。但不失之於多溼及乾燥時、各種土壤、無不適宜於他的生育。

五、作　次

1、輪作　種過一回的地、要隔開二年以上方可。

2、前作　種過豆科作物的地、生育不佳。

輪作例　雲豆—黃瓜

六、栽培法　有普通栽培・餘播栽培及促成栽培、茲僅述其普通栽培。

1、播種期　關東州・南滿爲四月上中旬（三月上・中旬時則爲溫床）、中滿爲四月下旬、北滿則爲五月上旬。至於秋種、是在六月中・下旬的。

2、壠寬及株間　矮性種者在一米（三尺）的畦子裏、照著三〇糎（一尺）的株間種兩行。蔓性種者、在一二米（四尺）的畦子裏、照著三〇糎（一尺）的株間種兩行。均以摘播從事。而其量爲一〇・八立（六升）。

3、育苗法　種子要選擇豐圓充實者、而均以床播從事。床土可於田土中混合稍多的堆肥、再耙平其表面、而以撒播法播種。或者、在六糎（二寸）平方的地面、一處扔下兩粒種子。種完之後、要把用篩篩過的堆肥、混以草木灰、照著看不見種子的程度、覆於其上。其次　再把細砂、照著一—二畦的厚薄、敷於其上、就充分的灌水、蓋上玻璃蓋。在展開一個本葉、高九—一二糎（三—四分）時、要試栽一回。以後、穩定植於本圃。

4、肥料　一〇阿的地面為窒素三瓩（〇・九貫）、燐酸七・六瓩（二貫）、加里九瓩（二・四貫）。

施肥例（每一〇阿的地面）

堆肥	七五〇・〇〇瓩（二〇〇貫）	窒素	三・四瓩（〇・九〇貫）
過燐酸石灰	三〇・〇〇瓩（　八貫）	燐酸	七・六瓩（二・〇三貫）
硫酸加里	一一・二五瓩（　三貫）	加里	九・三瓩（二・四八貫）

酌量生育情形、幼時可把人糞尿、一〇阿的地面為三七五瓩（一〇〇貫）、做為追肥亦可。廄肥則於播種前、撒布在畦子裏、更鋤入土中。

5、灌水　隨時從事、以多為宜。

6、支柱　蔓性種者、於發芽後、可用秫稭或細竹等、豎以屋頂式的支柱。

7、收穫期　關東州為六月中旬、南滿為六月下旬、中滿為七月上旬、北滿為七月中旬。秋種者則收穫於八—九月。

8、收穫量　一〇阿的地面為一五〇〇—一八七五瓩（四〇〇—五〇〇貫）。

七、病蟲害

1、病害　銹病・斑葉病等、要圖謀通風與採光的良好、更施以木灰或石灰、並將〇・六—〇・八式（三—四斗式）的石灰ボルドー液、撒布數回。

2、蟲害　沒有被害太甚者。

三五　豇豆　荳科

滿洲名　豇豆　日本名　さゝげ

一、性狀　亞細亞的原產、爲一年生作物。有有蔓者、有無蔓者。莖・葉似菜豆、惟細小。花白色或淡紅色。花梗之上端開花數個、亦結莢數個。莢極細長、有達一八—九〇糎（六寸—三尺）者。子實有黑・赤褐・白斑・紫斑・黑斑等色。

二、分類

1、軟莢種（蔬菜用）滿語叫做「架豆」或「長豆」。

2、硬莢種（糧穀用）滿語叫做「豇豆」。

三、品種

1、長豆　中國產、別名「三尺豇豆」・「二六豇豆」。莢綠色、長約六〇糎（二尺）。種子黑色。爲長形之普通栽培用品種。

2、裙帶豆　中國産、別名「十六豇豆」。莢綠色、長一八—二七糎（六—九寸）。種子紅褐色。爲短形之普通栽培用品種。

3、紫豆　中國産、性質和莢形均類似「十六豇豆」、但結莢爲紫色。性强健、關東州內栽培者頗多。

四、風　土

1、氣候　以溫暖乾燥的氣候爲宜。

2、土質　以壤土或砂質壤土爲宜。

五、作　次

1、輪作　種過一回的地、要隔開二—三年。

2、前作　忌避種過荳科作物的地。

輪作例　豇豆—蘿蔔

六、栽培法

1、播種期　關東州・南滿爲四月中下旬、中・北滿爲五月上中旬。秋種則爲六月中旬（從四月到七月、可以隨意）。

2、播種法　在一・二米（四尺）的畦子裏、照著三〇—四五糎（一—一・五尺）的株間、用摘播法一處扔下五—六粒種子、共種兩行。

3、播種量　一〇阿的地面約爲三六・一—七・二立（二・四升）

4、肥料　一〇阿的地面爲窒素三瓩（〇・九貫）、燐酸七・六瓩（二貫）、加里九瓩（二・四貫）。

施肥例（每一〇阿的地面）

廐肥	七五〇・〇〇瓩（二〇〇貫）	窒素	三・四瓩（〇・九〇貫）
過燐酸石灰	三〇・〇〇瓩（八貫）	燐酸	七・六瓩（二・〇三貫）
硫酸加里	一一・二五瓩（三貫）	加里	九・三瓩（二・四八貫）

隨莢生育情形、在幼時把三七五瓩（一〇〇貫）左右的人糞尿用爲追肥亦可。肥料全部在播種以前、施於畦中。

5、減苗　從事減苗、一處留下三—四棵。

6、灌水　隨時從事、以多爲宜。

7、支柱　用秫稭或細竹、豎以屋頂式的支柱。

8、收穫期　關東州和南滿爲六月下旬、中滿爲七月上旬、北滿爲七月中旬。秋種者則爲八—九月。

9、收穫量　約一一二五—一五〇〇瓩（三〇〇—四〇〇貫）。

三六　毛豆　豈科

滿洲名 毛豆・豆莢　日本名 えだまめ（枝豆）

一、性狀　日本的原產、屬於豆科。爲將大豆加以改良、而使其未熟子實、可以採收供爲食用者。成熟時期有早晚、品質亦有軟硬、但形狀却和大豆並無不同之處。

二、品種

1、黑魁（くろさきがけ）　最早生、七月上旬即可收穫。矮性、高約三〇糎（一尺）。種子黑色。密植時、收穫甚便多。爲早採用的品種。

2、鑒割早生　次於黑魁之早生種、豐產、種子色黑。

3、東京早生（とうきょうわせ）　次於鑒割早生之早生種、豐產、種子色白。

4、黑目大莢（くろめおおざや）　爲中生種、八月收穫。豆粒大、品質亦佳。種子青色、而有黑眼。

5、中生大莢　中生種、收穫稍遲於黑目大莢。粒大、品質良好。此外、有靑魁（あおさきがけ）・早生茶豆（わせちゃまめ）・早生大莢（わせおおざや）等著名品種。

三、風土

1、氣候　以溫暖乾燥爲宜（惟不十分太甚時、各處均適於栽種）。

2、土質　以砂質壤土爲宜（各種土壤、雖均適於他的生育、但嫌忌極度的肥沃地以及極度的多溼地）。

四、作次

1、輪作　種過一回的地、要隔開一—二年纔好。

2、前作　種過荳科作物的地不佳。

輪作例　毛豆—胡蘿蔔　（黄瓜）

五、栽培法

1、播種期　關東州・南滿爲四月上中旬、中滿爲四月下旬、北滿則爲五月上旬。

2、壠寬和株間　早生種者、壠寬爲四五糎（一・五尺）、株間爲三〇糎（一尺）。中生種者、壠寬爲六〇糎（二尺）、株間爲三〇糎（一尺）。均用摘播法、一處扔下五—六粒種子。

3、壠形　普通雖爲平壠、但以毛豆灌水最爲有效、所以、有些地方、是做成畦子種的。

4、播種量　一〇阿的地面約爲七・二—九立（四—五升）。

5、肥料　一〇阿的地面爲窒素三・八瓩（一貫）、燐酸九・五瓩（二・五貫）、加里八瓩（二・一三貫）。

施肥例（每一〇阿的地面）

廐肥	七五〇・〇〇瓩（二〇〇貫）	窒素	三・八瓩（一・〇一貫）
過燐酸石灰	三七・五〇瓩（一〇貫）	燐酸	九・五瓩（二・五三貫）
硫酸加里	七・五〇瓩（二貫）	加里	八・三瓩（二・二一貫）

地質瘠薄時、可將堆肥及人糞尿、一〇阿的地面、加上五六二・五瓩（一五〇貫）左右。肥料均於播種以前施用。

6、收穫期　關東州和南滿爲六月中下旬、中・北滿則爲七月上中旬。

7、收穫量　一〇阿的地面爲二〇萬個、重約一三一二瓩（三五〇貫）。

六、病蟲害

1、病害　銹病・斑葉病・細菌病等、可於發病前後、把〇・六－〇・八式（三－四斗式）的石灰ボルドー液、撒布數回。連作不佳。多用石灰・木灰和燐酸肥料。

2、蟲害　蜜蟲（蚜蟲）可將除蟲菊液・硫酸ニコチン液、撒布二－三回。

三七　洋莓　薔薇科

滿洲名　洋莓　日本名　いちご

一、性狀　多根且爲宿根。在溫暖地方爲常綠草、但在寒地、冬令葉便枯死而留宿根於地中。在植物學上、種類有好幾樣、形態各異、但不論那個種類、莖均極其短小、像根出葉是的。年年分蘖。葉則於長葉柄上、附有三個葉片。春季於抽出新葉前、發生花蕾。由於種類、有周年開花者、有春・秋兩季開花者。花梗多數分歧、果面附有黑色小種子。多漿芳香、有甜・酸兩味、極其甘美。開花後三〇—四〇日、果便成熟。果有球形・楔形・紡錘形・圓錐形等、大小不一。色澤普通雖爲紅色、但亦有白色者、至於花則由於品種、有雌雄同花者、有雌雄異花者、亦有只生雌花者。此只生雌花者、非和他種混同栽植、便不結實。

二、分類

1、野生洋莓

2、四季洋莓（アルプス洋莓）

3、バージニア洋莓

4、チリー洋莓

5、パインアップル形洋莓

6、雜種洋莓（現今的著名洋莓、大抵屬於此項品種）

三、品種

1、ゼネラル、シャンジー　法國產、早生。大形果者、果形長大、爲基部大的紡錘形、而完全成熟時、則爲暗赤色。普通者、爲淡紅色、肉質柔軟、香氣亦大。一個重一五—二〇瓦（四—五匁）。爲早採用種、尤適於促成栽培之用。

2、クラークス、シードリング　美國產、中生。葉形亦大。果爲圓錐形、一個重五—六匁。多甜味、爲中生用的品種。

3、五十匁　原產地及原名均不詳、由關東農事試驗場分配種苗、關東州内・外各地、均盛行栽培。性强健、葉大、爲濃綠色。晚生之極大形種、果楔形而有溝、一個重二二—二七瓦（六—七匁）。爲普通栽培用的品種。

4、モナーク　早生之大形種、果楔形、爲生食用之品種。

5、ドクトルモーレル　早生之小形種、果成短圓錐形、爲生食及製果用之品種。

6、ヴイクトリヤ　早生之中形種、果成不倒翁形、爲生食及製果用之品種。

7、サン・アントアン、バドユー　結果兩季、秋季採收用之品種。

8、アマゾン　四季結果、無蔓、果色紅、爲四季採收用之品種。

9、福羽　促成用之巨大種、但不適於滿洲。

10、士們嶺　果黑紅色、大而稍不齊整、甘酸適宜。

四、風土

1、氣候　以溫暖稍有濕氣者爲宜。原來、他是冷涼之高山地方的原產、但結實則以乾燥的氣候爲佳。

2、土質　以粘質壤土或壤土而有水濕者爲宜。

五、作　次

1、輪作　栽過一回的地、必須隔開二—三年方可。連作的害不大。在肥沃的土地、亦有以連作爲佳者。

六、栽培法

有普通栽培・促成栽培・踏壁栽培・及製果栽培等、玆僅述其普通栽培法於下。

1、育　苗　是使用他的「走莖」(ランナー)的。當本圃的果實採收一果、就立刻把本圃的一部分、做爲苗床。一畦子栽三行者、就把中央的一畦拔去、從事中耕。走莖期於二—三節處摘芯。在育苗期中、把人糞尿做爲追肥、施用二—三回。苗要使用新株之大者及陳株之新者爲要。

2、本圃定植

甲、定植期　關東州爲八月中下旬。

乙、畦寬和株間　在一米(三尺)的畦子裏、照著二〇—二四糎(七—八寸)的株間栽兩行。稍窄不如稍寬爲佳。

丙、肥料　一〇阿的地面爲窒素一七瓩(四・六貫)、燐酸一九・五瓩(五・二貫)、加里一九瓩(五貫)。

施肥例(每一〇阿的地面)

廐　　肥　一一二五・〇〇瓩(三〇〇貫)

人糞尿　一一二五・〇〇瓩(三〇〇貫)

過燐酸石灰	五六・二五瓩（一五貫）	窒素	一七・四瓩（四・六四貫）
米糠	七五・〇〇瓩（二〇貫）	燐酸	一九・五瓩（五・二〇貫）
蕓子油滓子	七五・〇〇瓩（二〇貫）	加里	一九・一瓩（五・〇九貫）
硫安	一五・〇〇瓩（四貫）		

油滓子・魚肥等最佳。多用加里和燐酸肥料。都是做爲基肥、而將其堆積腐熟者、於定植以前施於畦中。多用的肥料、須到翌春爲止、不使其有所遺留爲要。定植以後、酌量生育的情形、要把硫安或人糞尿做爲追肥、施用一回。

丁、灌水　隨時從事、以多爲宜。

戊、除蔓　全部摘除、而努力於宿根之養成。

己、防寒，用枯草和堆肥等覆蓋以防寒。

庚、防除枯葉　明春、把覆蓋的東西除去、要把枯葉摘去。

辛、鋪草　在開花以前、把枯草・麥稭等、做爲鋪草、鋪於地面時尤佳。

壬、收穫期　關東州爲六月上旬。

癸、收穫量　一〇阿的地面爲七五〇瓩（二〇〇〇貫）。

七、病蟲害

1、病害　斑葉病可以撒布〇・六式（四斗式）的石灰ボルドー液。

第五章　花菜類

三八　花椰菜　十字花科

滿洲名　花椰菜　日本名　はなやさい・こだちはなやない

一、性狀　二年生作物。原來、是把洋白菜加以改良、而成爲「樹狀花椰菜」（木立花椰菜）。更把「樹狀花椰菜」加以改良、纔生出「花椰菜」的。「花椰菜」者、實爲洋白菜的一個變種。葉形長、和洋白菜相似。翌春開花結實。

二、分類

1、花椰菜　矮性之早生種、收穫於初夏到秋季。花形小。重一・一三—一・五瓩（三〇〇—四〇〇匁）。

2、樹狀花椰菜　高性之晚生種、收穫於晚秋到冬期。花球大。重有達五・六三瓩（一貫五〇〇匁）者。

三、品種

1、アーリー、スノー、ボール　美國產、極早生種、初夏便可採收。矮性、花形小、花球亦小。初夏用的品種。

2、臺中　臺灣之臺中農事試驗場所改良者。晩生、採收於秋季。葉寛大直立、暗綠色、表面平滑。花球大、結球完全、亦緊束。耐暑力强、性頗健旺。夏季用的品種。

3、キング、オブ、フラワー　英國產、中生、採收於夏季。矮性、葉直立而窄狹。花球較大、品質良好、爲初秋用的品種。

4、オータム、ヂャイアント　英國產、晩生、採收於秋季。稍爲高性。葉寛大、色暗綠、有皺摺。花球白色、形大、結球完全、品質亦佳。秋季用品種。

5、ミッケルマス、ホワイト　英國產、屬於樹狀花椰菜之極晩生種、早春播種、初冬採集。高性。葉長大。花球偉大、有達三・五斤（九〇〇匁）者。色純白、結球完全、品質良好。冬季用品種。

四、風土

1、氣候　以冷涼有濕氣者爲宜。過熱則抽薹早。

2、土質　粘質壤土（晩生種者、以肥沃地爲宜）。

五、作次

1、輪作　種過一回的地、要隔開二年左右。連作則多腐敗病。

2、前作　種過洋白菜類・白菜類・蘿蔔類等十字花作物的地、生育不良、多腐敗病。

輪作例　花椰菜—秋黃瓜—春蘿蔔—花椰菜

六、**栽培法**　照著採收時期、栽培法各自不同。

1、育　苗

甲、播種期　關東州爲二月上旬、南滿爲二月下旬、中滿爲三月上旬、北滿則爲三月中旬。關東州於五月上旬，以冷床從事亦可。

乙、播種法　撒播於溫床。秋種則撒播於冷床。

丙、播種量　一〇阿的地面爲〇・〇九立（五勺）。

丁、減苗　一—二回。

戊、換床　三—四回。能抑制直根、發育鬚根、以防止莖・葉的徒長。又有增加花球的比例、使花球品質良好之效。因此、回數以稍多爲宜、不可太少。

2、本圃定植

甲、定植期　關東州爲四月中旬、南滿四月下旬、中滿爲五月上旬、北滿爲五月中旬。秋種則爲六月下旬。

乙、壟形　栽於壟溝、更培土而爲高壟。

丙、壟寬及株間　壟寬六〇—九〇糎（二—三尺）、株間六〇—七六糎（二—二・五尺）。

丁、肥料 一〇阿的地面爲窒素二一·二瓩（五·六貫）、燐酸一一·六瓩（三貫）、加里一八·二瓩（四·八貫）。

施肥例（每一〇阿的地面）

廐 肥	一五〇〇·〇〇瓩（四〇〇貫）	窒素	二一·二瓩（五·六五貫）
人 糞 尿	一八七五·〇〇瓩（五〇〇貫）	燐酸	一一·六瓩（三·〇九貫）
蘇子油滓子	五六·二五瓩（ 一五貫）	加里	一八·二瓩 四·八五貫）
過燐酸石灰	一八·七五瓩（ 五貫）		

施肥量不必太多。定植以前、可以施用堆肥·草木灰。定植已活之後、可把油滓子·過燐酸石灰等、施用於株間。人糞尿可施用一—二回。硫安可施用一回、而其量則一〇阿的地面爲 一一·三瓩（三貫）。

戊、灌水 時常流入畦中。

己、培土 一—二回。隨同草棵的生育、可於摘葉之後從事。

庚、結束 花球一經發生、要用外葉數枚包裹起來、以防着色。

辛、收穫期 關東州爲六月上旬、南·中滿爲七月中旬、北滿則爲七月下旬。

至於、夏用者則爲六—七月、初秋用者則爲八—九月、秋用者則爲一〇—一一月、而冬用者則爲一一月了。

壬、收穫量　一〇阿的地面爲一一二五—一五〇〇瓩（三〇〇—四〇〇貫）。

七、**病蟲害**

1、病害　防止腐敗病、須選擇無病地、而於連作及前作、加以注意、更使排水良好、並使用木灰石灰。有被害葉則須除去、切不可加入堆肥中爲要。至於株間、則須寬濶、以利通風纔好。

2、**蟲害**　螟蛉（青蟲）可把砒酸鉛液撒布數回。

昭和十九年六月十日印刷
昭和十九年六月十五日發行

滿洲蔬菜提要
定價金貳圓五拾錢

金州奥町五〇番地
著作者 柏倉眞一
大連市加賀町三八番地
發行者 大森良三
大連市東公園町三一番地
印刷者 中田義一
大連市東公園町三一番地
印刷所 滿日印刷所

大連市加賀町三八番地
發行所 滿洲書籍株式會社
電話 六—一二七九番
振替大連四三六二番